U0925734

第二版

何 霖 主编

城市轨道交通运营筹备与组织

中国劳动社会保障出版社

图书在版编目(CIP)数据

城市轨道交通运营筹备与组织/何霖主编. —2 版. —北京：中国劳动社会保障出版社，2013

ISBN 978-7-5167-0413-4

Ⅰ.①城… Ⅱ.①何… Ⅲ.①城市铁路-交通运输管理 Ⅳ.①U239.5

中国版本图书馆 CIP 数据核字(2013)第 140505 号

中国劳动社会保障出版社出版发行

（北京市惠新东街1号　邮政编码：100029）

出版人：张梦欣

*

北京市艺辉印刷有限公司印刷装订　新华书店经销

787毫米×1092毫米　16开本　24.5印张　1插页　339千字

2013年7月第2版　　2020年1月第5次印刷

定价：62.00元

读者服务部电话：(010) 64929211/84209101/64921644

营销中心电话：(010) 64962347

出版社网址：http://www.class.com.cn

《城市轨道交通运营筹备与组织》
编写人员

主　编： 何　霖
副主编： 张　可
编　委： 蔡昌俊　张海燕　周大林　俞军燕　王晓夏
顾　问： 何宗华　何其光
编　者： 方思源　陈国清　何　霖（第一章第一节、二节、三节）
林建志　何　霖（第一章第四节）
辜　楠　方思源　陈国清　周路霞（第二章第一节）
林建志　何　霖（第二章第二节、三节）
方晓燕　方思源　曾雯雯　陈国清（第三章第一节）
潘　妹　陈　桥　陈倩慈（第三章第二节）
林建志　杨玲芝（第三章第三节）
李　丹　桓素娟　胡铁军　张桂海（第四章）
李　舟　李曼莹　廖可风　袁永球（第五章）
陆艳兰　陈金金　方　涛　陈宇波　薛　江
张　林（第六章第一节）
黄　晖　刘碧波　黄　驰　肖元珍　边伟众　黄文赵
刘　放　卢国锋（第七章）
杨　翔（第八章第一节）
刘桂玲　卢锦生（第八章第二节）
张　可　周大林　杨玲芝（第九章、第十章）
佘陈权炎　俞军燕（第十一章第一节、二节、五节、六节）
张汉松　俞军燕（第十一章第三节、四节）
邓千红　王晓夏（第十二章）
梁强升　张海燕（第十三章）
胡岳雄　王晓夏（第十四章）
邓千红　杨玲芝　周大林（第十五章）
邓千红　何　霖（第十六章）

序

当前，我国城市轨道交通正处于大规模高速发展时期，迄今国家已批准36个城市的线网规划和建设规划、28个城市部分项目的可行性研究报告。截至2012年9月，有16个城市建成投运线路73条，累计投运里程达1 942.8千米，位于全球第四。其中以北京、上海、广州为代表的特大城市已进入网络化建设阶段。实践证明，发展城市轨道交通是解决现代大城市交通问题的必由之路，对拉动城市经济的持续发展，也起到了重大的作用。

众所周知，城市轨道交通建设的最终目标是投入运营，而在运营管理领域，除了应具有优质的工程与设备条件外，还需要有大量的人、财、物、技术等资源可支配调用，需要建立一套有效的组织架构和完善的技术保障体系，以确保实现高效运转、优质服务和安全运营的目标。因此，如何科学有效地在运营前将新线运营所需资源筹备到位，不仅是规划、设计、建设单位研究的课题，更是运营单位必须面对和亟待解决的问题，也是所有城市轨道交通行业工作者、学习者和研究者应思考的问题。

为此，组织编写这样一本集理论与实务于一体的《城市轨道交通运营筹备与组织》，满足当前城市轨道交通快速、大规模发展情况下不断增长的运营筹备管理工作需要，已是迫在眉睫的重要任务。

本书作者能在广泛吸收国内外同行管理经验的基础上，结合国内轨道交通行业发展的需要，为城市轨道交通的运营筹备与组织提供了一部较为完整而系统的参考读物，亦为我国城市轨道交通运营筹备管理的基础理论和实用技术填补了空白。

施仲衡

中国工程院院士　建设部科学技术委员会顾问

前言

城市轨道交通对改善现代城市交通、调整和优化城市区域结构、促进城市经济发展发挥着重要作用，已逐步成为衡量城市综合实力的一个重要指标，大力建设以轨道交通为骨干、常规公交为主体的城市公共交通体系成为我国大、中城市发展交通的共识。伴随着城市轨道交通的大规模、高速度建设，如何科学、高效地开展运营筹备，确保新线保质、保量、按期完成开通试运营目标，成为首次筹划城市轨道交通开通试运营的单位必须面对和亟待解决的重大课题。对于已有城市轨道交通运营筹备经历的单位，同样需要总结和借鉴先进经验、吸取教训，以优化、指导新线的运营筹备工作。

通过广泛的市场调研，我们注意到，截至目前，不仅是城市轨道交通运营筹备缺乏相关理论及实操的指导性教材，其他相关行业，例如高速公路、厂矿建设、大型社会活动的运作等，也普遍缺乏筹备管理的系统理论。因此，广州市地下铁道总公司在总结十余年来多条线路运营筹备经验教训、广泛吸收国内外同行管理经验的基础上，于2008年编写了《城市轨道交通运营筹备与组织》一书，奉献给国内同行及相关行业，填补了这项国内空白。近几年全国轨道交通呈现迅猛发展之势，国家轨道交通监管部门在轨道交通管理标准化方面加大了管控力度，规范全国轨道交通的运营管理，同时也对运营管理提出更高要求。我们此次结合日常运营经验及轨道交通发展的最新要求，对该书进一步修订完善，增加了试运行、安全预防与应急处置等内容，以求更好地服务广大读者。

本书以管理理论和实例分析为框架，总分三篇、十六章。第一篇，决策与规划，下分概述、运营筹备策略与原则、筹备组织与总体规划三章，主要从企业的战略决策层面介绍、阐述管理理论，为城市轨道交通运营筹备的领导层决策提供方针指引。第二篇，运营筹备实施与控制，下分人力资源筹备、资金筹备与资产管理、物资筹备、后勤保障筹备、运营技术与管理筹备、工程建设阶段的运营筹备、运营接管、综合联调、演练及试运行以及开通前评估九章，主要从运营筹备各个模块需要实现的目标、工作思路以及工作内容方面进行理论介绍和实操分析，为城市轨道交通运营筹备的执行人员提供经验借鉴。第三篇，试运营与验收，下分开通试运营、安全事故预防及应急管理、竣工验收、运营筹备后评价四章，主要从试运营的组织管理、配合工程建设竣工验收以及对整个运营筹备的管理实践总结方面进行理论介绍和实操分析。

在编写过程中，我们力争在总结管理实践经验的同时进行理论上的升华，因此，本书的管理理念和方法除了可指导城市轨道交通运营筹备外，也可为高速公路、厂矿建设、大型社会活动等的运作筹备提供借鉴，是城市交通运营管理企业员工的重要学习参考书，也可作为各大、中专院校相关专业的教学参考书。

由于编者技术水平及实践经验的局限性，书中存在不足之处在所难免，期待广大使用单位和个人不吝赐教，多提出宝贵意见。

编　者

专业术语缩写汇总

1. 工可研究：工程可行性研究

2. 管控：管理和控制

3. 行调：行车调度

4. 环调：环控调度

5. 电调：电力调度

6. 维调：维修调度

7. 联调：联合调试

8. 三权：指挥权、管理权、使用权

9. 三废：废气、废水、废渣

10. 三定四化：定人、定设备、定检修周期及范围，检修作业制度化、检修工艺化、检修质量标准化、检修手段现代化

11. ACS（Access Control System）门禁系统

12. AFC（Automatic Fare Collection）自动售检票系统

13. APM（Automated People Mover systems）旅客自动输送系统

14. ATC（Automatic Train Control）列车自动控制

15. ATO（Automatic Train Operation）列车自动运行

16. ATP（Automatic Train Protection）列车自动防护

17. ATS（Automatic Train Supervision）列车自动监控

18. CCTV（Closed Circuit Television）闭路电视监控系统

19. EMCS（Electrical & Mechanical Control System）机电设备监控系统

20. FAS（Fire Alarm System）火灾报警系统

21. FG（Flood Gate）防淹门

22. IBP（Integrated Backup Panel）综合后备盘

23. MCS（Main Control System）主控系统

24. OCC（Operated Control Center）控制中心

25. OHSAS（Occupational Health And Safety Management System）职业健康安全管理系统

26. PDCA（Plan，Do，Check，Action）计划、执行、检查、处理

27. PIDS（Passenger Information Display System）乘客信息显示系统

28. PSCADA（Power Supervisory Control And Data Acquisition）电力综合监控系统

29. PSD（Platform Screen Door）屏蔽门系统

30. SIG（Signaling）信号系统

目录

城市轨道交通运营筹备与组织（第二版）

第一篇　决策与规划

第二篇　运营筹备实施与控制

第三篇 试运营与验收

第一篇

决策与规划

第一章 概述

第一节　城市轨道交通的分类

一、城市轨道交通的定义

在中国国家标准《城市公共交通常用名词术语》中，城市轨道交通是指以电能为动力，采取轮轨运转方式的快速大运量公共交通的总称。这个定义涵盖了三方面内容：一是城市内或郊区的公共客运交通；二是以电力牵引、轨道运输方式为主要技术特征；三是单位时间内客运量大、运行速度高的客服系统。

一个国家、一个城市的活力很大程度体现在它的公共交通质量上，如果说发达的高速铁路和航空网是一个国家现代化的标志，那么发达的城市轨道交通网就是一个城市现代化不可缺少的标志。作为一种现代化的交通工具，与城市其他运输系统相比，城市轨道交通以运量大、速度快、能耗低、污染少、安全可靠、准点舒适等不可替代的优势，逐步发展成为城市公共客运体系中的骨干运输系统。

二、城市轨道交通的分类

自1863年世界上第一条地下铁道诞生后，经过140多年的发展，当今城市轨道交通的形式呈多元化发展态势，但由于技术特征的复杂性和各地定义的基准不一，目前并没有统一、规范的分类标准。根据《城市公共交通分类标准》（CJJ/T 114—2007）规定，并综合其他各类技术文献资料，本书将城市轨道交通分为以下八类。

1. 地下铁道（Metro或Subway）系统

地下铁道，简称地铁，是建在城市地下的大运量轨道交通设施的总称。因具体线路的建设条件不同，地铁的延长线或部分线路，甚至整条线路可能建在地面或高架上，但由于它的技术制式如车辆、信号、通信、线路都和地下线路一致，通常也称之为地铁，如图1—1所示。地铁具有以下特点：

图1—1　地铁

(1) 运量大，速度快。地铁A型车单向运能为3万～7万人次/小时，最高运行速度80～120 km/h；地铁B型车单向运能为3万～5万人次/小时，最高运行速度80～120 km/h。

(2) 路权专用，安全可靠。地铁线路建在地下隧道、高架线或全隔离路基上，与其他城市交通线路没有平面交叉，路权专用且按信号运行，行车安全性好，可靠性强。

（3）采用电力牵引，双钢轨、钢轮支撑和导向，线路转弯半径大。

（4）投资大、建设周期长。目前国内地铁造价一般为 4 亿～5 亿元/千米，建设周期为 4～5 年。

（5）虽然建设费用较高，但对既有建筑物和市政道路的影响较小，征地拆迁量小，适用于大、中型城市中心区。

世界上第一条地铁于 1863 年在伦敦建成开通，全长 6 km。我国第一条地铁于 1969 年 10 月 1 日在北京建成通车，全长 24.17 km。

2. 轻轨（Light Rail Transit，LRT）系统

轻轨系统是一种中运量快速轨道交通运输系统，是由有轨电车逐步发展到路权专用、自动化程度较高，车辆可在地下、地面或高架轨道上运行的城市轨道运输系统，如图 1—2 所示。轻轨强大的生命力以及新技术、新工艺、新材料的广泛应用，使其客运量越来越大。轻轨的新技术也被地铁所借鉴，从大编组、大间隔、重车体向小编组、小间隔、轻车体方向发展，增加了高架和地面部分线路，地铁和轻轨互相渗透发展，其差别越来越小。相对于地铁，轻轨具有以下特点：

图 1—2　轻轨

（1）中等运量。单向运输能力为 1.5 万～3.5 万人次/小时，最高运行速度 60～80 km/h。

（2）高技术标准的轻轨接近于轻型地铁，路权专用；低技术标准的轻轨则接近于有轨电车，与地面交通共享道路通行权，路权公用。

（3）采用电力牵引，双钢轨、钢轮支撑和导向，线路转弯半径大。

（4）建设周期和费用比地铁相对较低。造价一般为 3 亿～4 亿元/千米，为地铁的 3/4～4/5；建设周期为 2～3 年，约为地铁的一半。

（5）线路布置灵活性。轻轨在市中心可用高架线或地下线，郊区用地面线；可以立交，也可平交；如果条件适当，郊区地面线甚至可以和汽车共道，变成有轨电车的形式。

3. 单轨（Monorail）系统

单轨系统是指以橡胶轮胎为主的车辆在一根导轨上运行的轨道运输系统。从构造型式上，单轨有跨骑式与悬挂式两种。跨骑式单轨是列车跨坐在高架轨道上运行的形式，车辆的走行部在车体的下部，如图 1—3 所示。悬挂式单轨则是列车悬吊在高架轨道下运行的形式，车辆的走行部在车体的上部。单轨具有以下特点：

图 1—3　跨骑式单轨

（1）中低运量。单向运输能力为 1.5 万～3 万人次/小时，最高运行速度 60～80 km/h。

(2) 路权专用，安全可靠。

(3) 采用电力牵引，单一轨道梁支撑，橡胶轮胎导向，噪声小、震动小，但运行阻力大，能耗大。

(4) 建设费用和周期相对较低，其造价和建设周期与轻轨相近。

(5) 道岔结构复杂，转换时间较长。

单轨适用于大、中型城市中心区或大型城市郊区。世界上第一条单轨铁路于 1900 年在德国的乌帕塔尔市建成开通，全长 13.3 km。

4. 现代有轨电车 (Tram 或 Streetcar)

现代有轨电车又称路面电车，是以电力牵引、轮轨导向、单辆或两辆编组、运行在城市路面上的低运量的轨道运输系统，如图 1—4 所示。相对其他城市轨道交通，现代有轨电车具有以下特点：

图 1—4 现代有轨电车

(1) 运量相对较小，速度低。一般使用连接车，根据输送要求可单节运行，也可自由编组运行，单向运输能力为 0.6 万～0.8 万人次/小时，最高运行速度 35～45 km/h。

(2) 路权公用，安全性和准时性较差。有轨电车与地面其他交通共享道路通行权，在交叉口同样服从信号指挥，无优先权，适用于大、中型城市中心区。

(3) 采用电力牵引，轮轨导向运行。

(4) 建设周期短，投资少，营运费用低。现代有轨电车造价一般为 0.5 亿～1.5 亿元/千米，约为地铁的 1/10，是单轨交通的 1/3；建设周期为 2～3 年。

我国第一条现代有轨电车建于大连市，全长 12.5 km，2000 年 9 月开通运营。

5. 自动导向交通（Automated Guideway Transit，AGT）系统

自动导向交通系统又称为自动旅客输送系统，是一种单车或数辆胶轮车编组、运行在专用钢筋混凝土轨道上的自动导向交通系统，如图 1—5 所示。自动导向交通具有以下特点：

图 1—5　自动导向交通系统

(1) 运量相对较小。单向运输能力为 0.5 万～1.5 万人次/小时，最高运行速度 50～80 km/h。

(2) 路权专用，计算机自动控制运行，属无人驾驶服务类型，安全可靠。

(3) 采用电力牵引，轨道为混凝土结构，橡胶轮胎导向，噪声小，爬坡能力强。

(4) 地下线路投资和建设周期与地铁相近，地上线路与轻轨相近。

自动导向交通适用于大、中型城市中心区或机场、博览会、旅游等专用

线路。世界上第一条 AGT 线路于 1974 年出现在美国的达拉斯市；在我国，广州地铁珠江新城旅客自动输送系统 APM 线于 2010 年亚运会期间开通，北京正在兴建 AGT 系统。

6. 磁悬浮系统（Maglevsystem）

磁悬浮系统是一种利用电磁力抗拒地球引力，使车体浮离轨道，并以直线电机磁场力牵引列车前进的现代轨道运输系统，如图 1—6 所示。磁悬浮系统具有以下特点：

图 1—6　磁悬浮列车

（1）通过磁力支撑起车身，导轨与机车之间不发生接触，没有轮轨摩擦关系，视为“无轮”列车，因而速度高、爬坡能力强、平稳、舒适，最高速度可达 500 km/h，是当今世界上最快的地面客运交通工具。

（2）通过直线电机牵引列车运行。直线电机的一个极固定在地面，与导轨一起延伸到远处，另一个极安装在列车上，电极通交流电后，列车在磁场力作用下沿导轨前行，实现无弓网接触受电、无机械传动牵引运行，因而噪声小、列车机械维修量少。

磁悬浮交通系统是 20 世纪一项伟大的技术发明，它集中展示了电磁悬浮、计算机控制、信息传输、新材料应用等高新技术。1998 年建成投运的上海磁浮系统是我国第一条磁悬浮运营线路，也是世界上第一条投入商业化运营的磁浮示范线，西起上海地铁 2 号线龙阳路站，东到上海浦东国际机场，主要解决连接浦东机场和市区的大运量高速交通需求。线路正线全长约 30 km，双线上下折返运行，设计最高运行速度为 430 km/h。目前世界上许多国家都在对磁悬浮技术进行积极的研究，其中以德国和日本的技术较为成熟。中国自主研发、首台即将投入商业运营的中低速磁浮列车，2012 年 1 月 20 日在位于湖南株洲的中国南车株洲电力机车有限公司正式下线。

7. 市郊铁路（Urban Railway）

市郊铁路是以地面专用线路为主，由电力或内燃机牵引、轮轨导向、车辆编组、运行在市区、市郊以及卫星城之间的大运量快速轨道交通系统，如图 1—7 所示。市郊铁路的构造与普通铁路相似，是连接市区与郊区，或连接中心城市与卫星城镇的干线铁路。其特点有以下几点：

图 1—7　市郊铁路

（1）投资省，见效快。市郊铁路通常是利用既有铁路设施改造而成。

（2）技术成熟、稳定。市郊铁路与大铁路技术要求相似，技术可靠稳定，较容易实现设备国产化。

（3）服务范围广。市郊铁路主要承担市中心与郊区的长距离大客流运输。

在国外许多发达国家的大城市，市郊列车运输均较发达，并且在城市轨道交通运输中发挥着重要作用。我国已开展了对市郊铁路的多方面探讨，广深四线铁路成为我国内地第一条市郊客运线，于 2007 年 4 月 18 日投入使用。2008 年奥运会前夕，北京开通了从北京北站到西北新城延庆站的 S2 线市郊铁路。除 S2 线之外，北京在 2020 年前还将建设通往门头沟、密云、大兴、房山等地的 5 条市郊铁路，形成市郊铁路网。而上海目前在建全国首条快速市郊客运铁路，其运行时速可达 140～160 km，正式开通后将实行公交化运营。

8. 直线电机系统（Linear MotorCar System）

直线电机系统是由直线电机牵引、轮轨导向、车辆编组、运行在小断面隧道、地面或高架专用线路上的中运量轨道交通系统，如图 1—8 所示。相比其他轨道交通系统，它沿用了传统的车轮支撑和导向车辆方式，但改换了车辆牵引模式，采用与磁悬浮系统相似的直线电机牵引方式。直线电机系统具有以下特点：

图 1—8 直线电机系统

(1) 运量大，速度快。单向运能为 3 万～5 万人次/小时，最高运行速度 80～120 km/h。

(2) 造价相对地铁较低。由于不受齿轮传动比的限制，车轮直径可以减小，有利于车辆的小型化，从而使隧道的截面积减小，降低建设费用。

(3) 线路适应性强。直线电机的电磁力直接作用在线路上产生推力，此推力与轮轨间的粘附强度无关，不存在“打滑”和“空转”现象，因而具有良好的线路适应性。其爬坡能力可达60‰～80‰，为旋转电机列车的3倍，大大提高了选线自由度。同时，通常直线电机列车配置的是径向转向架，更有利于车辆通过小半径曲线。

(4) 噪声低，传动效率高，保养维护简单。由于直线电机取消了齿轮、轴承等旋转部件，没有减速装置，因而减少了齿轮摩擦噪声，提高了机械传动效率，也使维护保养工作（如电机的轴承、减速箱等的维护保养）得到简化。

(5) 直线电机的效率比旋转电机低，能耗小。直线电机的效率和功率因数都比旋转电机低，尤其在低速时较明显。功率因数一般在0.5～0.6之间，效率为0.7左右。但从整个传动系统来看，由于无需减速装置及附加冷却设备，因此能耗小，加上车辆的小型化、轻量化，所以系统的运行效率有时还比旋转电机驱动车辆高。

(6) 由于气隙对电机特性影响较大，所以对轨道、反应轨、轨枕的尺寸精度及安装精度要求较高。

目前，城市轨道交通主要分为以上八类，随着城市轨道交通行业的迅速发展，城市轨道交通类别将越来越丰富。

第二节　城市轨道交通的行业特性

一、交通特性——运量大、速度快、能耗低、污染小的交通服务工具

1. 运量大

同常规道路交通系统不同，城市轨道交通由于采用列车编组运输方式，

因而能实现大集团化的运载功能，从而满足城市上下班和节假日客流高峰期运输需要。例如：大运量的地铁单向运能一般可达 3 万～7 万人次/小时，中运量的单轨亦可达 1.5 万～3 万人次/小时，小运量的有轨电车也有 0.6 万～0.8 万人次/小时。

2. 速度快

除有轨电车外，城市轨道交通基本采用全封闭或半封闭式快速专用线路，与城市其他道路不产生平交，且有先进的自动驾驶控制技术和安全可靠的保证措施，因而能有效减少公共交通事故，提高列车运行速度，如高速的磁悬浮列车最大速度可达 500 km/h，地铁平均速度也在 35～40 km/h 之间。

3. 能耗低、污染小

城市轨道交通采用电力牵引、大运量、高速度集约化运输方式，并对车辆、线路采取多种降噪防振措施，因此比其他交通系统能耗低，对空气和环境污染小，是一种绿色的公共交通系统。有统计资料表明，各种运输方式按单位乘客能源消耗评价，民航最多，公路次之，铁路最少，其单位运量平均能耗之比约为 11∶8∶1。相对市内其他交通工具，运输方式类似铁路的城市轨道交通能源消耗量是公共汽车的 3/5，是私人小汽车的 1/6。

二、技术特性——涉及专业多、技术复杂、运营管理要求高

1. 涉及专业多、技术复杂

城市轨道交通是一个技术密集型产业，从工可研究论证到建设运营，涉及经济、规划、运输、土木、电力、机械、电子、通信、机电、计算机等十多个领域 30 多个专业。首先，在线路规划上，不仅要考虑自身独立形态下

的建设运营特性，同时还要兼顾城市的总体规划及其他相关产业的协调发展，要全面、科学地进行客流预测，合理确定交通类型和选择线路走向、车站位置；其次，在系统设计、建造过程中，不仅要熟知本系统的专业基础知识，掌握最新技术发展动态，同时还要对关联系统的专业理论有一定的了解，因此从技术的角度考虑，规划、建设城市轨道交通的过程实际上就是规划、经济、管理、运输、机械、电子等专业理论知识的综合应用过程。

2. 运营管理要求高

从运营管理角度分析，城市轨道交通的列车运行系统（主要包括线路、车辆、供电、信号、通信、控制中心、车站行车等）、客运服务系统［主要包括车站及照明、环境控制（简称环控）、消防、屏蔽门、自动扶梯、电梯、自动售检票系统（AFC）及计算中心、导向及预告系统等］和检修保障系统（主要是为保障上述设备的安全可靠运行而配置的检修人员、检修设备和设计的检修工艺、检修标准等）三大系统，以及 30 多个专业的设备设施，在运行时相互关联、相互依托。例如，列车和轨道、列车和牵引供电、列车和信号、环控和消防、设备监控和消防等都有很大关联，而且随着科学技术的不断发展，联系愈来愈紧密、复杂，任何一个环节出错都会不同程度地影响到城市轨道交通的正常运营。显然，要保证如此庞大的联动机安全可靠运行，不仅要求设计人员具有精深的专业理论修养，同时要求建设、运营人员也应具备较强的专业知识、应用技能和综合组织管理能力。

三、经济特性——建设投资大、运营成本高，线网收益大于线路收益

城市轨道交通投资规模大、建设周期长、投资回报慢和盈利水平低是它不同于其他城市交通系统的一个显著特点。根据我国城市轨道交通建设实践数据统计，一条轨道交通线路长度少则十几千米，多则几十千米，发展到线网通常是几百千米。正常情况下，地铁造价为 4 亿～5 亿元/千米，轻轨为 3

亿～4 亿元/千米，有轨电车也需 0.5 亿～1.5 亿元/千米，因此，资金一直是制约城市轨道交通发展的瓶颈，如何有效筹措建设资金成为城市建设研究的极具挑战性的课题。

同时，城市轨道交通的后期运营及维护费用也很高，包括投入运营后的列车牵引能源消耗，车站环控、照明、通信、信号等设备运行和车站服务的水电能耗，各系统设备设施的维护保养的材料消耗以及大量运营人员的工资支出，还有设备的折旧、更新改造成本等。根据相关标准，通信设备寿命为 8～10 年，机电设备为 10～15 年，车辆与轨道设施为 25～30 年，洞体土建结构为 80～100 年。有资料表明，1997—2003 年，北京地铁 1 号线、2 号线全年的票款收入为 530～900 万元/千米，但运营成本（含折旧费）则达 900～1 230 万元/千米。如果按照当前国内城市轨道交通运行模式和财务成本核算方法，每开通 1 km 轨道交通线路，就需每年补贴 400～900 万元，运营线路越长补贴就越多。事实上，到目前为止，世界各个城市的轨道交通几乎都是亏本运营，即便是看起来比较成功的香港地铁，其收入的 40%～50%也是来自沿线土地房产开发和车站商业物业，如此运作近 20 年后才进入盈利期。

城市轨道交通的经济效益主要来源于运营票款收入和附属资源（如物业、广告）开发收益，并且表现出规模效益。建设、运营线路越长、越多，线网覆盖面越大，通达性越强，客流增加量越明显，物业、广告开发优势越突出，运营的票款和附加业务收入越多，同时由于资源的综合利用，运营成本支出相应降低，因而线网规模越大，单位里程的经济收益也越大。

四、社会特性——具有正外部效应，社会效益大于经济利益

外部效应是一种经济主体的活动对另一种经济主体活动的非市场性影响，它不以市场为媒介，也无法通过市场的价格机制反映出来。也就是说，经济主体之间的相互影响来源于市场外的作用力，正外部效应则是一种经济

主体的活动会使其他经济主体因此获得无偿收益。城市轨道交通的正外部效应体现在：缩短出行时间、减少交通事故；吸引大量客流、减少汽车流量，从而缓解大城市日益加重的交通压力，为乘客提供安全、准点、便捷、舒适的轨道交通服务；低碳环保、节能减排；为乘客提供多元化、一站式的综合服务，使乘客通过轨道交通获取交通出行、购物消费、咨询、文化、旅游、休闲等一系列生活所需，引领和构筑新的生活模式，提升都市生活品质；调整城市空间结构，节约城市土地，引导城市格局按规划意图发展，支持边际新区及卫星城镇建设发展；拉动机车制造、钢材、水泥、机电等行业的发展，扩大对水、电、燃气等基础能源行业的应用需求，从源头为城市经济链注入活力；诱发沿线土地升值，促进周边房地产、商业的高密度发展，继而拉动广告、物业、餐饮等相关行业发展，增加就业机会，从而提高整个城市的综合价值，为城市发展提速。

从经济学角度分析，城市轨道交通兼具私人产品和公共产品的特点，即具有消费的非排他性和非竞争性，属于准公共产品。所谓消费的非排他性是指某人在有偿使用产品的同时，无法排斥他人也来消费这一产品；消费的非竞争性是指产品可以同时为许多人所消费，且增加一名消费者的边际成本为零。作为政府主导的准公共产品必然带有较强的公益性，因而在票价的定位上，不是由企业根据实际发生的成本加合理利润的方式设计，而是由政府以大多数乘客认可或能承受的价格为基础进行控制；在线路规划上，不是完全依据客流大小，即 SOD（Service Oriented Development，客流导向型）模式去布局建设，而是综合考虑城市乃至国家的整体发展，于是有了 TOD（Transit Oriented Development，规划导向型）模式规划的线路。可见，城市轨道交通运营的经济收入是有限的，而社会效益是无限的，社会效益大于经济利益。

英国经济学家庇古的《福利经济学》认为：当社会成本超过经营成本时，政府应对外部成本征税；而当社会利益超过经营利益时，政府应对没能由市场价格体现而生产者无法获得的外部利益予以补贴。依此推理，在城市轨道交通建设、运营过程中实施政策扶持和适当的财政补贴符合市场经济的客观规律。

五、经营管理特性——投资、建设、运营主体多元化、形式多样化

城市轨道交通作为准公共产品，政府（包括中央政府和地方政府）在投资领域一直发挥着主导作用，尤其在城市轨道交通建设初期，由于规模相对较小，管理经验欠缺，地方政府通常是唯一的投资主体。但随着社会经济的发展，民间资本不断积累壮大以及投融资市场运作的日趋规范、成熟，更重要的是城市轨道交通快速发展对投资需求的增大，使得城市轨道交通由原来的单一政府投资逐步向多个主体、多种投/融资渠道发展。城市轨道交通的建设和运营管理也随着投资主体利益的分化和政府职能的调整而发展变化，出现了建设、运营一体化和建设、运营单体独立化两种模式，运营管理也由政府自主管理转向市场化管理。

1. 投资主体多元化

目前，投资主体主要有四类：

(1) 单一政府投资。政府投资包括政府财政直接投资和政府债务融资，政府是唯一的投资主体，因而政府既是所投资的城市轨道交通的物权所有者，同时也是最高经营管理决策者，它决定着城市轨道交通的建设和运营管理权的归属以及二者之间的接口运作模式。通常建设、运营单位是政府指定或通过招标选定的国营企业，或是以租赁方式确立的私人企业，因此在建设、运营管理过程中不可避免地会受到当地政府的行政干预，可以说“政企不分”是其必然产物。目前采用这种运作方式的典型城市有英国伦敦、美国纽约、法国巴黎、德国汉堡、俄罗斯莫斯科以及中国广州和南京。

(2) 政企合股。政府与多家企业联合出资设立投资项目公司，负责城市轨道交通的投/融资。大多数情况下，政府只是城市轨道交通的物权所有者，最高经营管理决策者是投资联合体。由于私人投资的目的是追求经济利益最

大化，必然要求所投资项目的建设、运营管理最高效、最经济。通常，建设和运营管理权的归属以及二者之间的接口运作模式是作为投/融资标的在确立投资者前已确定。目前采用这种运作方式的典型城市有日本东京（1991年前）、中国上海（2000年改制后）。

（3）私企独资。政府就已规划好的线路，以其建设和运营管理权为标的，如BOT（Build-operate-Transfer）方式或BTO方式等，与私人企业签订投资协议，由私人企业负责城市轨道交通的投/融资经营管理。通常，票价由政府通过协议确定，在协议执行期内，政府无权干预企业的经营管理。目前，采用这种运作方式的典型城市有泰国曼谷和马来西亚吉隆坡。

（4）资产证券化融资。政府授权企业或项目公司，以城市轨道交通为资产通过发行股票或发行债券筹集建设运营资金，目前采用这种运作方式的典型城市有中国香港、新加坡和日本东京（1991年后）。

2. 建设和运营关系多样化

就城市轨道交通的建设和运营之间的衔接关系，目前主要有联合一体和单体独立两种模式。

（1）建设、运营联合一体模式。建设、运营联合一体模式是将一个城市某条或某几条轨道交通线路的建设、运营管理权集成为一个整体进行统筹管理，如香港地铁、广州地铁和北京地铁（2001年改制前）运作模式。

一些专家学者认为，联合一体模式的优点在于：一是有利于城市轨道交通的全寿命周期管理和最优成本控制；二是通过建设、运营之间的无缝连接，形成了对资源的一种相对垄断，能够在统筹规划的基础上实现资源的有机整合，获取最大的边际效益；三是建设、运营合并管理，有利于高效解决接口工作。

（2）建设、运营单体独立模式。建设、运营单体独立模式是将一个城市某条轨道交通线路的建设、运营管理权分拆为若干个独立体，通过意向委托或市场招标方式，以契约合同将城市轨道交通的建设、运营业务授予专业公司进行管理，各个独立体之间可采用以资产为纽带的联合体集团形式，也可采用相互完全独立的企业个体形式，如 2000 年改制后的上海地铁和 2001 改制后的北京地铁运作模式。

一些专家学者认为，分开独立运作的优点在于：一是有助于打破行政垄断，实行专业化管理；二是有利于促进公平有序的有效竞争的市场；三是有利于加强市场竞争力量，提高生产效率和社会分配效率。

3. 运营管理模式多样化

目前，运营管理模式主要有以下四种：

（1）政府自主运营或称国营。运营单位通常是政府的职能部门或政府的国营企业，由政府和企业共同承担运营盈亏带来的风险，同时享有运营盈利带来的效益，从某种程度上说，运营单位需承担的社会责任大于其经济责任。如 2001 年改制前的北京地铁、广州地铁、武汉地铁和重庆轻轨运营管理模式。

（2）委托运营。运营单位作为受托方，只负责轨道交通运输的日常组织、管理及设备设施的维修保养等具体事务，所有运营支出进行“实报实销”，由委托方承担运营盈亏带来的风险，同时享有运营盈利带来的效益，运营单位按照协议从委托方获取劳务费。2004 年 11 月 2 日，北京市基础设施投资有限公司（简称京投公司）与北京市地铁运营有限公司正式签订了《北京地铁 1、2 号线委托运营协议》。协议约定，京投公司正式将北京地铁 1、2 号线的运营资产委托给地铁公司运营管理，从而建立起了业主与运营单位之间市场化、规范化的委托契约关系。

（3）租赁运营。租赁运营是以租赁方式将已建成的一条或几条线路的运营权有偿租给私营单位经营管理，运营单位无资产所有权，只有使用管理权，承担专业化的运营职能，采取商业化的运营模式，获取支付租赁费后的运营收益。出租方具有资产所有权，不干涉具体运营，只负责监督、规范公司的运营，以确保其公共福利性质，同时根据合同或协议对运营开支进行少量补贴或不补贴，甚至作为投资回报向运营单位收取线路和设备设施使用费，如新加坡地铁的运营管理模式。

(4) 特许运营。特许运营多见于私人投资的城市轨道交通线路，获取特许经营权是私人投资者参与轨道交通投资的前提条件，在特许经营期限内由投资者自主经营管理，经营所得作为投资回报归投资者所有，特许经营期满，投资者将其经营权归还给物权所有者。2006 年 4 月，北京地铁 4 号线《特许协议》《资产租赁协议》正式签订，由香港地铁公司、北京首创集团和北京基础设施投资公司三方组建的京港地铁有限公司获得北京 4 号线为期 30 年的特许经营权。

第三节　城市轨道交通发展概况

一、国外城市轨道交通发展概况

任何一种交通工具的出现都有一定的社会背景，是城市经济社会发展的结果，并将随着科学技术的发展而不断发展。世界上第一条城市轨道交通——地铁于 1863 年在英国伦敦建成开通，继伦敦之后，1867 年美国纽约也宣告开通地铁，其后瑞士洛桑、匈牙利布达佩斯、奥地利维也纳等城市地铁也先后问世。地铁的快捷安全，为城市公共交通提供了新的发展思路，尤其是 1879 年电力驱动机车的研究成功，大大改善了地下客运环境和服务条件，地铁建设显示出强大的生命力，从此，城市轨道交通步入迅速发展的新的历史征程。

20 世纪下半叶，伴随着世界各大城市的发展和对快速、大容量城市公共交通的需求，城市轨道交通建设规模加大，速度加快。1994 年 4 月，在新加坡召开的国际市长会议上提出，城市轨道交通是现代化城市的标志，优先发展以轨道交通为骨干的城市公共交通系统，是解决城市交通问题的根本途径。自此，世界各大城市竞相建设城市轨道交通，逐渐形成网络化运营，更加注重乘客服务质量。2010 年国外各大城市轨道交通运营线网情况见表

1—1。

表 1—1　　2010 年国外各大城市轨道交通运营线网情况

城市	运营里程（百万车公里）	车站（座）	年进站量（百万人次）
伦敦	469.17	309.5	1 119.48
巴黎	242.75	379	1 584.51
莫斯科	724.30	166	2 348.30
马德里	198.86	295	631.56
纽约	564.50	468	1 633.77
蒙特利尔	76.34	73	239.26
圣保罗	118.99	—	754.05

为了给乘客提供最便利的服务，许多城市探索出了颇有成效的建设运营方法。纽约地铁全天 24 h 运转，采用 4 条行车线，在进行车辆、设备维修维护的同时保证正常运行。密如蛛网的巴黎地铁，行车、管理等均实现了计算机化，列车最小运行间隔仅 85 s。为确保运营安全，巴黎地铁车站和列车上都安装了与调度中心进行直接联系的无线呼叫装置。东京地铁日均客流近 800 万人次，其车站多因地制宜采用弯曲、长站台，采用了多种交通方式一体化衔接的多层次立体化换乘站。

二、我国城市轨道交通发展历程

相对于欧美、日本等国家，我国的城市轨道交通起步较晚。1965 年 7 月 1 日我国第一条地铁线路在北京动工修建，全长 28.1 km，设 19 座车站，于 1969 年 10 月 1 日建成通车，从而结束了我国没有地铁的历史。由于当时属于战备工程，北京地铁在通车后很长时间内不对公众开放，需凭介绍信参观及乘坐。1971 年 1 月 15 日公主坟至北京站段开始试运营，由此，北京地铁 1 号线才成为真正意义上的城市轨道交通工具。

城市轨道交通建设不仅依赖于城市发展和交通需要，更依赖于城市的经济实力。1964 年，相关研究指出 1986 年香港人口将达到 6 868 000 人，有必要兴建集体运输系统来解决人口增长导致的交通压力。1970 年，香港政府规划地下铁路系统，全长 52.7 km，分成 3 条主要行车线：港九线、港岛线和东九龙线，以及两条港九线支线：荃湾支线、观塘支线。后来由于资金问题，修正了早期系统，线路减至 15.6 km。1979 年 10 月 1 日，观塘线正式通车。事实上，早在 20 世纪 50 年代末，我国内地许多大城市如上海、广州、天津、沈阳已开始酝酿城市轨道交通，但由于经济条件所限，在长达 20 多年的时间里，一直在摸索、筹建。天津地铁 1 号线既有线始建于 1970 年，1976 年开通新华路至海光寺段，后因资金限制被迫停建，直到 1981 年修建工作重新启动，于 1984 年开始全线运营，全长 7.4 km。

20 世纪 80 年代初，在经济发展的基础上城市化进程加快，城市交通建设得以顺利实施，各大城市筹划已久的轨道交通项目陆续进入实质性建设阶段。沉寂了 20 年的北京地铁也重新开始新一轮的规划建设，1987 年 12 月 24 日和 1992 年 10 月 10 日相继建成开通了地铁 2 号线复兴门折返线（7.89 km）和复八线西单—复兴门段（2 km）。继北京之后，1993 年 5 月 28 日上海地铁 1 号线南段 6.6 km 线路（徐家汇—锦江乐园）建成试运营，1997 年 6 月 28 日广州地铁 1 号线西朗—黄沙段也通车试运营。

进入 21 世纪，随着我国经济的持续高速增长和国家致力发展大都市网络经济体系等战略规划的出台，大城市的聚集和辐射效应进一步增强，城市机动车和流动人口迅猛增长。从城市交通需求看：一方面，大量的机动车出行要求城市道路迅速扩张，而城市原有建筑物密度大，特别是老城区，各类场馆、古建筑、文明设施等建/构筑物众多，可扩展的平面空间有限，这就带来了交通堵塞、事故频繁等问题；另一方面，城市人口的膨胀和活动区域的扩大，使城市整体出行频率越来越高，人们的生活节奏越来越快，时间观念也越来越强，需要一种快捷、准时、安全的交通工具来满足出行要求。从城市发展总体规划分析，要切实缓解中心城区交通紧张压力，维护城市经济与环境的健康、持续发展，必须加快周边城镇和卫星城开发建设，扩展城市新区，引导城市人口合理平衡分布，而实现这一战略规划的前提条件是需加快建设安全、通畅、快捷、便利的公共交通设施。

同时，经过30多年的实践和发展，我国城市轨道交通的规划、设计水平、制造工艺和装备能力有了显著提高。线路规划、建设越来越成熟务实，轨道交通形式由单一的地铁发展为轻轨、单轨、直线电机系统、磁悬浮系统等多种形式，如武汉、天津、大连的快速轻轨，长春、大连的新式有轨电车，重庆的跨骑式单轨交通，上海的磁悬浮高速线，广州、北京的直线电机系统，以及广州、北京无人驾驶列车（AGT)。各系统设备的国产化比例大幅增加，如广州地铁1号线基本采用进口设备，到2号线、3号线设备国产化率达到70%；2004年年底，我国首台具有自主知识产权的盾构机“先行号”投入使用，其质量和性能与进口设备相比毫不逊色，但价格仅为进口盾构机平均价的4/7；地铁建设费由原来的6亿～8亿元/千米下降到4亿～5亿元/千米，其他同比工程造价也大幅降低。

城市发展的强劲需求，加上行业技术已趋成熟，使大力建设以高效、环保、大容量的轨道交通为骨干、以常规公交为主体的城市公共交通体系成为各大城市进行城市发展规划的重点内容。

总结我国城市轨道交通发展历程，大致经历了以下五个阶段：

1. 起步阶段

从20世纪50年代至70年代，我国轨道交通的发展战略是以人防为重、兼顾交通，其指导思想是“平战结合”，即平时用于交通，战时用于战争。根据当时的发展战略和指导思想，以修建人防设施为主的地铁应运而生，如1965年动工兴建的北京地铁一期工程，以及随后建设的天津轻轨（现已拆除重建)，沈阳、哈尔滨的人防隧道和广州“防空九号工程”等。

2. 开始建设阶段

20世纪80年代，随着我国国民经济开始起步发展，城市规模随之扩大，城市基础设施特别是交通道路比较薄弱等不协调问题显现出来，尤以北京、上海、广州等特大城市的交通问题非常突出。为缓解城市公共交通问题，以上海地铁1号线、北京地铁2号线和复八线、广州地铁1号线等建设项目为标志，我国内地真正开始了以城市交通为目的的城市轨道交通建设。

3. 发展阶段

进入 90 年代后，我国城市轨道交通的建设速度明显加快。1993 年 3 月，国务院、原国家计委审批同意了广州地铁 1 号线工程可行性研究报告，随后一批城市包括沈阳、天津、南京、重庆、武汉、深圳、成都、青岛等开始筹划建设城市轨道交通，并进行了大量的前期考察研究工作。1994 年，《中国 21 世纪议程》中提出，在城市中流量大的交通走廊，规划建设大容量的快速轨道交通和地铁客运交通，发展多种形式的城市客运交通，从而掀起了我国城市轨道交通建设的热潮。

4. 调整阶段

90 年代中后期，我国很多城市出现了“地铁（或轻轨）热”，认为发展快速轨道交通，就是要发展地铁和轻轨，要用国际上最先进的技术设备，建设高标准的轨道交通。由于大量采用进口设备，价格昂贵，比如广州地铁 1 号线，全部机电设备采购费用高达 60 亿元（含税），从而将地铁工程造价拉高到 6 亿～8 亿元/千米。鉴于此，1995 年 12 月国务院发布了《关于加强城市快速轨道交通建设管理的通知》，明确现阶段申报发展地铁的城市应达到下述基本条件：第一，地方财政一般预算收入在 100 亿元以上；第二，生产总值达到 1 000 亿元以上；第三，城区人口在 300 万人以上；第四，规划线路的客流规模达到单向高峰每小时 3 万人以上。申报建设轻轨的城市应达到下述基本条件：第一，地方财政一般预算收入在 60 亿元以上；第二，生产总值达到 600 亿元以上；第三，城区人口在 150 万人以上；第四，规划线路客流规模达到单向高峰每小时 1 万人以上。1996 年、2002 年原国家计委先后两次采取“急刹车”，暂停审批或缓批大部分城市轨道交通项目。1999 年 3 月 19 日，原国家计委正式颁布了《城市轨道交通设备国产化实施方案》，并以“机电设备国产化率达到 60%以上”为条件，批准了上海轨道交通 3 号线、广州地铁 2 号线和深圳地铁 1 号线立项建设，至此，城市轨道交通建设又开始启动。

5. 快速发展阶段

自2003年开始，第一批有北京、上海、广州、深圳、南京、重庆、武汉、大连、杭州、长春、西安、成都、青岛、哈尔滨、苏州15个城市的轨道交通项目获批。2009年年底，国家发改委批复了22个城市的轨道交通建设项目规划，总投资达8 820.03亿元；2012年9月，又批准了25个地铁、轻轨项目，总投资规模超过8 000亿元，其中广州城市轨道交通近期建设规划调整方案的投资最高，预计总投资为1 241亿元。此前，国家发改委出台的《“十二五”综合交通运输体系规划》要求，2012年要建成一批重大铁路项目，适时开工一批急需必需项目；温家宝总理也指出要确保2012年铁路5 000亿元的投资到位；《高端装备制造业“十二五”发展规划》也明确提出要满足我国铁路快速客运网络、大运量货运通道和城市轨道交通建设。截至2012年9月，我国有40余城市在建或筹建地铁、轻轨等城市轨道交通设施，国家已经批准了北京、天津、上海、广州、深圳、武汉、重庆、长沙、宁波、贵阳、成都、合肥、大连、南京、昆明、东莞、苏州、无锡、沈阳、长春、西安、杭州、郑州、南昌、青岛、福州、厦门、哈尔滨、兰州、常州、南宁、太原、石家庄33个城市的轨道交通规划。按照规划，到2015年，北京、上海、广州等22个城市将建设79条轨道交通线路，总运营里程达2 259.84 km，总投资达8 820.03亿元。

三、我国城市轨道交通现状和规划前景

当前，我国城市轨道交通正处于大规模高速发展时期。截至2012年9月，我国16个城市已建成并投入运营线路共有73条，总运营里程约1 942.8 km（见表1—2），其中上海已开通12条（包括磁悬浮线）线路，总运营里程425.02 km；北京开通15条，总运营里程323 km；广州开通8条，总运营里程236 km。三大城市均突破200 km（见表1—3），已开始由

单线建设过渡到网络化建设阶段。

表 1—2　　我国已建成运营的线路一览表

城市	线路名称	运营里程（km）
北京	1号线、2号线、4号线、5号线、8号线、9号线、10号线、13号线、15号线、八通线、机场线、亦庄线、大兴线、房山线、昌平线	323
上海	1号线、2号线、3号线、4号线、5号线、6号线、7号线、8号线、9号线、10号线、11号线一期、磁悬浮线	425.02
广州	1号线、2号线、3号线、4号线、5号线、8号线、广佛线、APM线	236
天津	津滨轻轨、1号线、2号线	100.9
深圳	罗宝线、蛇口线、龙岗线、龙华线、环中线	156.05
长春	轻轨一、二、三期	52.1
大连	3号线、现代有轨电车	96.15
武汉	轻轨1号线	28.87
重庆	1号线一期、2号线、3号线一期	73.95
南京	1号线及南延段、2号线及东延段	81.55
成都	1号线一期	36
沈阳	1号线及西延段、2号线	49.76
西安	2号线	20.5
苏州	1号线	25.73
香港	东铁线、西铁线、观塘线、荃湾线、港岛线、东涌线、将军澳线、马鞍山线、迪士尼线、机场快线	168.1
台北	木栅线、红线、蓝线、棕线和北投支线、小碧潭支线、小南门支线	75.8
合计	73条	1 942.8

注：数据截至2012年9月。

表 1—3　　我国三大城市各地铁线路开通时间及里程一览表

线路名称	通车时间	运营线路长度
北京市城市轨道交通在线运营里程		
地铁 1 号线	1969 年 10 月 1 日，1 号线西段（苹果园—复兴门）	31.04 km（23 座车站），2000 年 6 月 28 日 1 号线与复八线贯通
	1992 年 10 月 10 日，复八线（复兴门—西单）	
	1999 年 9 月 28 日，复八线（西单—四惠东）	
地铁 2 号线	1984 年 9 月 20 日，马蹄形线路（15.72 km）	23.61 km（18 座车站）
	1987 年 12 月 24 日，复兴门折返线（7.89 km）	
地铁 4 号线	2009 年 9 月 28 日（公益西桥—安河桥北）	28.17 km（24 座车站）
地铁 5 号线	2007 年 10 月 7 日（宋家庄—天通苑北）	27.6 km（23 座车站）
地铁 8 号线（奥运支线）	2008 年 7 月 19 日（北土城—森林公园南门）	45.7 km（33 座车站）
	2011 年 12 月 31 日（森林公园南门—回龙观东大街）	
地铁 9 号线南段	2011 年 12 月 31 日（郭公庄—北京西站）	11.1 km（9 座车站）
地铁 10 号线一期	2008 年 7 月 19 日（巴沟—劲松）	24.65 km（22 座车站）
城铁 13 号线	2002 年 9 月 28 日，西线（西直门—霍营）	40.5 km（16 座车站）
	2003 年 1 月 28 日，东线（霍营—东直门）	
地铁 15 号线（顺义线）	2010 年 12 月 30 日（望京西—后沙峪）	40.8 km（13 座车站）
	2011 年 12 月 31 日（后沙峪—俸伯）	
八通线	2003 年 12 月 27 日（四惠—通州土桥）	18.95 km（13 座车站）
机场线	2008 年 7 月 19 日（东直门—首都机场 2 号、3 号航站楼）	27.3 km（4 座车站）
亦庄线	2010 年 12 月 30 日（宋家庄—次渠）	23.3 km（14 座车站）
大兴线	2010 年 12 月 30 日（新宫—天宫院）	22.51 km（11 座车站）
房山线	2010 年 12 月 30 日（苏庄—大葆台）	24.7 km（11 座车站）
	2011 年 12 月 31 日（大葆台—郭公庄）	

续表

线路名称	通车时间	运营线路长度
昌平线	2010 年 12 月 30 日（西二旗—南邵）	21.24 km（7 座车站）
上海市城市轨道交通在线运营里程		
地铁 1 号线	1993 年 5 月 28 日，南段（徐家汇—锦江乐园）	37.75 km（25 座车站）
	1994 年 12 月 12 日，主线（上海火车站—徐家汇）	
	1997 年 7 月 1 日，南延段（锦江乐园—莘庄）	
	2004 年 12 月 28 日，北段（上海火车站—共富新村）	
	2007 年 12 月 29 日，北延段（共富新村—富锦路）	
地铁 2 号线	1999 年 9 月 20 日，主线（中山公园—龙阳路）	25.17 km（17 座车站）
	2000 年 12 月 26 日，东延段（龙阳路—张江高科）	
	2006 年 12 月 30 日，西延段（中山公园—淞虹路）	
地铁 3 号线（明珠线）	2000 年 12 月 26 日（上海南站—江湾镇）	40.3 km（29 座车站）
	2006 年 12 月 18 日（江湾镇—江杨北路）	
地铁 4 号环线（明珠二期）	2005 年 12 月 31 日（大木桥路—蓝村路）	33.6 km（含与 3 号线 9 站共线）26 座车站
	2007 年 12 月 29 日，南环线贯通	
地铁 5 号线（补充 1 号线）	2003 年 11 月 25 日（莘庄—闵行开发区）	17.04 km（11 座车站）
6 号线（浦东轻轨）	2007 年 12 月 29 日（港城路—济阳路）	33 km（28 座车站）
地铁 8 号线	2007 年 12 月 29 日（市光路—耀华路）	22.4 km（21 座车站）
地铁 9 号线	2007 年 12 月 29 日（松江新城—桂林路）	46 km（23 座车站）
	2008 年 12 月 28 日（桂林路—宜山路）	
	2009 年 12 月 31 日（宜山路—世纪大道）	
	2010 年 4 月 1 日（世纪大道—杨高中路）	
地铁 10 号线	2010 年 4 月 10 日（新江湾城—龙溪路）	36.2 km（31 座车站）
	2010 年 11 月 30 日（龙溪路—虹桥火车站）	

续表

线路名称	通车时间	运营线路长度
地铁 11 号线	2009 年 12 月 31 日（嘉定北—江苏路）	66.5 km（20 座车站）
	2010 年 3 月 29 日（嘉定新城—安亭，吉昌东路）	
磁浮线	2002 年 12 月 31 日（龙阳路—浦东机场）	30 km（2 座车站）
广州市城市轨道交通在线运营里程		
地铁 1 号线	1997 年 6 月 28 日（西朗—黄沙）	18.5 km（16 座车站）
	1999 年 6 月 28 日（黄沙—广州东）	
原地铁 2 号线	2002 年 12 月 28 日（三元里—江南西）	8.44 km（8 座车站）
现地铁 2 号线	2010 年 9 月 25 日（嘉禾望岗—广州南站）	32 km（24 座车站）
地铁 3 号线	2005 年 12 月 26 日（广州东站—客村）	36.86 km（18 座车站）
	2006 年 12 月 30 日（体育西—天河客运站）	
	2006 年 12 月 30 日（客村—番禺广场）	
地铁 3 号线北延段	2010 年 10 月 30 日（机场南—广州东站）	30.9 km（10 座车站）
地铁 4 号线	2005 年 12 月 26 日（万胜围—新造）	41.25 km（13 座车站）
	2006 年 12 月 30 日（新造—黄阁）	
	2007 年 6 月 28 日（黄阁—金洲）	
地铁 5 号线	2009 年 12 月 28 日（滘口—文冲）	32.03 km（24 座车站）
地铁 8 号线	2003 年 6 月 28 日（晓港—琶洲）	15.61 km（13 座车站）
	2005 年 12 月 10 日（琶洲—万胜围）	
	2010 年 9 月 25 日（昌岗）	
	2010 年 11 月 3 日（凤凰新村、沙园、宝岗大道）	
APM 线	2010 年 11 月 8 日（林和西—广州塔）	3.94 km（9 座车站）
广佛线	2010 年 11 月 3 日（魁奇路—西朗）	19 km（14 座车站）

注：数据截至 2012 年 9 月。

2012 年北京市又开通 8 号线二期南段部分线路、9 号线北段、10 号线二期，2013 年计划开通昌八联络线、14 号线西段。按照北京市轨道交通发展规划，2015 年，北京将最终形成“三环”（2 号线、10 号线、13 号线）、“四横”（1 号线、6 号线、14 号线一期、7 号线）、“五纵”（4 号线、5 号线、8 号线、9 号线、14 号线二期）、“七放射”（机场线、顺义线、昌平线、大台线、房山线、大兴线、亦庄线）总长 561.5 km 的轨道交通网络，见图 1—9，三环路内平均步行 1 km 即可到达地铁站。

2012—2016 年，广州市轨道交通计划开通 6 号线一期、广佛线后通段、6 号线二期、7 号线一期、14 号线一期、4 号线南延段、知识城线、8 号线北延段、9 号线一期、13 号线首期、21 号线，共计 284.2 km，127 座车站。到 2018 年，广州市将建成总计 13 条线路、运营里程约 520.5 km 的城市轨道交通网络。预测到 2018 年，广州市轨道交通承担客运量占公共交通客运量比重将达到 38%，公共交通占机动化出行比例将达到 60%。

2012 年，上海市在建线路共计 5 条，分别为 9 号线三期松江段、11 号线北段二期、12 号线、13 号线一期、16 号线，计划 2015 年前在建项目全部建成试运营，届时上海市轨道交通运营线路总长度将超过 670 km。按照国家批准的上海市城市总体规划和城市轨道交通线网远期规划，到 2020 年上海市将建成 4 条市域快速线（R 线）、8 条市区地铁线（M 线）、5 条市区轻轨线（L 线）线网总长约 810 km 的轨道交通网络，从而形成"多轴、多层、多核"的国际大都市空间布局。

据有关专家估计，在国家宏观政策的引导和扶持下，我国在"十二五"期间，全国城市轨道交通投入运营里程将达到 2 600 km 左右，到 2020 年，全国城市轨道交通总里程将达 7 000 km 左右。我国已获批城市轨道交通近/中期线网规划见表 1—4。从表中数据可以预见，我国城市轨道交通的建设总规模还会继续扩大，发展前景将会更加广阔。

表 1—4　　　　我国已获批城市轨道交通线网概况

城市	近/中期规划		城市	近/中期规划	
	里程（km）	年份		里程（km）	年份
北京	561.5	2015	昆明	62.6	2016
上海	675.57	2015	宁波	72.1	2015
广州	520.5	2015	无锡	56	2015
深圳	348	2016	沈阳	118	2018
天津	410	2015	长春	39	2016
南京	433	2015	杭州	260.1	2016
南宁	51	2015	郑州	45.39	2015
重庆	208	2015	南昌	50.6	2016

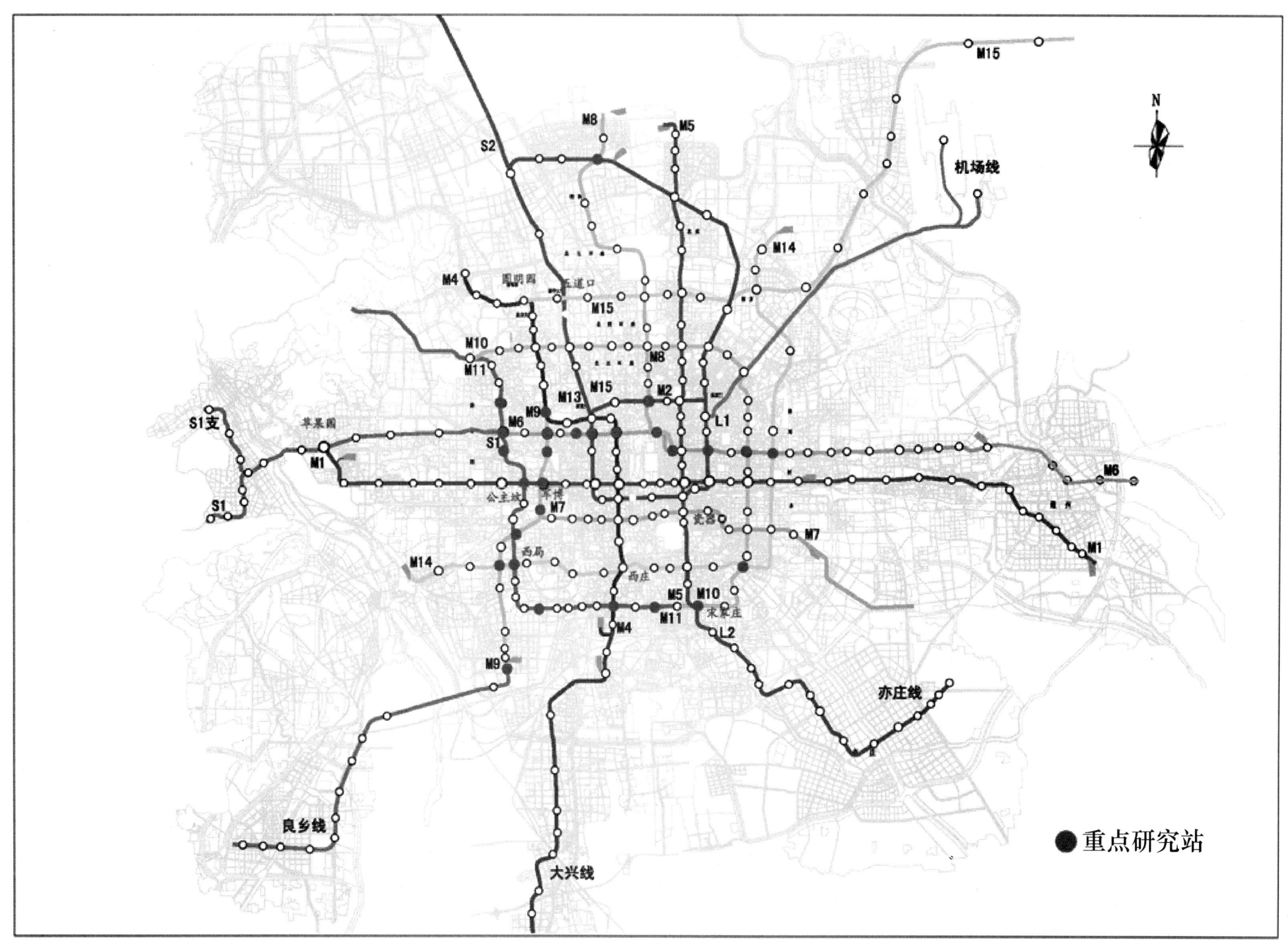

图 1—9 北京 2015 年地铁规划（本图由相关部门提供，仅供参考）

续表

城市	近/中期规划		城市	近/中期规划	
	里程（km）	年份		里程（km）	年份
武汉	215.3	2017	福州	55.3	2016
西安	50.3	2015	厦门	75.3	2020
青岛	54.7	2016	哈尔滨	89.58	2018
苏州	122.5	2015	兰州	26.6	2016
成都	336.05	2017	常州	53.88	2018
长沙	45.92	2015	贵阳	56	2020
东莞	37.37	2015	太原	49.2	2018
大连	58.1	2016	石家庄	59.6	2020
合肥	56	2016			

注：数据截至2012年9月。

第四节 城市轨道交通运营筹备的任务

一、城市轨道交通运营管理特点

1. 城市轨道交通运营管理是多专业、多工种的复合型技术管理

从技术层面分析，它集中了车辆、轨道、信号、供电、通信、自动售检票、环控、低压照明、消防、屏蔽门、扶梯、给排水等十多个系统二十多种专业知识，这些在设计、施工阶段基本以独立个体存在的系统，一旦投入运营，就好似链轮和链条一样，相互依托连成为一个大的联动机，其中任何一个环节出错都会不同程度地影响到它的正常运营，严重的甚至造成停运。因此要实现安全、快捷、准点、舒适的交通功能，不仅要有设计合理、施工完善的系统设备设施作基础，同时要有一套科学、严谨、实用、高效的运营技

术去应用、维护它，以保证设备在正常情况下，各系统能按照调度员设定的列车运行图及供电和环控模式可靠运行，在非正常情况下也能通过人工干预以最快的速度维持轨道交通的正常运营。作为运营管理的专业技术人员，既要全面掌握本专业和了解相关专业的理论知识、实操技术，又要熟悉各类应急情况下的应变处理原则和操作流程。

2. 城市轨道交通运营管理是多目标、多层次的综合性组织管理

从运营目标分析，它有运营成本控制目标、日均客流量目标、安全管理目标、客运服务质量目标、劳动生产率目标以及科研技改目标等。从运输管理层次分析，它采用中央集中调度为主的三级控制原则（如设有线网调度中心则分为四级控制），即：第一级中央控制，由控制中心（OCC）对全线日常行车、电力、环控、客运和维修作业进行全面、直接的监控和指挥；第二级车站控制，作为控制中心的辅助，按照统一的站务服务标准，负责日常车站服务、客运组织和售检票等，在突发事件时由控制中心（OCC）下达指令，特殊情况下也可临时作为主要监控指挥点进行应急处理；第三级现场控制，也是具体的操作和执行控制，可按地理区域或系统进行监视或控制。从运营组织结构分析，它有行车组织、客运组织、票务组织、乘务组织、车辆组织、维修组织、安全保卫组织、技术组织、营销组织以及后勤服务（人、财、物）组织等。正是如此众多的管理组织构成了一个庞大、复杂的运营管理体系。

二、城市轨道交通运营筹备的任务

顾名思义，城市轨道交通运营筹备就是为新建轨道交通线路的安全可靠投入商业运营进行筹划准备。

由前面城市轨道交通运营管理的特点可知，要保证新线顺利投入运营，原则上必须具备两个基本条件：第一，要有性能良好、设计合理、施工完善

的轨道交通设备设施，为运营奠定坚实的物质基础；第二，要有一个人、财、物、技术等资源齐备的管理集体，为顺利开通和持续安全、优质运营服务提供组织技术保障。因为只有设备正常、可靠地运转起来，运营单位才有可能利用它去服务乘客，也只有经济、安全、高效、优质的运营服务，城市轨道交通才能持续、健康、稳定地发展。

城市轨道交通作为一个长寿产品，建设阶段的结束只能说明产品初期制作基本完成，但要真正服务于最终用户——乘客，尚需经中间用户——运营单位进一步开发、加工和应用，使产品功能与乘客需求相匹配。如果说该产品初期制作是一个庞大、复杂的系统工程，那么同样它的中间加工环节也是如此。在这期间要严格履行产品验收者的职责，保证按期从建设单位手中接收到质量良好、性能可靠的产品；要合理地把握产品初期制作的设计标准和最终用户需求的平衡点；要通过各种途径提前介入产品制作过程，及时、可靠地获取制作信息，并按验收标准和接管条件进行验收、接管；要为产品运营期的深加工、应用进行人力、物力、资金和技术等资源准备；要为科学、经济、合理地调用这些资源服务于最终用户而进行组织架构和管理体系的设计；要为安全、可靠地组织运营去研究、开发运营管理技术和提前进行实战演练，即综合联调演练与试运行；要为开通后的试运营提供安全、可靠、优质的服务管理；要配合政府和建设单位筹备工程竣工验收；要为运营利益的分配去协调处理政府、投资、建设、能源供应、公交接驳管理单位的工作接口等。

如此大量、复杂、繁重的工作非几个人几天能够完成，必须有一个高效、团结、务实、专业的工作团队，经过长达3～5年的精心筹划和实施才可能做到。这个团队就是运营筹备组织（到了运营筹备的后期，该组织逐步过渡到试运营管理组织），它的任务和目标就是全面履行上述两方面的工作，确保新线顺利开通运营，具体说就是两个阶段、三大块内容。两个阶段是指“三权”（调度指挥权、属地管理权、设备设施使用权）接管前和接管后两个阶段，三大块内容包括“三权”接管前的外部工程建设筹备，内部运营管理组织架构、管理体系以及试运营所需人、财、物、技术等资源筹备，以及

“三权”接管后的联调演练、试运行及开通试运营管理（视具体情况，联调也可安排在“三权”接管前进行)。

1. 第一阶段（“三权”接管前)

“三权”接管前要配合工程建设工作、筹备运营管理资源和管理体系。涉及的任务和工作程序是:

(1) 确立运营筹备总体战略，即根据所筹备新线的投/融资模式、建设运营衔接模式、运营管理模式，确立运营筹备的总体目标、工作基本原则以及运营筹备人员介入工程建设的深度和参与形式。

(2) 在总体战略的指导下，筹建运营筹备处或运营筹备项目部，开始正式启动运营筹备工作。

(3) 以运营筹备处或运营筹备项目部为单位，根据开通运营目标要求和工程建设工期策划信息，全面、系统地策划和编制运营筹备计划，落实计划执行的责任主体。

(4) 按照计划，有目的、有组织、有步骤地以不同的形式直接或间接地参与工程建设的设计审查、用户需求书编制、设备监造、工程验收标准审查以及施工过程的协查、跟踪验收工作。

(5) 按照计划，有组织地开展运营组织架构，薪酬体系，规章制度管理体系，行车、客运、票务、维修、安全等组织模式的专题研究。

(6) 按照计划，提前组织编制“三权”接管方案、综合联调及演练方案、试运行方案、开通试运营组织方案。

(7) 按照计划，有步骤、有层次地开展人、财、物、技术、后勤保障、安全保卫等资源筹备以及单位工程验收和“三权”接管。

2. 第二阶段（“三权”接管后)

“三权”接管后至国家竣工验收前，开展综合联调演练、试运行和组织新线开通试运营管理。经过第一阶段的筹备，应该说到“三权”接管时，新线开通试运营所需的人、财、物、技术等资源已基本筹备到位，试运营管理的组织架构和管理体系经过一段过渡期（为保证筹备期设计的试运营组织架构在“三权”接管后能正常运转起来，通常在新线开通前1年，原有的筹备组织就要逐步过渡到试运营组织，对于首次筹备城轨交通试运营的单位，该时间还应视情况适当提前1～2年），磨合、调整也基本成型，新线的调度指挥权、属地管理权、设备设施使用权也由建设单位移交给运营单位，此时的运营筹备已由紧张的筹备期过渡到试运营期，开始了由综合大联调演练及试运行到正式试运营的组织管理，其主要内容包括：

（1）按照综合联调演练的方案和实施计划，组织开展各项综合联调和演练，并对存在的问题进行跟踪整改；开展试运行工作，检验系统的稳定性及各项运作的协调性。

（2）委托专业评估机构对即将开通线路进行开通前评估，明确是否具备开通条件。

（3）组织新线开通试运营管理。

（4）配合建设单位开展国家竣工验收，提交试运营总结报告。

以上只是简略介绍了运营筹备的主要内容，具体的工作思路和操作方法将在后续各章节中详细介绍。

第二章
运营筹备策略与原则

第一节　城市轨道交通的经营管理模式

一、经营管理模式的定义

本书所论述的城市轨道交通经营管理模式，是基于对运营筹备工作主体、内容、范围和周期产生的影响而研究的城市轨道交通产品提供模式。城市轨道交通产品主要的提供环节包括城市轨道交通项目的勘测、规划、设计，城市轨道交通基础设施的建设和运营管理等。对于城市轨道交通运营筹备的组织者来说，城市轨道交通提供链上各环节组合的不同，其筹备工作的目标、范围也相应不同，并影响到运营筹备的工作量、组织方式等各种因素。

众所周知，城市轨道交通属于准公共产品，准公共产品的提供模式一直是现代公共管理研究领域讨论的热点，各种观点异彩纷呈。本书采用一种比较中立的观点——奥斯特罗姆的“多中心公共经济理论”。他认为公共经济及其每一个公共产业部门内部是有层次、多属性的，其生产、提供公共产品的制度安排，也就存在多种可能的选择与组合。公共产品的提供和生产对政府来说至少有 6 种不同的制度安排可供选择：一是建立和经营“自己的”生产单位；二是与一个私人企业签约；三是与另外一个政府单位签约；四是从自己的生产单位得到一些公共产品，而从其他政府或私人生产者那里得到其他的公共产品；五是确立得到授权的公共产品的生产者必须遵循的服务标准，允许每一个消费者选择零售商，并从得到授权的供给者那里得到服务；六是把凭单发给家庭，并允许他们从任何得到授权的公共产品的供给者那里购买公共服务。这一理论为公共产品提供模式和政府政策设计打开了新的想象空间。

城市轨道交通产品的各主要提供环节具有不同的经济属性，有的环节公共性、公益性更强一点，如勘测、设计、基础设施建设，有的环节竞争性、经营性更强一点，如设备维修、维护、营运管理等，因此可以有多元化的提供模式即经营管理模式存在。这种多元化的趋势，在其他准公共产品行业已经经历了多年的探索，如天然气、电力、电信和铁路等行业，传统上都是采用纵向一体化的康采恩，即投资、建设、运营由一个主体来完成；近 20 多年来也出现了许多其他的产品提供模式，如英国铁路的私有化等。可见，政府不一定要成为投资者，也并不一定要让投资者成为运营商。政府既可采取传统的生产方式负责准公共产品的生产经营和管理，也可作为公共产品供给的最终负责人，将市场机制引入到准公共产品提供的管理中，将不同的环节分配给非政府的私人或组织去完成。

因此，本书以是否分裂城市轨道交通主要提供环节为标准，结合世界城市轨道交通主流提供方式，将城市轨道交通经营模式划分为建设、运营一体化模式和建设、运营分立模式。

二、各类经营管理模式及其典型代表

1. 建设、运营一体化模式

建设、运营一体化模式是指城市轨道交通产品提供的所有环节由一个主体主导，该主体作为政府的代理人，负责城市轨道交通从设计、建设到运营的整个过程。建设、运营一体化模式的代表是香港地铁和广州地铁，特别是香港的建设、运营一体化模式，通过纵向一体化，把各利益主体通过一定的经济与法律纽带合并成为一个共同的利益主体，从而内部消化外部效益。例如，将兴建地铁带来的沿线土地升值的效益，通过赋予香港地铁沿线土地资源经营的权利，转移给地铁公司。

（1）香港地铁模式。香港地铁是由香港市政府控股的香港铁路有限公司（前地铁有限公司），根据审慎的商业原则兴建和经营的一个集体运输铁路系统，具体包括香港地铁的建设、运营、车站商务以及附属物业开发和管理等。2007 年 12 月，香港地铁有限公司与九广铁路公司的车务运作正式合并，公司更名为香港铁路有限公司，简称港铁公司。

该公司为上市公司，第一大股东为香港政府。香港政府可自行委任人士进入董事局，并有权委任董事局主席和行政总裁。政府为港铁公司提供担保，让其按照商业原则运作，并主要靠法律手段规范市场主体行为。尽管受到政府监督，但政府给予港铁公司高度自主权，授予港铁公司在规划的路网中自行决定修建地段的权利、自主制定票价的权利、经营政府在地铁沿线划拨的土地的权利。港铁公司将经济效益作为追求的目标，整体考虑地铁的建设和运营，采取“地铁＋物业”经营模式，充分运用地铁沿线地产升值这一优势，把发展地铁与发展上盖物业结合起来。地铁公司建立 30 多年来，除政府在上市初期投入的 322 亿港元外，其建设费用，政府投资不足 1/3，主要依靠高额的物业发展利润支持的债务性融资。

（2）广州地铁模式。广州地铁由广州市政府全额投资兴建和经营。由广州市政府全资的大型国有企业广州市地下铁道总公司（以下简称广州地铁公司）担负着广州城市轨道交通系统建设及运营管理。

广州地铁公司负责地铁项目的建设及运营，具体负责地铁各条线路的规划、设计、拆迁、建设、运营和附属资源开发。政府直接以行政管理的方式管理从建设到运营的各个环节，通过市发改委、财政局、住建委、规划局、物价局等相关职能部门，参与地铁建设和运营的管理，如政府通过财政对地铁运营提供一定数额的财政补贴，补贴的数额每年调整，并通过价格听证制度确定地铁票价，进行价格管制。

目前，广州地铁公司以一体化的资源规划、开发和经营模式，提出同步规划、同步设计、同步建设、同步经营的“四同步”策略，保障大规模线网建设和运营任务的完成，推动业务对外拓展，实现企业的可持续发展。借助一体化经营，广州地铁公司实现了对三方面资源的整合：

第一，行业资源整合。通过在建设方面提供施工配合、在运营方面提供票务支持、在开发方面提供配套服务等方式，引导与地铁利益相关的行业和各类社会力量、社会资源参与地铁上综合发展社区的联合开发。

第二，社会资源整合。灵活应用地铁独特的票务资源对相关的体育、教育、医疗、旅游、文化、信息、商业等各类资源进行整合和嫁接，从而构成地铁上盖物业的复合房地产概念，实现资源开发的最大经营效益。

第三，内部资源整合。借助地铁公司的核心资源——交通引领能力，对公司内部的科技研发、规划、设计、建设、客运、广告、商贸、通讯、物业等各种资源进行整合，同时发展咨询、培训等外向型业务，形成业务协同发展机制，通过一体化和业务向外拓展获得价值。

2. 建设、运营分立模式

建设、运营分立模式是指城市轨道交通产品和服务提供的全过程由多个主体分工参与、各负其责。建设、运营分立模式的代表是新加坡地铁和北京地铁。

（1）新加坡地铁模式。新加坡地铁又叫大众捷运系统，始建于 1988 年。

新加坡政府通过国土运输局负责车站、轨道等基础设施的建设、维护和投资，并承担建设费用，因此国土运输局是轨道交通基础设施的建设者和所有者，其投入资金完全来自财政支出，它同时还是地铁相关规定的制定者，制定运营水平和规则，以此保证轨道交通的公共福利性质，确保地铁资产的维修效果和水平。私人部门通过租借合同取得使用基础设施的权利，并获得地铁线路的特许经营权。私人部门负责投资车辆、信号等经营性资产，并经营列车和轨道，拥有、维护、升级和扩建所经营资产，组织地铁运营。私人部门在特许经营期内向政府支付使用基础设施的名义租金。特许经营期过后，将运营资产移交给政府（除非延长）。

负责地铁运营的公司完全民营化，在运营期内地铁公司自力更生，在市场竞争中谋求发展。政府引导制定地铁票价，并不给予地铁公司任何财政补贴，但负责为企业配备优秀的经营人才，营造必要的市场环境，同时建立相应的政策法规，加强监督和安全管理。为确保政府的巨额投资和公众利益能够得到保障，新加坡国会还专门通过了一项新法案，授予管理当局更大的权力去管制地铁和轻轨列车的经营者。法案规定，地铁和轻轨列车经营者的服务若达不到标准要求，将被罚款高达 100 万新元，在严重的情况下，当局也有权力吊销经营者的执照。

(2) 北京地铁模式。2001 年 7 月 13 日，北京申奥成功。为履行在轨道交通建设上的承诺，解决放大的资金需求，2003 年年底，北京市改组成立了北京市基础设施投资有限公司（简称京投公司），承担轨道交通投融资、前期规划、资本运营及相关资源开发管理等职能。同时，将地铁建设公司和地铁运营公司从原北京市地铁集团有限责任公司中分立出来，成立北京市轨道交通建设管理有限公司（简称建管公司）和北京市地铁运营有限公司（简称运营公司），通过委托合同确立各自的权利和义务，实行投资、建设、运营分立管理模式。

为满足轨道交通建设资金需求，北京市对部分地铁运营实行特许经营，引入社会资本参与经营。市政府指定京投公司作为政府投资方，令其负责占总投资 70%的洞体和轨道建设任务，然后以租赁的形式租给社会投资者；

社会投资者负责其余30%的车辆和机电设备安装等相关建设任务，并取得线路运营的特许经营权。政府不参与社会投资者的决策、管理和收益，社会投资者则负责所有资产的运营、维护和更新，特许期满后，全部项目设施无偿移交给政府投资方。例如：北京地铁4号线项目总投资153亿元人民币，其中京港地铁投资约46亿元人民币，以PPP（Public—Private—Partnership）模式负责投资、建设北京地铁4号线项目B部分（车辆、通号、自动售检票机等），并租赁使用4号线项目A部分（洞体、车站结构等），同时发展相关的商业活动，特许经营期限30年。北京地铁4号线也因此成为大陆地区首个公私合营的轨道交通线路。

三、不同经营管理模式的影响因素

两种城市轨道交通经营管理模式，各有其先决的限制条件和影响因素，各个城市均需要根据本城市轨道交通项目的特点，选择适宜的经营模式。因不同城市的轨道交通项目和政策决策者对运营模式选择的考虑各有异同，本文仅选取重要的几个影响因素进行说明。

1. 政府投资方式

城市轨道交通的准公共产品特性和巨大的外部性，决定了在大多数情况下，政府是城市轨道交通的供给主体和重要的投资人，但其投资方式是多样的。政府在城市轨道交通项目投资中的方向、性质、投资规模和地位作用，极大地影响着城市轨道交通所采用的经营模式。投资方向是指以政府财政支出为主的投资投向城市轨道交通的哪个提供环节；投资性质是指投入的方式，以补贴方式还是以直接投资方式投入；投资规模是指政府投资占项目资本金的比例；地位作用是指政府作为城市轨道交通的供给主体对项目的影响程度，包括通过经济和社会两种管制手段对城市轨道交通项目施加的影响。

一般来说，政府投资覆盖城市轨道交通勘测、设计、拆迁等前期行为和所有固定资产。政府财政投入为城市轨道交通主要资金构成，政府倾向采用行政手段对城市轨道交通的提供实施干预等，都是政府在采用建设、运营一体化模式时考虑的重要因素。相反，如政府财政投入在城市轨道交通资本金中的比重有限，仅覆盖城市轨道交通基础设备设施部分投资，对公益部分予以财政补贴，而在运营等竞争环节通过契约的形式明确所有者和经营者的权、利关系，政府倾向于采用建设、运营分立的经营管理模式。

2. 政府管制

为了约束城市轨道交通经营企业尽可能地实现城市轨道交通社会效益，提升社会福利，政府往往需要对企业进行监督管理。这些监督管理包括经济性的管制，也包括社会性的管制。

经济性的管制，一般包括政府对企业参与城市轨道交通项目所限定的进入、经营、管理的约束性规定，有产权所有制形式、政府的控制方式、控制范围、授权范围、财政支持方式和企业管理模式等。一般来说，建设、运营一体化模式因投资、建设环节的公共经济特性关系到社会公共资源以及政府财政的使用，必须保证以上资源经营的安全、公正、公平等，因此政府倾向于采用较为严厉的管制手段；而建设、运营分立模式在运营等可竞争环节，则可采用市场运作，给予企业一定的自由裁量权，促进企业降低成本、提高质量、改善服务，诱导企业逐步接近社会福利最大化的思路，政府可采用激励性管制甚至放松管制。社会性管制手段包括环境管制、劳动契约的管制、健康与安全的管制、机会平等，因为与城市轨道交通经营模式没有明显的直接联系，本文不做叙述。以上述四个城市轨道交通经营模式代表项目为例，政府管制的对照见表 2—1。

3. 城市背景

城市的基本特点是选择城市轨道交通经营模式要考虑的大背景，如城市的经济发展水平、公共交通产业结构等。

（1）城市经济发展水平的重要体现是政府财政收入。在很多城市，政府财政有限，城市轨道交通发展资金紧缺，城市发展又不断对交通提出新要

表 2—1 不同经营管理模式中的政府管制对照表

运营模式		建设、运营一体化模式		建设、运营分立模式	
样板公司		广州地铁	香港地铁	北京地铁	新加坡地铁
所有制形式		政府独资	政府控股	政府独资或政府控股	政府参股
管理模式		官办官营，行政管理	官办半民营，授权管理	官办官营，公私合营，租借管理	公私合营，租借管理
政府控制方式		直接参与	条例制定，董事会，财务批准，其他指示，财会及审计定期汇报	直接参与，控股公司	合同，资产状态及旅客服务水平监视系统
政府控制范围		从建设到运营的各个环节，管理达到基层单位	董事会组成（人员及任期），利润处置，投资，审计师任用，财务报告，其他不违反条例的指示，安全督察任命，运营及公众安全条例设置	建设及大部分线路运营的各环节	租借投标，资产状态，旅客服务水平
下放范围		—	部分经营权	部分经营权	经营权及部分/全部所有权
政府财政负担	建设	财政支持	早期政府担保贷款，后期无需政府担保贷款	财政支持，4号线及大兴线仅投资土建部分	财政支持
	运营	财政补贴	—	财政补贴	—
	其他	—	间接支持，如：车站的房地产开发权	—	—

求，因此城市轨道交通投、融资体制多元化是发展的重要选择，形成投资主体多元化、投资来源多渠道化的局面。民间资本的逐利性质形成多种所有制共同经营城市轨道交通项目、多家企业共同参与经营性项目的分立经营模式。

(2) 一个城市的公共交通产业结构，即行业内各企业对比关系和结合状态。一个城市公共交通行业的竞争激烈程度，政府对参与城市轨道交通的扶持政策，以及维修、保洁、保安等配套产业的发达程度，都是企业参与城市轨道交通行业的考虑因素，并影响其投资、参与的意愿。政府也将从以上因素出发，考虑对参与城市轨道交通企业的可制约因素。

影响城市轨道交通经营模式选择的城市基本特点还包括税收、转移支付能力和城市化水平等，在此不再一一列举。

四、不同经营管理模式对运营筹备的影响

这里假设运营筹备工作的负责主体是城市轨道交通的运营商。运营筹备工作的直接目的是确保城市轨道交通已建成的设备设施顺利投入运营，但是不同的城市轨道交通经营管理模式下，运营筹备主体所面临的运营筹备工作的目的、工作范围、工作量和组织形式将有较大的不同。

1. 对工作目标的影响

建设、运营分立模式下，城市轨道交通的运营商往往通过商业投标取得运营权，并受到合同制约，所接受的已建成的城市轨道交通设备设施是运营筹备的基础。基于商业原则，它将在合同制约下追求最大商业利益。在运营权移交运营商后，企业将在确保设备设施正常营运外，根据总体经营责任及自身需要确立运营筹备核心目标。此时，运营筹备的目标一般以有利性、经济性、时效性为主，具体来说就是尽可能获得状况优良的合同内设备，尽快实现可运营状态并投入运营，并通过运营实现经济效益。

在建设、运营一体模式下，城市轨道交通的运营商同时又是建设方和投

资方，对城市轨道交通整个项目的运作效果负总责。事实上它同时是受政府委托的城市轨道交通建设代理者和运营商，它的企业目标是在追求经济效益的同时追求社会效益，并在运营投资、建设环节就对今后的运营所带来的经济和社会效果进行充分的预想和准备。在这种情况下，城市轨道交通不再追求运营、建设、投资单个环节的经济效益，而是追求整个城市轨道交通产品提供的最优。此时，运营筹备的目标也受企业大目标的指导和约束。

2. 对工作范围的影响

建设、运营分立模式条件下，运营商以合同为依据，组织运营筹备工作。对于作为合同前提条件的规划、设计和建设成果，在符合合同规定的条件下，无条件接受。其负责的运营筹备组织的工作范围仅限于合同内设备设施的验收、移交、接管和调试工作，合同外设备设施的采购、安装和调试工作，人、财、物等运营资源的筹备工作，并且将花费大量时间、资源和精力用于与投资方、建设方、监管方的协调和讨价还价，围绕运营合同的实施和管理工作，最大限度地维护其商业利益。此时，运营筹备的关键点和难点在于合同管理和对外协调工作。

在建设、运营一体模式条件下，由于运营商同时也是投资方和建设方，其运营筹备组织的工作范围向建设环节延伸，即将组织运营的要求带到了投资和建设环节，运营筹备人员参与建设等相关环节工作，共同协调确保设计和建设成果为运营提供更好的平台和支持，各环节的协调在组织内部可以得到较为高效的运行。此时，运营筹备工作的关键点和难点在于基于服务和运营的需要，在技术层面促使设计、建设等满足运营的要求。

3. 对组织形式的影响

建设、运营分立模式条件下，运营商的业务相对简单，因此组织架构也较为简单，主要根据合同对其权利和责任的要求设置组织架构。一般来说，可包括运营服务单位、运营调度协调单位、维修支持单位、附属业务经营开发单位、专业管理单位等。其中负责运营筹备的单位因需要基于合同开展大量的协调工作，因此应由企业中负责对外协调的单位承担。技术性的筹备工作必须服从合同管理和对外协调的需要，组织形式多采用扁平型的组织架构或职能式组织架构。各单位之间范围和界限，可根据专业和流程划分，也可根据地域、设备特点划分。此时，决定组织形式的关键因素是运营商所运营的设备特点和运营规模。

在建设、运营一体模式条件下，负责设计、建设和运营的单位共存于同一个企业内，势必造成企业业务差异大、企业规模大，企业多以集团公司的形式出现，根据业务划分内部单位之间的界限。集团公司内部常见的组织形式一般有事业部形式、分公司形式、子公司形式，甚至合作企业形式。采用这些组织形式主要是基于各业务之间的独立性。同时，由于各组织之间的独立性和筹备工作的关键性，在集团公司内部一般需要设置专业的运营筹备的协调机构，从最高层次协调和指导运营筹备工作，而这一协调机构，在技术方面具有决策建议权，与政府监管部门、城市职能管理部门等的对外协调，则可交给集团其他专业部门解决，从而为整个运营筹备的运作创建相对稳定、高效的外部工作环境。决定组织形式的关键因素是整个企业的发展战略。具体承担运营商角色的，可能只是集团中的一个或者几个事业部、分公司或者子公司。这一个或者几个事业部、分公司或者子公司，一般在人、财、物方面具有较大管理权和决策权，并因直接涉及城市轨道交通运营而在内部设立了自身的运营筹备组织机构。

五、政府对城市轨道交通运营筹备的要求

城市轨道交通一直存在着公益性和福利性，从社会效益的角度考虑，轨道交通的发展离不开政府的帮助，政府是城市轨道交通的供给主体。因此，在建设、运营管理过程中，政府会通过各种手段对城市轨道交通的投资、建设和运营进行管制。这些管制，一般集中体现为票价限定、特许权投标等经济性管制，以及排污量、客运量、环境管制、劳动契约的管制、健康与安全的管制等社会性管制。因此，对城市轨道交通运营筹备产生影响的主体，除

了有关参与城市轨道交通产品提供的各类企业，如建设总承包公司、运营公司等，还包括城市政府。

和企业相比，政府对城市轨道交通运营筹备的影响延伸到了地铁项目的立项、规划、设计、拆迁等前期环节。政府作为城市公共资源经营者，通过在前期环节中履行政府在立项、审批、财政支出管理等方面的行政管理职责，约束、引导城市轨道交通项目充分发挥其公益和福利性作用。基本手段包括：城市轨道交通建设、管理方针、政策、条例的制定，城市轨道交通项目立项、规划、设计、拆迁方案的审批和决策，城市轨道交通项目参与主体的设定和限制，经营模式的选择，投资和补贴政策的制定等。城市轨道交通运营筹备工作必须基于政府以上的要求，在筹备目标、关键工期、工作量、工作范围、协调关系、内部组织分工等方面做出相应的调整。

第二节　城市轨道交通运营筹备策略

简单地说，运营筹备策略就是运营筹备的战略谋划，是确立运营筹备的使命、政策、主要目标以及工作原则的纲领性文件，是指导和约束运营筹备活动的方向性、全局性、系统性的宏观规划。任何层次的运营筹备活动都离不开策略的指导，它是决定城市轨道交通运营筹备目标能否顺利实现的首要和关键因素。

一、策略在运营筹备中的地位和作用

策略管理作为当代企业管理最重要的一个环节，其地位和作用已得到广泛认可，企业的规模越大、管理层次越多、内外环境越复杂，就越需要重视战略管理，这是因为：

第一，策略是运营筹备活动的生命线。策略决定运营筹备活动的方向、目标和范围，是开展运营筹备活动的前提条件。经验证明：大型、复杂的组

织活动都是始于策略，成败于策略，策略决定计划，计划引导行动，行动产生结果（目标）。如果说“细节决定成败”是真理，它必须具备一个前提条件：策略正确。只有策略正确，细节才有成果，成果才有意义，否则策略错了，行动的大方向错了，细节越周到，执行的效率越高，资源浪费就越严重，离目标要求就越远。

第二，策略是运营筹备活动的神经中枢。任何组织活动过程本身就是一个“决策—执行—再决策—再执行”的闭环控制过程，正如“现代企业管理之父”杜拉克所说：“不论管理者做什么，他都是通过决策进行的”。策略作为运营筹备活动中的一项重要元素，而且是不可替代的核心元素，涉及筹备活动的各个阶段各个环节，贯穿于全过程，具有牵一发而动全身的高度敏感性，是统领、控制全局活动的大脑神经中枢。

第三，策略是链接运营筹备组织与环境之间的纽带。策略以内外环境分析为基础，规划行动方案，并根据环境变化调整对策。这一过程使组织得以认识环境特征和变化趋势，了解环境认可的行为和规则，从而有效地把握环境中的机会，及时规避环境中的风险和威胁，使运营筹备活动与环境要求一致。

就现实而言，目前所有大型厂、矿、基建项目的投资建设，包括城市轨道交通的规划建设，都是先进行工可调研决策，后开展方案设计和施工建设，因此，从设想、调研、决策到设计、施工，再到竣工验收、交付使用，这一流水过程已被确立为工程建设的先后次序法则。

总之，按照战略理论推理就是：运营筹备需要策略就如同军队需要军事战略一样，如果最高指导原则的策略是正确的，那么，即使在局部战术方面出现失误，运营筹备仍然能够成功。因此，可以说策略定位是全面、正式启动运营筹备工作和开展各项业务模块运作的第一要务和核心要务，策略的优劣直接关联运营筹备工作的绩效，甚至决定运营筹备工作的成败。研究和探讨科学、先进、实用、高效的运营筹备策略，寻求通往正确决策的有效路径，是运营筹备各级管理者，尤其是高层领导决策者必须面对和解决的一个主要课题，只有“运筹帷幄之中”才能“决胜千里之外”。

二、运营筹备策略的内容

运营筹备策略按决策层次通常分为高层策略、执行层策略和操作层策略。

1. 高层策略

高层策略是运营筹备策略中最高层次的战略，是整个运营筹备工作的纲领。从内容看，高层策略侧重三个方面研究决策：一是运营筹备的使命和总体目标，二是运营筹备活动的范围和原则，三是运营筹备组织的长远发展规划。从影响程度看，高层策略是指导和控制运营筹备一切行为的最高行动指南。从决策主体看，高层策略的制定与推行人员主要是运营筹备的高层管理者或决策顾问机构人员。总之，高层策略是有关运营筹备全局发展的、整体性、长期性的战略方案，对整个运营单位的长期发展产生深远的影响。

2. 执行层策略

执行层策略是运营筹备专职策划部门规划运营筹备目标、筹备总体计划的策略，是高层策略的展开和延伸。其核心在于：如何有效贯彻高层策略的意旨；如何分析实施中的风险和拟定应变处理思路；如何制订运营筹备总目标的论证和细化分解原则；如何定位运营筹备总体工作计划和主要战略措施等。从执行层策略的作用看，它的重点是全面准确理解高层策略，从战略的角度规划运营筹备总目标分解和资源筹集分配原则，用以指导、控制运营筹备组织的建立、风险的识别管理和筹备计划的具体编制、审核工作。

3. 操作层策略

操作层策略属于业务模块管理决策，是执行策略之下的子策略，是由各业务模块管理者或部门，在高层策略和执行层策略的指导下，就所辖业务模块的运作思路和方法进行策划定位，如人力筹备策略、资金筹备策略、技术筹备策略、物资筹备策略、运营单位参与工程建设操作策略、新线验收接管策略、综合联调和演练策略、开通试运营管理策略等，侧重员工行为规范管理和提升业务执行效率。

运营筹备策略内容结构如图 2—1 所示。

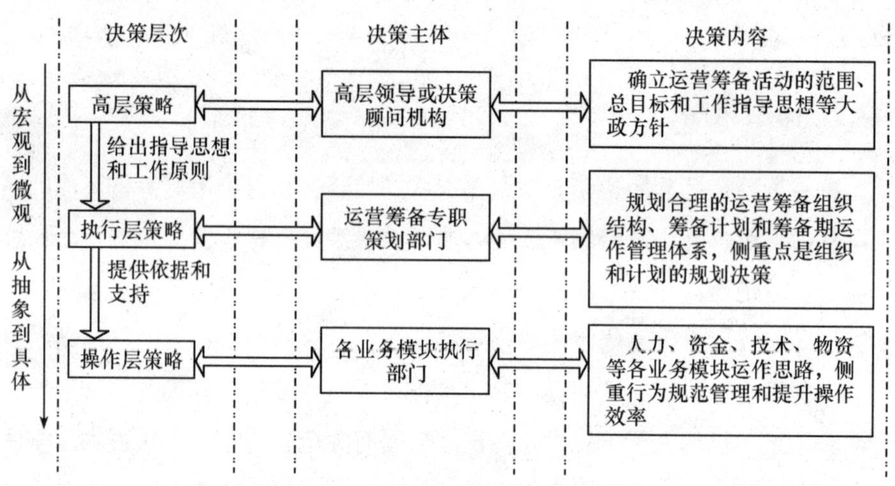

图 2—1　运营筹备策略内容结构图

显然，高层管理策略是龙头，是关键，只有确立了高层策略，执行层策略和操作层策略才有准心和依据。

三、运营筹备策略的设计

无论策略处于那个管理层级，它应遵循的准则和工作流程是基本相同或相近的，不同的只是高层管理的策略规划比基层管理的策略规划更重要、更复杂、更广泛而已。

1. 设计准则

（1）分级决策准则。不同层级的运营筹备策略，其决策者的权限大小、决策内容以及决策的依据是不同的，应严格按照分级决策原则进行科学、合理的分工管理，既明确职责，也强化策略抉择的唯一性和严肃性，提高策略执行的有效性。

(2) 全局利益准则。作为政府主导的一项准公益性基础设施，虽然随着城市轨道交通行业和国民经济的发展，其供给环节中的投资、建设、运营主体和管理形式发生了变化，但它的物权所有者是城市政府这一点始终未变。综观国内外现今各类投/融资模式，即便是私企投资的轨道交通线路，企业所能掌控的仍然是轨道交通线路的设备设施（包括土建设施）的投资和建设运营过程的管理，而政府以庞大的土地资产为本占据着最大投资者的地位，从而一直把握着城市轨道交通规划、建设、运营管理中一些大的方向性、原则性问题的决策权，如线路走向、建设规模、开通运营时间和运营票价等通常是由政府统筹决策。也就是说，任何一条城市轨道交通线路的运营管理不仅要体现市场经济运作规则下的企业经济利益要求，同时还应反映出政府主导城市轨道交通的宗旨——获取一定的社会效益。因此，规划运营筹备策略尤其是高层策略时必须以社会效益和经济效益为原则，从有利于企业（各种经营管理模式确立的投资、建设、运营联合体）利益最大化和维护城市轨道交通持续健康发展的角度出发，科学、系统、整体地规划运营筹备的战略决策，切实有效地指导运营筹备工作。

(3) 指令性和指导性相结合准则。策略是基于当时当地的环境条件和对未来发展趋势的预测而形成的。环境的复杂多变，使得策略在执行过程中必然存在诸多不确定风险因素干扰，尤其是在当今知识经济时代，技术的日新月异、管理思维的不断创新和执行频率的不断加快，用户需求个性化、多元化、复杂化程度的不断加剧，种种因素相互交织、相互影响，使得任何一个组织或企业时刻都处在一个瞬息万变、纷纭复杂、动荡不定的环境中。对于城市轨道交通运营筹备这样一个庞大复杂的系统工程而言尤其如此，无论它属于何种性质（国营、私营），达到何种规模（线路、线网），处于何种发展阶段（首次开通或在线运营兼新线开通），都无一例外地要面对这种稳定性较差的环境。因此，在规划策略时要综合考虑指令性条文和指导性意见相结合准则，既要维护策略的权威性，同时也要为意料之外事件留有一定的变通余地。

(4) 创新、合法准则。策略规划是一种智力劳动，是思维惯性和既有理论、经验的一次创新发展过程，因此在策略规划过程中应集思广益，多方征询或咨询经济、技术、管理专家的意见，以新理念、新办法设计、选择策略，而所有的创新思想必须符合国家和行业的法律、法规及政策要求。

2. 设计的三个阶段

(1) 目标设定。目标是策略规划的源头和抉择的依据，只有先设定目标，才能进一步设计行动的路线。设定目标就是将运营筹备目标具体化，按照全局利益准则，将抽象性、概念性的社会效益和企业的经济利益愿景，转换成主题明确、定义清晰、成果具体的活动目标，从而为策略抉择提供依据，为实施控制提供指导，为开通试运营效果评估提供对照标准。社会效益体现在轨道交通给企业以外的整个社会带来的经济利益和文化影响等，而企业经济利益表现为不同经营管理模式下投资、建设、运营联合体或单体的经济利益。图 2—2 所示为目标设定示意图。

从图中可以看出，在建设、运营一体化经营模式下，城市轨道交通的社会利益和联合体经济利益的代表者都是同一主体——政府，两种利益的出发点相近且偏重于社会效益，运营筹备的目标更多是为政府的社会效益以及维护整个城市轨道交通长期稳定健康发展需要而规划；在建设运营分立经营模式下，城市轨道交通的社会利益的代表者是政府，而经济利益的代表者是分立模式确立的各经营个体的经济利益，因而运营筹备的目标更多关注的是如何提升运营筹备管理水平，有效控制运营成本，而对于政府期望的社会效益则需要通过租赁协议强制推行。

(2) 环境与条件调研分析。环境与条件分析就是将运营筹备看作一个开放的系统，对内外环境条件的影响进行全面、客观、科学地识别和判断，找出利弊因素，使之纳入到策略规划的视野。事实上，许多卓有成效的企业经营策略都是建立在大量的内外环境信息调研基础上，是风险和利益抉择的结果。通过外部环境分析，可以识别运营筹备正在和将要面对的环境中有哪些关键成功因素和失败的风险，使筹备领导者意识到“我们应当做些什么”；

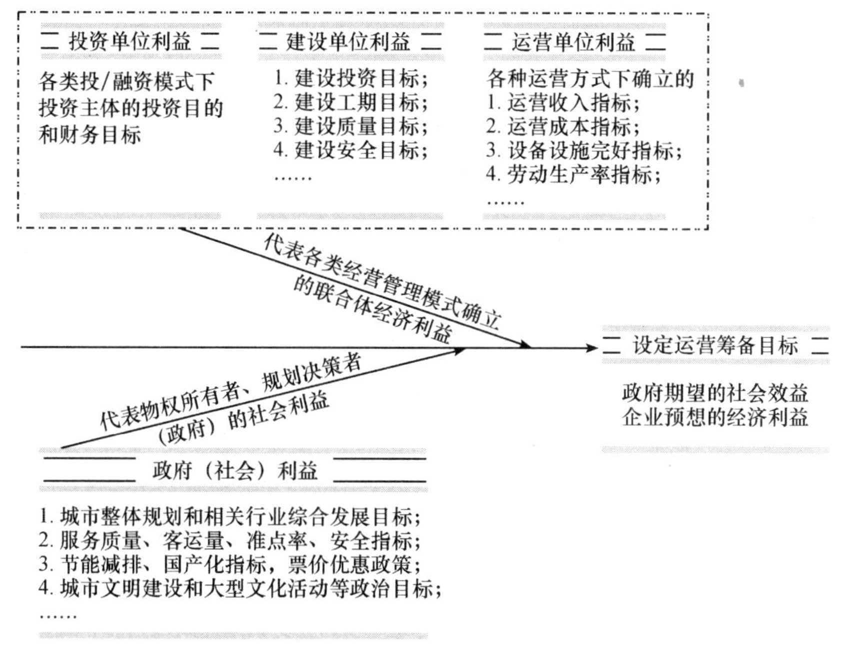

图 2—2 目标设定示意图

通过内部条件分析，可以全面了解运营筹备的资源和能力状况、优/劣势以及可进一步开发提升的环节有哪些等，使筹备领导者清楚“我们能够做什么”。

就运营筹备而言，外部环境通常表现为以下因素或力量：政府或行业相关政策法规；城市轨道交通的经营管理模式，即城市轨道交通的运营管理方式（自主、委托、租赁、特许）、投资—建设—运营关系（一体或分立）、投/融资模式；当地经济、社会、人文、地域环境以及工程建设进度等，其影响力主要集中在城市轨道经营管理模式上。内部条件主要是运营筹备单位能拥有或已拥有的人力、资金、技术、物资、时间、空间资源状况等。如首次单线运营筹备和多次单线运营筹备或线网式运营筹备，其筹备人员所具备的专业知识技能和管理决策经验是有较大差异的。

正因如此，在策略规划过程中必须有针对性地进行大量、广泛、深入细致的信息情报调研，收集运营筹备有关的信息资料。在此基础上通过专题研究、考察学习或委托咨询方式，系统、科学、缜密地分析预测运营筹备工作的优/劣势，同时借鉴国内外同行的成功经验和教训，形成自身的运营筹备策略规划框架。

(3) 策略抉择。策略抉择包括策略设计、策略测评和选择策略三个部分，择优是策略抉择的核心工作。

城市不同、经营管理模式不同、建设时期不同、线路不同，决定了运营筹备所处的外部环境和内部条件不同。即便是环境和条件相近，也会因决策者独特的惯性思维使得关注的重点事务不尽相同，因而策略规划的基准点以及规划的深度和广度都是不一样，正所谓“仁者见仁，智者见智”。

事实上，大量的实践和理论表明：策略没有绝对最好，只有相对较优。因而，在策略抉择阶段就要围绕目标认真、细致、客观地研究分析内外环境影响因素，从多方面、多角度、多层次拟定多种策略方案，在此基础上应用科学的理论方法，对各备选方案进行技术、经济、社会效益分析、比较和评估，权衡风险、利益，确立相对较优策略。

策略的形成过程如图 2—3 所示，从图中可以看出，策略设计过程是以目标为核心，以内外环境为依据，以资源运用和价值创造为手段的思维决策过程。

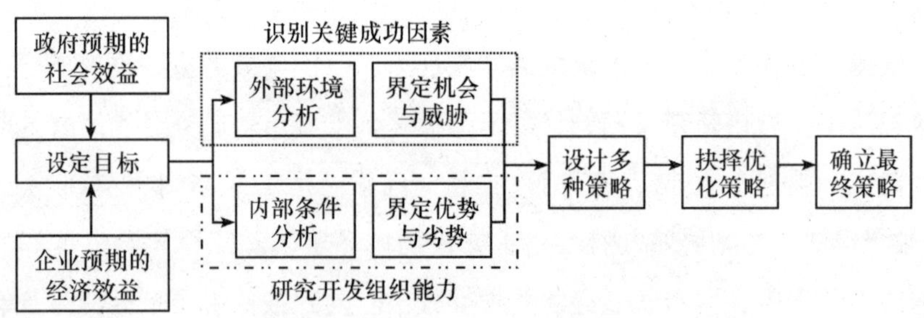

图 2—3　策略设计简图

四、运营筹备策略设计实例

正如前面所述，不同城市的轨道交通线路，不同的经营管理模式，不同的运营筹备决策者，其运营筹备策略必然不同，在此很难一一全面、完整、准确地罗列。同时，考虑到执行层策略和操作层策略在后述各章节中有具体说明，本章就不再多述，只就高层策略中的典型代表，采用总结分类、差异对比的分析方法，进行简单的归纳介绍。

1. 建设、运营一体化模式下的运营筹备策略

建设、运营一体化模式是指城市轨道交通产品所有运作环节由一个主体领导，该主体作为政府的代理人，负责城市轨道交通从规划、设计、建造到运营及附属资源开发等整个过程的决策管理。从宏观政策分析，建设、运营一体化模式下，城市轨道交通的社会效益和经济利益的代言者是政府，其运营筹备目标是以政府决策为指导，将社会效益放在主导地位，最大限度地实现建设、运营联合体的经济利益；从微观管理分析，建设、运营一体化模式下，城市轨道交通的规划、投资、建设、运营联合为一个整体，进行集团化管理，运营单位作为“联合集团”的一个下属部门或子公司，不仅要担负所辖线路的运营筹备管理工作，完成政府和“联合集团”下达的运营指标，同时还要配合“联合集团”的其他部门或子公司开展规划、投资、建设管理工作，协助它们完成各自的经营目标，总之，建设、运营一体化模式下的运营筹备目标也是“联合集团”的综合目标。

建设、运营一体化模式下，运营筹备策略规划的重点是：一方面，在全面准确理解政府在具体事务中的地位和作用基础上，通过游说政府或公众关系影响，充分利用、发挥政府的监管职责；另一方面，科学、客观地研究分析“联合集团”管理体制的优/劣势因素，整合优化投资、建设、运营资源，以“建设为运营、运营为经营、经营为效益”的全寿命周期管理理念规划运营指标和设计运营风险防范措施。

具体地说，就是要在开通时间、服务标准、票价政策、运营补贴方式、公交接驳关系等方面与政府保持高度一致；在运营的人、财、物等资源筹备和系统设备设施接管、联调演练方面，要充分依托“联合集团”管理的优势，将投资、建设、运营之间的工序交接法则转换为集团内部职能化管理。

其方法是通过集团内部出台相关管理制度、交接程序和目标责任状等文件，明确运营单位与“联合集团”总公司及下属投资、建设单位的职责权限和工作接口分工，力求将运营筹备工作中涉及政府和集团利益的政治事务活动提升为“联合集团”的决策层去协调管理。通过在集团内建立“新线建设协调会”“设计联络会”“建设运营协调会”等例会制度，加强运营与建设、投资、规划部门的相互渗透和交叉作用，使运营筹备活动由人、财、物、规章、技术筹备延伸到工程建设阶段的可行性研究、规划、设计审核、招/投标、设备监造、出厂验收以及安装调试等工作中，力求将运营合理的需求准确及时反馈到工程建设中，以防范因建设工期滞后或质量下降导致建设风险向运营转移，同时使运营人员提早熟悉系统设备设施功能，掌握工程实际进度，有序可控地做好开通运营所需人、财、物、技术的统筹规划和实施管理。

2. 建设、运营分立模式下运营筹备策略

建设、运营分立模式通常是通过意向委托或市场招标方式，将一个城市某条轨道交通线路的规划、投资、建设、运营管理权分拆为若干个独立体，以契约合同授予专业公司进行管理，各个独立体之间可以资产为纽带集结为“资产联合体”，也可完全独立为单体企业。从宏观政策分析，建设、运营分立模式下，城市轨道交通的社会效益代言者是政府，而经济利益的代言者是运营单位，在市场经济的作用和契约合同的约束下，其运营筹备目标是以运营单位的经济利益和契约合同约定的社会效益为出发点，最大限度地为运营单位创造经济利益；从微观管理分析，建设、运营分立模式下，城市轨道交通产品的整个运作过程被分割为规划、投资、建设、运营等一个个独立的单元，彼此相互独立，各负其责，运营单位作为其中一员，只需要按委托条款和合同要求履行运营管理职责和为企业发展创造经济利益，因而运营筹备的目标就是城市轨道交通的社会效益和运营单位的经济利益综合指标。

建设、运营分立模式下，由于职责、权限问题，运营筹备工作仅限于运营所需人、财、物、技术、文本的准备和参与工程验收、接管工作，以及研

究处理与政府及投资、建设单位的利益和接口合作关系，对工程建设阶段的可行性研究、规划、设计审核、招/投标、设备监造、出厂验收以及安装调试等工作的介入广度和深度较弱。因而，运营筹备策略规划重点是：更多地关注如何最大限度地筹划、营造外部协作环境和开发、利用内部资源。对外，通过相关信息的细致调查，分析研究当地政府对城市轨道交通的投资、建设、运营管理以及资源开发等单位职责、权限划分和授权授信程度，理清各单位之间的工作接口关系，明确各自任务分工、指令流程和沟通协调机制，力争通过市政府的组织协调，成立由发改委、建委监管，由交委、规划局、城市轨道交通投资、建设、运营、资源开发等单位联合组成的新线建设指挥部，并出台相关配套政策，如运营单位介入工程建设管理制度、新线工程验收交接办法、新线联调演练组织管理办法等，在此基础上针对具体事务拟定详细实施细则，同时建立联席会议制度，及时协调处理工作接口问题，从而为整个运营筹备的运作创建相对稳定、高效的外部工作环境。对内，重点致力于运营筹备的组织结构、发展规模、运作流程、管理制度和技术措施等方面的研究和规划，如开展运营管理专题调研和人力资源招聘培训规划等，全力以赴做好运营单位内部事务的管理，为将来正式运营奠定坚实的基础。

第三节　城市轨道交通运营筹备的基本原则

发展是硬道理，客观规律是更硬的道理，违反客观规律硬发展就没道理。显然，城市轨道交通的运营筹备也必须遵循它固有的客观规律和经济法则，以下是运营筹备决策规划和实施控制都应遵循的原则。

一、全寿命周期成本最低原则

城市轨道交通是一项耗资巨大的准公益性基础设施，巨额的资金不仅消耗在规划建设期一次性的工程建设、系统设备购置和征地拆迁、贷款资金利息等，而且消耗在运营期持续不断的动力燃料消耗、设备维修保养和更新改造以及人员工资福利等方面，而这类资金消耗会随着运营时间的延续逐步扩大，更会因工程可行性研究论证的不充分不全面、设计方案的不合理、施工安装的不规范和运营需求的盲目扩大，造成设备提前更新、改造或能源的持续浪费、资金时间价值的萎缩，最终导致建设、运营综合成本严重超标。尤其在当前城市轨道交通高速发展时期，正常的工程建设秩序被打乱，工程可行性研究、初步设计、施工图设计和建设往往重叠交叉进行，不可避免地会出现一些规划、设计、施工问题。虽然城市轨道交通的定位是准公益产品，社会效益与经济利益并存，理论上它的投资主体是当地政府，但企业固有的属性注定了它的经营管理宗旨必然是：为乘客提供安全、快捷、优质的服务，在为社会创造效益的同时，为企业获取最大的经济利益，从而为城市轨道交通持续、健康、稳定地发展提供有力的物质保障。而经济利益与建设、运营成本紧密相连，显然，要有效履行这一宗旨，必须科学合理地进行全寿命周期成本管理。

所谓全寿命周期成本（Life Cycle Cost，LCC）管理，就是以宏观、系统的思维去研究、管理产品从概念形成到原材料的获取、制造、使用直至报废或更新处理等整个生命周期各阶段的成本消耗指标，其核心思想是将产品建设阶段的生产成本目标和运营阶段的使用成本目标相互渗透、延伸，整合成一个中心目标——产品的全寿命周期成本目标进行统一管理，力求以最低的全寿命周期成本获得同样的经营收益。

城市轨道交通设施作为一种百年长寿产品，它的全寿命周期成本是将一个城市的轨道交通工程作为整体考虑，从规划开始到运营结束所经历的整个寿命周期过程的成本总和，它可定义为整个线网系统，也可定义为一条线路。其全过程包括决策阶段（项目建议书、可行性研究、立项决策等）、建设阶段（设计、施工和验收）和运营阶段（运营筹备、试运营和运营）。图2—4所示为城市轨道交通工程全寿命周期成本概念以及建设成本（决策阶段投入成本较低，约为建设阶段的1%左右，通常纳入建设成本考虑）和运营成本的时间特性。图中C_2为建设成本，随着寿命周期的发展，由高到低逐步减少；C_1为运营成本，随着寿命周期的发展，由低到高逐步增长；C_3为全寿命周期成本，它是C_1和C_2之和。在全寿命周期成本曲线上有一最低点P，它是全寿命周期成本管理追求的目标，也是共建资源集成化管理平台的支撑点。

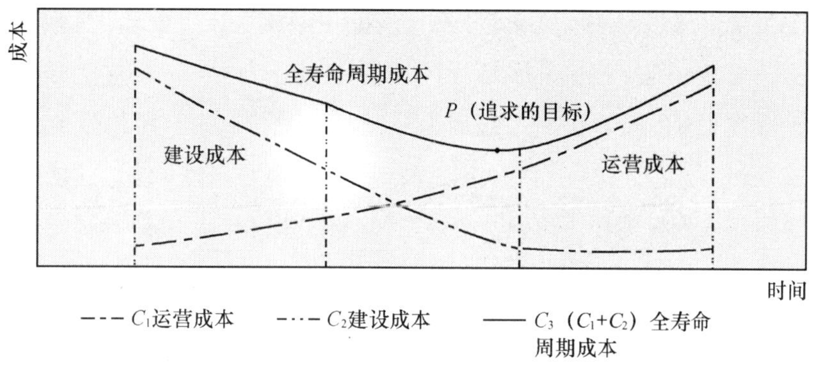

图2—4　全寿命周期成本概念图

对运营筹备管理而言，全寿命周期成本管理就是要做好两个层次的管理和组织协调工作：

首先是运营内部的成本控制管理。要求在进行运营筹备战略决策规划和各业务模块（如运营组织架构的设置、营销服务的策划、维修模式的选择以及物资采购库存的管理等）的运作管理时必须有成本概念，要基于当地现实、客观条件和大众需求，用价值工程理论（$V=F/C$，式中V为功能价值，F为目标成本或功能评价值，C为功能现实成本）去规划未来的运营和运作当前事务，妥善处理需要与可能、长远规划与适时建设、社会效益与经济利益的辩证关系。在保证系统安全、可靠的基础上，从技术经济性、合理实用性方面进行功能对比分析，力求通过技术创新、管理创新、组织创新寻找最佳运营技术和最有效管理方法，以合理的运营成本，可靠地实现安全、准点、快捷、舒适的基本交通功能和为城市经济建设、产业发展提供支持的辅助功能，真正体现城市轨道交通可持续发展特性，从而提升运营整体价值。

其次是全寿命周期成本集成管理。运营筹备组织要充分发挥桥梁纽带作用，积极寻求规划、建设单位乃至政府部门的支持配合，共同搭建一个规划、建设、运营三位一体的信息链和资源管理平台。通过各环节的相互渗透和资源集成整合，实现规划、建设、运营业务管理的无缝链接和技术、人力、物资、信息资源共享，继而实现全寿命周期成本综合管理。具体说，就是在运营筹备过程中，一方面要力争让运营筹备人员尽早、尽多地参与工程规划阶段的工程可行性研究、线网客流预测论证和建设阶段的设计方案审查、技术设备选型及采购招标、施工安装调试等各项工作中去。这既有利于运营人员深入理解规划、建设的复杂性和现实性，科学、合理地提出运营服务需求，客观、灵活地把握工程验收接管标准，为提高线路接管和线路运营效率奠定基础，同时也便于运营企业将提早储备或在运营管理中积累的人力、技术资源服务于规划、设计和施工，从而提高规划、设计水平和施工质量。另一方面，要让建设回访运营成为惯例，这有利于规划、建设单位将目标关注点由建设期延伸至运营期，准确把握建设投资阶段性与运营成本消耗持续百年的辩证关系，同时广泛地听取运营实践建议和借鉴、吸纳运营较为专业的客流分析经验，以运营概念指导规划、设计和施工，使有限的线网能够在建成后运送更多的客流，真正体现建设为运营的思想，从而避免以下两种情况出现：一是因过度压缩建设投资、工期，导致降低系统功能和设备质量等级标准；二是因盲目地追求技术的先进，无视后期的运营维护管理，从而造成运营服务质量低下，维护成本大增。

当然由于责权所限，真正的全寿命周期成本集成管理者是建设、运营（运营筹备组织）的上级管理部门，不同的经营管理模式，集成的力度和产生的效果不同，但从城市轨道交通发展大局出发，全寿命周期成本最低理应成为城市轨道交通运营筹备管理组织乃至规划、建设单位的工作原则。

二、项目管理制原则

广义上讲，项目是在一定时间内，满足一系列特定目标的多项相关工作的总称。与其他常规化、标准化、重复性活动不同，项目是一次性、临时性、不可逆的任务，具有明确的成果目标和资源条件限制，且执行过程中存在各种各样的风险和不确定因素干扰。正因为如此，项目管理也不同于传统的职能行政管理，它强调的是灵活、高效、成功的运作，其核心理论是通过一个临时的、专业的柔性组织，采用目标分解（WBS）和 PDCA（计划、执行、检查、处理）循环闭环控制方法，对项目进行时间管理、投资管理、质量管理和风险管理，以实现项目目标的综合优化与提升。

一个城市的轨道交通系统固然庞大、复杂，但如果将其纳入该城市的整体建设事业中，它只是其中的一个大型工程项目，或是特大型工程项目和项目群。因为对于每一条线路而言，它的建设、运营筹备工作都是一次性的、不可逆的，且有明确的开通时间、开通标准等条件约束，实施过程中存在社会、经济、政策等外部不可预控因素影响，因此应用项目管理的理论和方法开展运营筹备工作是客观要求和科学选择。事实上，目前越来越多的组织活动都是以项目的形式来运作，大到登月工程、奥运会筹备，小到会议组织、软件开发，正像美国项目管理专家 Paul Grace 所言："在当今社会中，一切都是项目，一切也将成为项目"。

例如：应用项目管理组织的临时性、柔性特点，以高效、专业、经济为原则，根据运营筹备不同阶段的工作需要，合理构建运营筹备组织规模，有针对性地招聘或优选调配管理人员；应用项目风险管理技术，全面、系统研究识别运营筹备过程中可能存在的风险因素及影响程度，并提出应对技术措施和建议；应用项目工作分解法（Work Breakdown Structure，WBS）将新线开通总目标按照运营工作程序和内部管理结构分解为人、财、物、技术、文本、接管、综调演练等多个子项目和分目标，以子项目、分目标为业务模块单元细化任务和配置时间、人力资源，从而将复杂问题简单化；应用项目经理责任制，将各业务模块落实到团队、落实到人，明确工作任务和责任人；应用项目计划管理技术——关键路径法（Critical Path Method，CPM）提炼出运营筹备过程中需重点关注、监控的关键里程碑事件，以突出主要矛盾加强管理；应用项目闭环控制原理（Plan Do Check Action，PDCA），即“计划—实施—检查—处理”动态管理方法对运营筹备总体计划和各业务模块分计划进行全方位、全过程的实时监控，做到防患于未然，以提高运营筹备的运作效率。

三、层次需求性原则

城市轨道交通建设投资庞大、技术复杂、运营服务面广、乘客需求多元化等特点，决定了其功能建设和运营服务水平与乘客需求之间，必然存在一个需求层次渐进完善的过程。首先，城市轨道交通的规划、建设是立足于运营百年需求和现实条件，以长远、全局的观念去设计各系统功能，但由于资金需求巨大、专业技术复杂以及新技术、新工艺、新材料的日新月异，其设备、设施功能很难也不可能做到一蹴而就，一步到位，只能分批、分期、分段建设，分期、分层次、限功能开通。其次，乘客需求受多种因素影响，如当地经济发展水平，城市客运交通政策，乘客的年龄、收入、职业、交通习惯和时间价值观等。不同年龄、不同消费能力的群体需求各不相同，且随着时间的推移、经济的发展和物价指数的变化，需求也在不断更新变化，乘客需求的多层次性、差异性，在客观上决定了客运服务的多元化。因此，作为连接城轨建设与运营服务桥梁的运营筹备，应本着从安全到先进、从重要到次要、从基本到辅助、从实用到美观，先搭骨架后提升档次的层次渐进原则，将长远规划与近期实施相结合，做好工程接管和运营服务准备工作，实现城轨交通持续健康、稳定的滚动发展。

四、动态和静态统一原则

世间万物，变化是绝对的，不变是相对的。城轨交通运营筹备也是如此，从工程建设的进度、内外资源环境条件乃至乘客需求都在随时间推移而变化，相对不变的是开通运营的时间、质量、成本目标。这就要求我们必须以辩证的思维和行为去管理运营筹备事务，以动态和静态的协调统一去维护运营筹备计划的指导性、稳定性和权威性，以发展的眼光去筹划、实施运营筹备各业务模块的运作。

维护筹备计划的相对稳定有利于工作的稳步、有序、可控地推进，为此要求编制计划时必须进行大量相关信息的调研分析，准确把握各项活动的相互联系、相互影响、相互依赖关系，全面统筹、合理编排筹备计划。当然，计划是人们大脑思维的产物，不管之前的调研分析多么全面，采用的方法多么科学，毕竟是建立在假设而不是事实的基础上。这就意味着计划执行过程中可能发生作用因素的变化或是执行成果的偏差，如建设进度计划的修订、开通标准的调整或者技术方案的变更等。为此在执行筹备计划时必须同步跟进，同时按照 PDCA 循环原理动态管理。

动态和静态辩证统一的原则要求在建立筹备组织和进行人、财、物准备时，一方面应针对目标、任务要求，建立稳定的工作团队，按计划有序地推进阶段工作；另一方面也应根据运营筹备的不同时段和任务特点，对人员、物资准备进行修整补充，使之与实际需求相匹配。

五、线网兼容性原则

综观世界各国，多数城市的轨道交通线路规划都在两条以上，线路越长，线网规模越大，其社会和经济效益越明显。事实上，为有利于城市建设的总体规划和降低轨道交通的建设成本，许多城市在构想第一条线路的同时也在进行整个城市线网的规划。因此，无论是城市的首条线路还是增建、延续线路的运营筹备，均不应仅限于单条或两条地铁线路，应全面或适当超前考虑整个城市线网建成后的情况，从整体线网运营角度去全面、综合、科学地进行人、财、物、技术等资源的筹备规划。对于新建城市轨道交通的筹备而言，既要考虑初始线路开通运营需求，同时也要兼顾到后期延伸发展的需要，合理进行人力、物资、技术等软硬件资源储备。而对于增建、扩建城市轨道交通的筹备而言，也应综合考虑前期线路资源的兼容性和可用性，充分整合优化，尽量避免资源浪费和配置不合理。如：在满足线网客流预测、城市设施配套、交通需求、乘客服务水平的前提下，从企业的管理体制、战略目标、人才策略等方面研究运营管理模式、组织架构和岗位设置；从调度指挥、中央监控设备、行车与线间匹配、系统功能要求、车辆段行车组织和维修施工组织等方面研究行车组织与调度管理模式；从车站信息系统、设备布置、导向管理、安全管理和乘务管理等方面研究车务管理模式；从设备分类、维修政策、委外与自修的执行原则和集中式综合维修基地设置等方面研究维修管理模式。

第三章

筹备组织与总体规划

第一节　筹备组织

一、建立筹备组织的目的及原则

1. 建立筹备组织的目的

运营筹备工作的目的是通过统筹安排各项运营筹备任务，为顺利实现运营线路的开通提供可靠、坚实的基础。运营筹备工作主要包括新线的接管、调试和竣工验收以及建立新线运营所需的人、财、物、规章等基础条件，涉及范围广，工作周期长，各里程碑工程相互制约和影响，组织协调复杂。

城市轨道交通运营筹备的组织者必须根据所要完成的任务，确定由谁来完成任务以及如何管理和协调这些任务。而参与运营筹备任务的人员，则在一定的组织方式和运作指令的规约下，各司其职，相互协作，在城市轨道交通运营筹备组织内部实现运营筹备的信息、资源和任务顺畅流动，运作高效，确保筹备工作全面、及时、高质量地完成。

2. 建立筹备组织的原则

在前面章节的分析中我们可以看到，开展城市轨道交通运营筹备工作是城市轨道交通运营商的内在要求，因此必须在城市轨道交通运营商内部建立与之相应的筹备组织和机构。由于城市轨道交通运营筹备具有明确的目标、范围、工作量，因此运营筹备可看作一个大型项目。为完成当期筹备项目而建立运营筹备组织，可以是仅为了完成某一项目而建立的组织，即项目班子、项目管理班子、项目组等，也可以是城市轨道交通运营商内部固有组织架构的一部分，新线运营筹备是其业务的组成部分。采用何种运营筹备组织，可根据新线筹备所处阶段以及运营商的组织发展阶段，做出有针对性的选择。运营筹备组织的建立必须遵守以下几个原则：

（1）目的性原则。筹备组织是产生组织功能的平台，具有目的明确、针对性强等特点，其设置就是为了在尽量短的时间内促进正式组织功能的实现。因此，决定了组建筹备组织的过程必须有的放矢，从这一根本目的出发，就应当因目标设事，因事设岗，因责任定权利。

（2）精简高效原则。由于大多数运营筹备任务具有目的性、阶段性和临时性的特点，因此运营筹备组织在设置上要求精简高效、一专多能，在人员配备上力求一人多职，并应着眼于使用和学习锻炼相结合，提高人员素质。

（3）运营筹备组织与企业组织一体化原则。城市轨道交通的运营筹备组织是运营商在其内部建立的筹备组织，往往是企业组织的有机组成部分，即项目组织成员来自企业，当筹备项目组织解体后，其人员仍归属企业，并由企业根据组织管理及技术资源需要进行统筹支配，因此该项目的组织形式与企业的组织形式密切相关。

下文将根据城市轨道交通运营商的组织发展阶段（即新组建的城市轨道交通运营单位和既有的城市轨道交通运营单位），具体说明运营筹备组织的选择和设置。

二、新线筹备组织

新线筹备组织，主要指新成立的且尚未承担过任何线路运营任务的运营单位在建设尾期，即新线开通试运营前期需要成立的组织单位，专门负责新线运营筹备组织工作，确保预开通线路的顺利接管及运营。在新线筹备期，运营筹备工作的特点是政策层面的工作性强、对外协调要求高，因此从节约资源、精简机构的角度出发，可采用以项目运作方式组建独立的运营筹备项目组。项目运作方式具有目标清晰、明确，指挥灵活有效，快速制定决策的优势，有利于运营筹备工作的总体统筹、协调，提高事务处理效率。首次开通运营线路的运营单位，必须在预开通线路正式投入运营前 3 年内（筹备时间可根据实际情况适当提前 1～2 年），成立独立的项目组。同时，应设置合理的组织结构、管理模式及人员配置，明确工作任务、职责以及与项目组外部组织相关的职能，并最终落实筹备项目小组成员全部到位。

项目组的组建方式常见的有工作队式、项目型、矩阵型等。结合城市轨道交通运营商的组织发展阶段和业务特点，如运营组织刚刚成立、运营筹备涉及专业多，专业模块之间没有交叉等，在筹备组织成立初期阶段多采用工作队式的项目组织。

1. 人员组织

运营商通过社会招聘或内部招聘确定项目经理及专业小组人员，组成项目管理机构；项目组成员在项目工作开展过程中，由项目经理领导，其中，若为从上级单位内部抽调的人员，原单位领导只负责对其进行业务指导，不能干预其工作或调回人员；项目结束后机构撤销，所有人员可根据企业特殊需要另行安排。

2. 组织机构设置

该阶段组织结构设置通常按专业划分工作小组，采用专业组的管理模式，由直线指挥人员全权负责，不设置职能结构或只设置主要职能支持和协调小组。结合国内已有城市轨道交通在运营筹备期间的普遍特点，该阶段组织结构范例如图 3—1 所示。

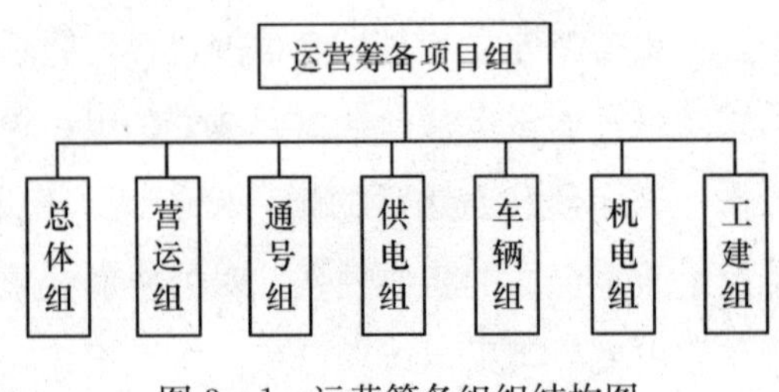

图 3—1　运营筹备组织结构图

3. 组织结构特点

专业组的管理模式是最简单的一种组织形式，其特点是项目组有明确的目标、范围和工作量，并能够清晰地分解给各个专业组，以确保专业、技术集中优势的原则集中设置专业。各专业组从上到下实行垂直领导，只接受一个上级的指令，各级负责人对所属单元的一切目标、任务和问题负责，使专业组能有效发挥各方面专家的特长和作用。组织内部的层次精简，信息传递快速，各业务间横向联系相对较少。如有必要，可设置精简统一的职能管理、协调专业组。

4. 组织运作条件

组织规模：本阶段需要运营筹备组织内核心业务管理骨干、技术骨干全部到位。

工作目标：以基本建立运营管理团队的雏形为目标，在完成政策层面研究筹划的基础上，组织关键岗位人员基本配置到位。

主要工作职责：本阶段运营筹备组织需要配合建设单位进行专业性设计、用户需求书审查以及组织政策层面的专题研究；组织策划新线运营接管方案，预测开通线路的实际客流，编制合理的地铁票价方案及科学的运营策划方案，拟订对外服务的标准、承诺，设定基本的企业文化准则；完善组织内各项任务的接口设计工作；开展人员招聘、培训及资金需求规划等。

三、运营组织

当新线筹备组织逐渐成熟、新线投入正常运营时，运营筹备组织必须在原有项目组的基础上脱胎演化，逐步发展成为正式的组织架构，以满足独立承担运营业务运作的需要。根据运营管理的需求，必须合理设计运营管理形式、组织结构及其功能，明确内部部门职责及定位，明确相关业务流程。

1. 运营组织形式选定

在不同的投/融资形式下，城市轨道交通运营组织形式的选择大致分为三种：运营事业部、运营分公司和运营有限公司。

（1）事业部。事业部制最早是由美国通用汽车公司总裁斯隆于 1924 年提出的，故有“斯隆模型”之称，是一种高度集权下的分权管理体制。它适用于规模庞大，品种繁多，技术复杂的大型企业。企业按照所经营的事业，按产品、地区、顾客（市场）等来划分部门。运营单位以事业部制管理模式运作，受上级组织单位宏观调控，承担自主经营、独立核算的责任。主要体现如下：

1）主体类型：事业部是企业内部组织管理上的概念，不被法律承认，不用办理法人或营业登记。

2）注册资本：无须注册资本。

3）公司名称：总公司名称＋某某事业（总）部。

4）经营范围：经营项目不能超过总公司范围。

5）税收政策：事业部不需要独立纳税，所得税由总公司统一缴纳。

【优势】经营自主性较高；灵活性和积极性高；责任下沉，有效减少总公司管理压力；有利于横向良好协作；比子公司的管理成本要低；管控力度较强，以行政化手段进行管理，有利于新线接管时协调与沟通解决新线建设遗留工程问题。

【劣势】对事业部领导综合管理能力要求较高。

【适用条件】短期内不考虑上市；不需要分担经营风险和民事责任；不存在跨地域经营；考虑税务和工商注册问题。

【典型代表】广州地铁运营事业总部。

（2）分公司。分公司是总公司管辖的分支机构，是指公司在其住所以外设立的和以自己的名义从事活动的机构。主要体现如下：

1）主体类型：分公司不具有企业法人资格，其民事责任由母公司承担。虽有公司字样但并非真正意义上的公司，无自己的章程，可办理非法人的营业执照。

2）注册资本：无须注册资本。

3）公司名称：总公司名称＋某某分公司。

4）经营范围：经营项目不能超过总公司范围。

5）税收政策：分公司不需要独立纳税，只需在所在地缴纳流转税，所得税则由总公司统一缴纳；增值税及营业税另行申报。

【优势】有利于未来在其他城市拓展；经营自主性较高；灵活性和积极性较高；责任下沉，有效减少总公司管理压力；有利于横向良好协作；比子公司的管理成本要低；管控力度较强，以行政化手段进行管理，有利于新线接管时协调与沟通解决新线建设遗留下来问题。

【劣势】需缴纳营业税；需要工商注册；对分公司领导综合管理能力要求较高。

【适用条件】短期内不考虑上市；不需要分担经营风险和民事责任；适用于跨城市跨地域经营；税务和工商注册问题不是决定因素。

【典型代表】北京地铁运营一分公司、北京地铁运营二分公司、南京地铁运营分公司等。

（3）子公司。子公司是指一定数额的股份被另一公司控制或依照协议被另一公司实际控制、支配的公司。运营单位以子公司管理模式运作，独立核算、自负盈亏，具有独立法人资格，独立承担公司行为所带来的一切后果和责任。但涉及公司利益的重大决策或重大人事安排，仍要由母公司决定。主要体现如下：

1）主体类型：具有独立法人资格，承担法律责任。

2）注册资本：总公司需按要求投入相应注册资本。

3）公司名称：××有限公司。

4）经营范围：可从事总公司范围外的经营项目。

5）税收政策：子公司需独立缴纳营业所得税。

【优势】有很大的经营自主性；灵活性和积极性很高；责任充分下沉，最大程度减少总公司管理压力；有利于分拆上市；对于新线筹备联动性较弱，但新线质量验收有更大的话语权。

【劣势】管控力度小，管理难度大；不利于横向协作；需考虑税务问题；需要工商注册；对子公司领导综合管理能力要求很高；管理成本高。

【适用条件】考虑上市；需要分担经营风险和民事责任。

【典型代表】上海地铁第一运营有限公司、北京京港地铁有限公司等。

综上所述，组织管理模式的选择需要结合城市轨道交通建设及运营筹备的实际情况综合考虑。

2. 运营组织结构选定

（1）运营组织结构的设计原则。城市轨道交通组织架构的设置须满足城市轨道交通运营管理的要求。城市轨道交通为乘客提供轨道交通运输位移服务，属服务性企业，其运营管理者对运营组织结构的设计需遵循以下原则：

1）战略匹配原则。一方面，战略决定组织结构，有什么样的战略就有什么样的组织结构；另一方面，组织结构又支持战略实施，组织结构是实施战略的一项重要的工具，一个好的企业战略要通过与企业相适应的组织结构去完成才能起作用。因此，企业组织结构是随着战略而定的，它必须根据战略目标的变化而及时调整，有利于城市轨道交通可持续发展。

2）顾客导向、服务社会原则。城市轨道交通缓解大城市日益拥挤的交通压力，为乘客提供安全、准点、便捷、舒适的轨道交通服务，因此，政府、公众、乘客对城市轨道交通的要求和期望值相对较高。从组织结构设计上，需考虑保障前线服务交付功能，提高顾客需求响应速度，提高设备保障对客运服务的支持力度，强化服务品质、交付管理等功能。

3）资源共享、协同发展原则。鉴于城市轨道交通业务涉及的地域之广、人员之多、设备之繁、情况之杂，在组织架构设置上，需考虑技术、人才、设备/物资、信息、知识等资源实现集中共享，建立共享服务平台，从而有利于提高业务运作效率、降低和控制生产成本，有利于各业务协同发展。

4）精简高效、责权对等原则。城市轨道交通具有对故障处理和应急抢险快速响应，对线网联动性和业务运作协调性较高的特点，因此，在部门、岗位、编制设计时，应坚持精简高效原则，尽可能合并分工过细的职能部门或岗位，精简管理岗位。各级管理者必须拥有一定的权利，同时必须承担相应的责任，并应当得到与其权、责相对的利益。在实际运作过程中，各级管理者需要进行授权时，应对下级适度授权，提高效率和员工参与意识，加强下属部门的灵活性、自主性和创造性。

5）统筹兼顾、适度竞争原则。随着企业规模日益扩大，组织层级和管理幅度越来越冗余时，城市轨道交通管理者将面临总揽全局、科学筹划和兼顾各方协调发展的挑战。在组织架构的设计时，应遵循统筹兼顾、适度竞争原则。对于整体线网的联动和运作需统一的指挥协调，也要同时构建适度竞争的业务运作机制与绩效考核机制，有效激发组织活力，促进运营效率与效益的不断提升。

6）组织平衡原则。城市轨道交通组织结构通常采用扁平化组织结构，有利于决策迅速，信息传递及沟通效率较高。通常在进行组织结构设计的过程中，不应设计过多管理层次，管理层级 3～4 个为佳。各个管理岗位所控制的管理幅度要适当，但每个层次最适应的管理幅度并无一定法则。通常来说，高层管理者管理幅度应为 3～6 人，中层管理者的管理幅度应为 5～9 人，而基层管理者的管理幅度应为 7～15 人。

上述组织结构设计原则是基于城市轨道交通一般性原则，具体的组织架构设计原则可根据运营管理的实际情况及需求设立。

（2）运营组织结构的设置。根据上述组织设计原则，下面对不同类型线网规模下匹配的不同运营组织结构设置进行简要分析。

对于不同的投/融资形式下的运营组织单位，如运营事业总部、运营分公司或运营有限公司等，其内部的组织结构都比较相似，下面统一以运营事业总部组织形式进行介绍。

1）小规模线网组织结构。小规模线网组织是指首次开通运营线路或1～2条线路的线网运营单位。根据多年的城市轨道交通实践经验得知，首次开通运营线路的运营单位，必须在预开通线路正式投入运营前一年至一年半开始搭建运营管理组织架构，以保证必要的组织磨合与流程演练。

小规模线网特点：

- 线网地域分布较窄，集中在市区；
- 客运量小；
- 故障处理和应急抢险的响应快速；
- 线网联动及协调运作难度小；
- 附属资源的开发利用率高、收益率高；
- 政府、公众、乘客对轨道交通企业解决城市交通问题的期望较低。

小规模线网组织适合于直线职能型组织结构。直线职能型组织是一种传统而简单的组织形式，按照专业划分的原则，设置6个职能部门和4个生产部门，不仅涵盖了主要的职能管理业务，也包含了主要的运营生产部门，即维修组织、客运组织、调度组织、车辆组织等，如图3—2所示。各生产部门都设置新线筹备室，负责储备和计划各专业的新线筹备人员，这样可以确保既有线路正常运营，同时筹备新线的开通。

【优点】该组织模式按专业划分，有利于专业技术的纵深发展，实现专业集中基础上的资源共享；职能部门集中设置，相应的管理人员较为精简；决策迅速，信息传递及沟通效率较高；事业部指挥协调能力加强，对组织目标的认同较高。

【缺点】按照专业划分带来对市场发展的关注度不高；不利用培养复合型人才；随着线网规模增长，各专业部门可能需进一步拆分，运营总部管理

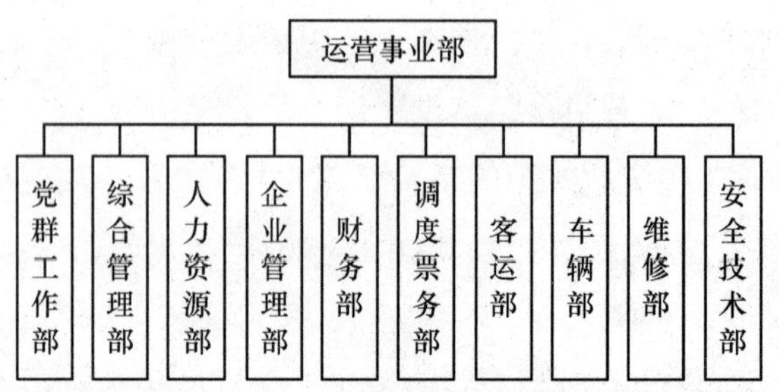

图 3—2　小规模线网组织结构示意图

幅度将越来越大。

2）中规模线网组织结构。中规模线网组织是指具有一定的城市轨道交通运营基础，同时肩负 100～300 km 的线网或 3～10 条线路的运营单位。

中规模线网的特点：

• 线网地域分布适中，可能存在少量郊区线；

• 客运压力增大；

• 故障处理和应急抢险的快速响应难度适中；

• 线网联动及协调运作难度适中；

• 资产规模扩张，存在一定的资产保值增值压力；

• 政府、公众、乘客对轨道交通企业解决城市交通问题的期望较高。

下面介绍两种组织结构供组织者参考：

模式一　直线职能型组织结构（见图 3—3）

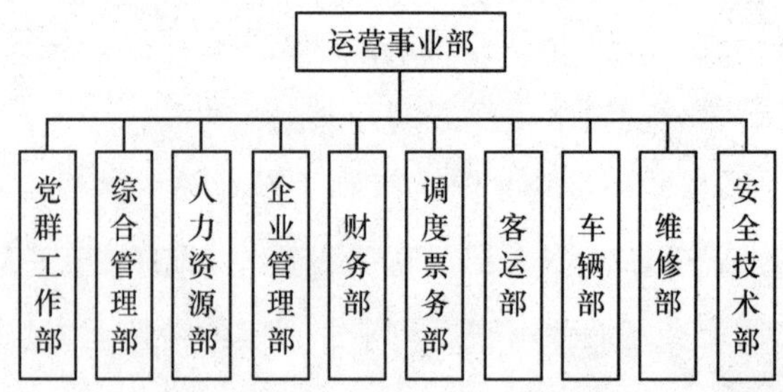

图 3—3　中规模线网组织结构示意图——直线职能型组织结构

随着运营商所管理线路的不断扩张，该类组织结构可按线路不断复制专业生产部门，如一号线维修部、二号线维修部等，也可以按专业进行进一步的细分，如调度部、票务部等。

【优点】该组织模式按专业划分，有利于专业技术的纵深发展，实现专业集中基础上的资源共享；职能部门集中设置，相应的管理人员较为精简；决策迅速，信息传递及沟通效率较高；事业部指挥协调能力加强，对组织目标的认同较高。

【缺点】按照专业划分带来的集权化程度高，高层决策压力大；组织成员更注重内部管理优化，而对市场发展的关注度不高；由于专业化过于集中，不利于培养复合型人才；随着线网规模增长，各专业部门可能需进一步拆分，运营总部管理幅度将越来越大，需再次变革。

模式二 事业部职能型组织结构（见图 3—4）

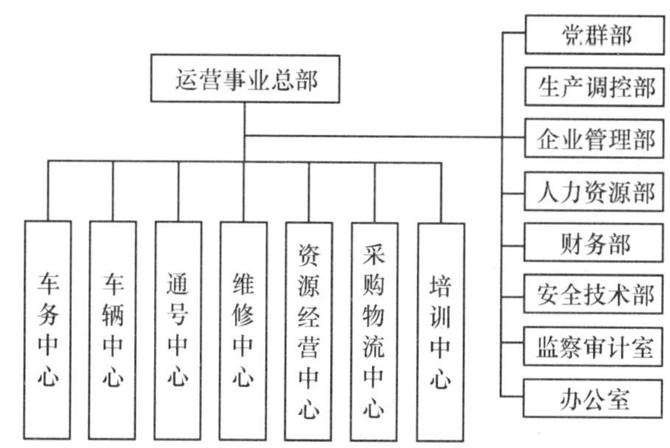

图 3—4 中规模线网组织结构示意图——事业部职能型组织结构

事业部职能型组织结构按城市轨道交通运营所需系统专业进行分类，根据需求下设了不同的事业部生产中心，如车务中心、车辆中心、维修中心、通号中心等，形成内部有效循环机制。运营事业总部设置 8 个职能部门，为各生产中心提供职能管理和支持。各生产中心都会下设新线筹备室，负责储备和计划各专业的新线筹备人员，确保既有线路正常运营，同时筹备新线的开通。

【优点】组织具有一定容量，能为以后新线开通储备人才，员工的职业发展空间及机遇相对较多；决策迅速，信息传递及沟通效率较高；运营事业总部指挥协调能力加强，对组织目标的认同度较高；专业集中有利于技术纵深发展和资源共享；以乘客为导向的组织架构，符合服务行业特征；从管理幅度看，运营事业总部管理控制难度适中。

【缺点】从管理流程的接口看，各中心部门接口相对较多，信息链条冗长，运营事业总部可能会陷于日常协调、疏于发展规划；随着线网规模增大，顾客需求响应效率降低；不利于复合型人才培养；仅适用于中小规模线网，随着线网规模扩张，需再次变革。

3）大规模线网架构。大规模线网组织是指具备完备的城市轨道交通脉络，线网在 300 km 或 10 条线路以上的运营组织单位。随着线网规模不断扩张，大规模线网城市轨道交通运营者面临更多的挑战和机遇。

大规模线网的特点：

• 线网地域分布广，市区线、郊区线兼备；

• 客运压力大，客流分布不平均；

• 故障处理和应急抢险的快速响应难度高；

• 线网联动及协调运作难度高，对线网集中管控提出更高要求；

• 资产规模扩张，保值增值压力大；

• 政府、公众、乘客对轨道交通企业解决城市交通问题的期望越来越高；

• 企业品牌产生规模效应。

下面介绍 3 种组织结构供组织者参考：

模式一 单一事业部职能型组织结构（见图 3—5）

随着线网的不断扩张，各生产中心内部可以进一步进行细分，可按线路不断复制专业部门，如车务一分部、车务二分部等，也可以按专业进行细化，如维修中心的机电分部、工务分部等。

【优点】组织具有一定容量，能为以后新线开通储备人才，员工的职业

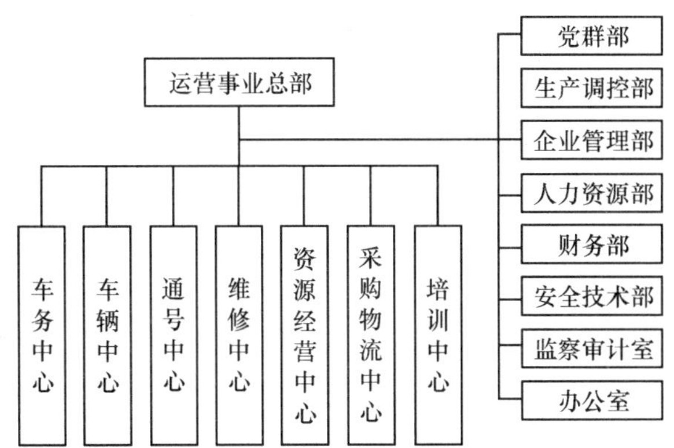

图 3—5　大规模线网组织结构示意图——单一事业部职能型组织结构

发展空间及机遇相对较多；决策迅速，信息传递及沟通效率较高；运营事业总部指挥协调能力加强，对组织目标的认同度较高；专业集中有利于技术纵深发展和资源共享；以乘客为导向的组织架构，符合服务行业特征；从管理幅度看，运营事业总部管理控制难度适中。

【缺点】从管理流程的接口看，各中心部门接口相对较多，信息链条冗长，运营事业总部可能会陷于日常协调、疏于发展规划，缺乏激发组织活力；随着线网规模增长，顾客需求响应效率降低；不利于复合型人才培养。

模式二　成立多个事业部职能型组织结构（见图 3—6）

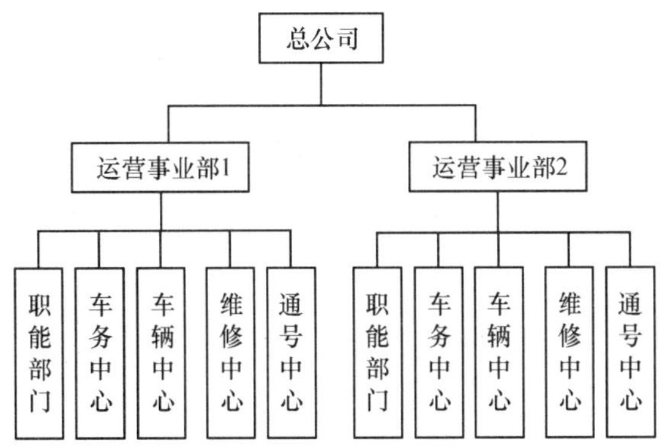

图 3—6　大规模线网组织结构示意图——多个事业部职能型组织结构

当线网规模越来越大的时候，可以成立多个区域运营事业部进行管理。各运营事业部内部也是按照事业部职能型组织结构进行划分。

【优点】以区域化分运营事业部，各运营事业部形成完整的业务链条和完整的责任主体，有利于减轻总公司的管理压力，有效应对大线网运作；区域化管理有利于实现组织内部的竞争，激发组织活力。

【缺点】总公司内运营业务存在两套管理机制，制度有差异，流程不统一，协调难度大，管理成本高；两个运营事业部之间难以实现资源共享；若要成立多个区域运营事业部进行管理，短期内难以形成完整和稳定的架构。

模式三 区域化事业部组织结构（见图3—7）

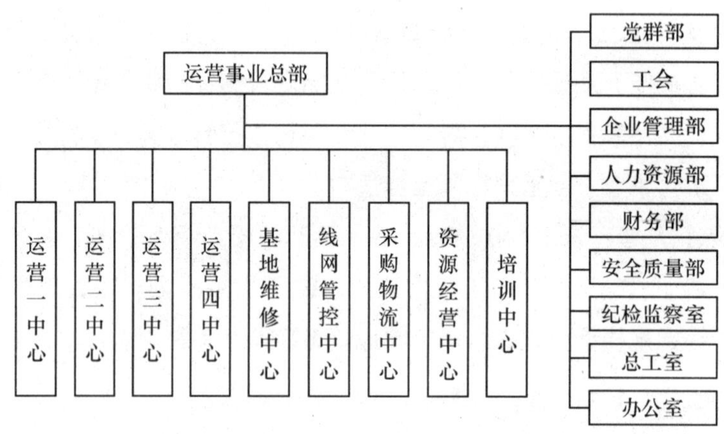

图3—7　大规模线网组织结构示意图——区域化事业部组织结构

区域化事业部组织结构适用于大规模线网的同步建设、筹备与运营。运营事业总部按线网区域化划分不同运营中心。运营中心负责前台所有的工作，直接面对顾客。建立基地维修中心、线网管控中心、采购物流中心等对运营中心提供强有力的后台支持，对资源进行整合与优化配置。

【优点】组织更加扁平化，管理层级少；形成几个区域运营责任单位，各运营单位业务链条完整，责任完整，分摊运营事业总部管理压力，可有效应对大线网运营；区域化管理有利于实现组织内部的竞争，激发组织活力；区域间业务接口少，总部协调难度小；区域内客运服务与设备保障统一管理，有利于提高内部运作效率；组织具有一定容量，能为以后新线开通储备人才，员工的职业发展空间及机遇相对较多；有利于培育复合型管理人员。

【缺点】对各运营单位管理者的要求较高，专业面较广，专业化管理转为综合化管理，对各运营单位管理者的综合能力提出新的要求。目前该组织结构比较创新，实践经验仍需更多的探索。

除此之外，还可能存在其他形式的组织结构。不难看出，每一种组织结构形式都有其优、缺点，没有一种是完美的、最好的组织结构形式。因此，组织架构的设置应满足当期主要任务的需要，通过对各组织结构形式管理层次、管理幅度、信息收集及传递效率、资源共享及整合性、对外扩展能力、人员储备能力、物资管理难度等几个方面进行分析比较，选择适合的组织结构。

第二节　筹备风险管理

城市轨道交通运营筹备过程是一个复杂的、一次性的、创新性的过程，是受到很多因素影响、存在较多变数的过程，这些特性造成运营筹备过程中会出现各种各样的风险。如果不能有效控制这些风险，将给筹备工作造成不必要的损失，影响筹备工作目标的实现，甚至导致城市轨道交通线路不能如期正式开通运营。

帕累托 80/20 原理表明，20％的风险构成了对项目 80％的严重威胁，因此在运营筹备的全过程中，必须充分识别、评估和控制风险，通过对筹备工作的不确定性和风险性进行管理，对那些有可能影响目标实现的因素进行识别和分析，确定筹备工作各阶段的关键工作目标和任务，配备和整合资源，采取必要的技术和管理手段控制、降低或消除筹备风险，才能确保城市轨道交通线路能按期、保质地按筹备工作目标开通运营。

一、筹备风险相关概念

1. 风险与风险因素

风险，指未来的不确定性对实现目标的影响。即在特定的时间内，在一定条件下，特定的事件或目标的预期结果与实际结果之间的变动程度。

根据分类方法的不同，风险可作如下分类：按风险来源不同划分为外部风险和内部风险；按风险的形态不同划分为静态风险和动态风险；按风险影响范围不同划分为局部风险和总体风险。

风险的基本性质包括：风险的客观性、风险的不确定性、风险的不利性、风险的可变性、风险的相对性、风险同利益的对称性。

2. 筹备风险与筹备风险管理

筹备风险是指在城市轨道交通运营筹备过程中，由于筹备工作所处的环境和条件的不确定性，或者筹备组织主观上不能准确预见或控制的因素的影响，筹备工作的最终结果与运营筹备工作目标相背离，导致城市轨道交通线路不能如期、保质地开通运营或存在带来损失的可能性。

筹备风险管理是指在城市轨道交通运营筹备过程中，通过风险识别、风险分析和风险评价去认识筹备的风险，并以此为基础合理使用各种风险应对措施、管理方法和手段对风险施行有效的控制，妥善处理风险事件造成的不利后果，以最少的成本保证筹备总体目标实现的管理工作。筹备风险管理的内容包括风险识别、风险评估、风险应对、风险监控和风险再评估，这些内容之间的关系体现在流程上如图 3—8 所示。

二、筹备风险管理的作用

筹备风险管理是对筹备工作目标的主动控制，是运营筹备管理的重要组

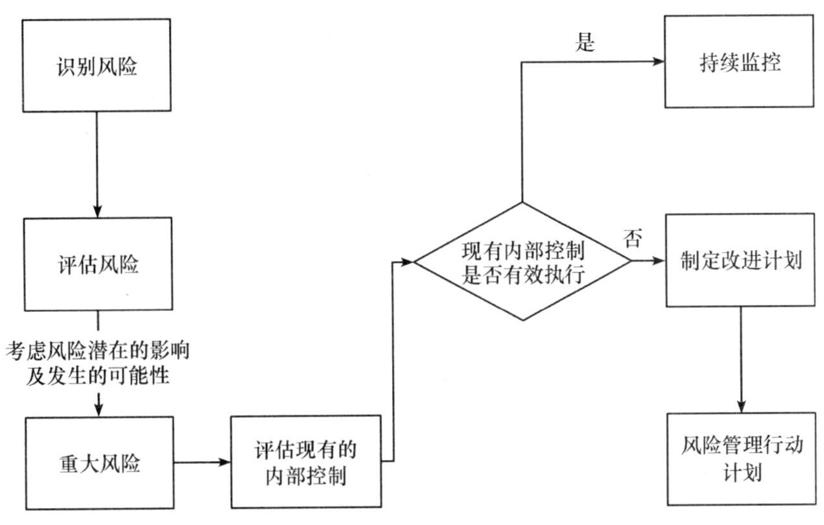

图 3—8 筹备风险管理流程

成部分，它贯穿于运营筹备生命周期的全过程。了解和掌握筹备风险的来源、性质和发生规律，强化风险意识，进行有效的风险控制，对实现筹备日标具有重要意义。筹备风险管理的作用主要表现在以下几方面：

（1）通过全过程的风险管理，能够全面地认识和理解筹备工作和所面临的风险，了解风险对筹备工作的影响，以确保将风险控制在与总体目标相适应并可承受的范围内。

（2）通过检查和考虑所有的信息、数据及资料，明确实现筹备工作目标的前提和条件。

（3）可以为制定筹备策划方案和工作计划提供依据，在筹备管理中减少被动，增加主动。

（4）为选择筹备管理模式和制定应急计划提供依据，使编制的应急计划和措施更有针对性，保护企业不因灾害性风险或人为失误而遭受重大损失。

（5）可以使决策更有把握，更符合筹备工作的方针和目标，从总体上减少风险，保证筹备工作目标的实现。

（6）可推动筹备组织积累有关风险的资料和数据，以便改进将来的筹备管理工作。

（7）为新线的规划和设计工作提供反馈，以便在规划和设计阶段采取措施，防止和避免风险损失。

三、筹备风险管理的主要内容和方法

筹备风险管理工作的主要内容和方法包括如下几方面：

1. 筹备风险的识别

筹备风险识别是通过对运营筹备工作的分析，辨识和确定存在的不确定条件、环境，或不能准确预见、控制的影响因素及其可能对运营筹备工作产生的影响和可能带来的后果。风险识别的主要任务是找出运营筹备风险，识别引起项目风险的主要因素，并对项目风险后果作定性的估计。

筹备风险识别是一项贯穿筹备工作全过程的风险管理工作，包括确定风险的来源、风险产生的条件，描述风险特征和确定风险事件的影响程度，并列出风险清单。风险清单一般包含风险编号、业务模块、关键风险（关键风险点、关键风险点描述、风险类别）、风险责任牵头部门等几大要素。一般将筹备风险分为内部因素造成的风险和外部因素造成的风险。

筹备风险识别的方法有很多，有经验性方法也有系统性方法，一般采用问卷调查、集体讨论、专家咨询、情景分析、政策分析、行业标杆比较、管理层访谈、由专人主持的工作访谈和调查研究等。

2. 筹备风险的评估

筹备风险的评估是指对已识别出来的风险按照一定的方法进行定量分析，并依据风险进行分级排序。其任务是对风险发生可能性大小和风险后果的严重程度等做出定量的估计，为风险管理和制定风险应对措施提供依据。

风险程度（R）是与后果严重程度（S）和后果发生概率（L）相关的函数，即 $R=f(S, L)$。在实际工作中，按风险程度 $R=SL$ 进行定量评估。

其中，后果严重程度（S）根据风险对筹备工作阶段目标或整体目标的影响程度进行划分，并赋予一定的数值，包括无法如期开通运营、延期开通运营、降低运营服务水平等；后果发生概率（L）根据其发生的可能性进行确定，按完全会被预料到、相当可能、可能但不经常、可能性较小、可能性小、可能性极小、完全意外等进行确定，并赋予一定的数值。

3. 筹备风险的应对

筹备风险的应对就是对筹备风险提出处置意见和办法。通过对筹备风险识别、评估和分析，把筹备风险发生的概率、严重程度以及其他因素综合起来考虑，得出发生各种风险的可能性及其危害程度，再与公认或预定的指标相比较，就可确定危险等级，从而决定应采取什么样的措施以及控制措施应采取到什么程度。

经过筹备风险的识别和评估，根据风险评估的结果和当前风险的可接受水平，筹备风险可分为可接受风险和不可接受风险。其中，可接受风险是整体风险在筹备组织、政府、市民等可以接受的水平之内。

无论对可接受风险，还是对不可接受风险，都应该制定风险应对措施，采取技术、管理等手段避免或消减风险。尤其对于不可接受风险，筹备组织需要努力采取措施避免或消减风险损失，制定各种各样的风险应对措施，并通过开展风险控制落实这些措施，从而避免或消减风险所带来的损失。如果采取风险应对措施后仍无法避免或消减时，需要将情况向政府或上一级进行汇报，请求提供帮助实现筹备目标，或变更、中止筹备工作。

风险应对措施主要有规避措施、遏制措施、转移措施、化解措施、消减措施、应急措施、容忍措施、分担措施。

根据风险应对措施，针对各类风险或每一项重大风险制定风险管理解决方案。制定风险解决的内控方案一般至少包括以下内容：建立内控岗位授权制度，建立内控报告制度，建立内控批准制度，建立内控责任制度，建立内控审计检查制度，建立内控考核评价制度，建立重大风险预警制度，建立健全以总法律顾问制度为核心的企业法律顾问制度，建立重要岗位权力制衡制度。

4. 筹备风险的监控

筹备风险的监控就是通过对风险识别、评估、应对全过程的监视和控制，保证风险管理能达到预期的目标，它是风险管理实施过程中的一项重要工作。

监控筹备风险实际是监视筹备工作的进展和环境，即筹备工作情况的变化，其目的是：核对风险管理策略和措施的实际效果是否与预见的相同；寻找机会改善和细化风险规避计划；获取反馈信息，以使将来的决策更符合实际；在筹备风险的监控过程中，及时发现那些新出现的以及随着时间推延而发生变化的风险，及时反馈，并根据对项目的影响程度，重新进行风险识别、评估和应对。

筹备风险的监控是根据风险识别、评估和应对措施所开展的对于整个筹备全过程中各种风险的控制工作。风险控制工作的具体内容包括：根据筹备工作发展与变化的情况，不断地重新识别和评估筹备的风险，不断地修订、完善风险应对措施，不断地决策和实施风险应对措施，以最终确保筹备目标的成功实现。

5. 风险的再评估

风险再评估分为周期性风险再评估和突发性风险再评估。

周期性风险再评估指按照阶段筹备目标、管理方案实施情况、日常运行控制情况、监测与测量结果等资料，定期对需要控制的风险，结合运营筹备的状况、技术及经济能力等进行再评估。评估结果为确定下一阶段的目标与管理方案提供依据。

突发性风险再评估指在出现一定突发情况时必须进行的风险再评估。在运营筹备工作中出现下列情况时，需要对相应的危险源进行重新识别、风险评价和控制：工程项目工期或系统设备发生重大变更；法律法规或政府有其他新要求；筹备关键工作项目重大变更等。

四、主要筹备风险因素

辨识和确定运营筹备风险，并进行定性和定量的分析评估，是运营筹备风险管理的基础和重要内容。按风险来源或损失产生的原因，可以将风险分为外部风险和内部风险。

1. 外部风险

(1) 自然风险。自然风险是指由于自然力的作用，影响运营筹备工作目标实现的风险。如由于洪水、地震等自然灾害，影响了城市轨道交通工程施工、调试演练、接管验收或试运营的进度，或直接对运营筹备的人员、物资和器材等造成损害或损失。

地面露天线路、高架线路、过江（海）线路或沿海线路，尤其要关注风、雪、雷电等自然因素的影响，在运营筹备初期应开展自然风险的辨识，制定自然风险应对措施，如灾害气象预警预报、恶劣天气应急预案、地震应急预案等。

(2) 工程风险。工程风险是指由于城市轨道交通工程施工进度的延迟或功能不具备，影响运营筹备工作目标实现的风险。如：由于征地拆迁、土建施工、设备安装、设备调试或验收交付等环节不能按原定计划完成，造成工期延迟、功能不具备、无法通过验收等，导致运营筹备的调试演练、接管验收、开通运营的推迟，或不得不采用降低运营服务水平的降级运营。

由于城市轨道交通建设是一个巨大、复杂的工程，运营筹备组织除了需要策划好本身的筹备工作计划外，还需要掌握工程建设过程中的相关关键工期的节点，组织相关技术人员提早介入工程建设和设备安装的过程，一方面督促施工单位按工期保证质量地进行，另一方面了解现场和设备、掌握相关技术，为筹备工作和正式运营储备技术力量和经验，也可以及时调整筹备工作目标和计划，避免由于信息不对称或沟通不到位而引发的风险。

(3) 政策风险。政策风险是指由于国家、地方政府有关城市轨道交通发展及运营管理的政策发生变化，影响运营筹备工作目标实现的风险。城市轨道交通工程是城市公共交通的一部分，由于城市轨道交通建设和运营成本高，一般是由政府直接或主要投资建设，若政府的有关政策不稳定将会对运营筹备产生影响。如：城市社会或经济情况发生变化，可能会导致城市轨道交通规划和建设改变，延长或缩减开通运营的城市轨道交通线路，或导致投资主体或经营管理模式发生重大变化，或改变城市轨道交通线路开通运营的时间，或影响到政府在某一时期提出限制或鼓励城市轨道交通发展的政策，或使轨道交通票务政策发生重大变更，或影响到人们选择的出行方式等，这些变化，势必会对运营筹备造成影响。

（4）社会风险。社会风险是指由发生社会事件引起社会不安或动荡，而影响运营筹备工作目标实现的风险。如：发生类似 SARS 的社会公共卫生事件或群体事件，会引起社会和人们的不安；发生外交事件，会影响外国技术和设备的进口或影响技术人员提供技术服务等，这些都会对运营筹备造成影响。

（5）乘客行为风险。作为轨道交通直接服务对象的乘客，其本身对运营产生的影响不容忽视。在运营筹备阶段，需考虑乘客行为风险，并针对性地提出解决对策。乘客行为分为干扰性和破坏性行为，如乘客不会买票、不知如何乘坐地铁、违规进入轨行区、随意使用紧急停车装置、携带易燃易爆有毒危险品进站乘车、卧轨自杀等，均会对城市交通运营产生影响。

在运营筹备阶段需加强宣传，引入全新“引导式”服务理念，搭建与乘客交流的互动平台；加强对乘客心理、行为模式的研究，根据不同类型乘客的需求策划并提供个性化服务；加强对重点设施设备的改造，降低乘客对运营造成影响的可能性；依靠设施设备进行监督、保障；提高应变的处置能力；完善相关法律法规等。

2. 内部风险

（1）人员风险。人员风险是指由于运营相关技术人员、管理人员和维修人员不能及时到位，或业务水平不能满足筹备工作和正式运营的需要，影响运营筹备工作目标实现的风险。人员风险包括关键系统设备（信号、车辆、接触网、机电等）技术和维修人员、行车组织、客运服务和票务人员（调度员、站务员、乘务员）、各层级管理骨干（班组长、车间主任、部门经理）等人员不能按计划到位，人员业务素质和业务能力不能满足岗位需要，需要持证上岗的岗位人员不能得到及时培训并取得相应证书，关键技术和管理人才流失，员工个性差异和技术观念差异导致团队精神缺乏等。

同时，由于新线运营初期不可避免地出现大量的新员工，需要分析和识别新员工多所带来的风险，如对企业文化和核心价值的认同度不高、业务素质和业务能力不高、应急应变能力欠缺、行车组织及设备维修经验不足、对系统设备和现场了解不够等。

（2）组织风险。组织风险是指由于筹备组织和运营管理组织设置不科学或内部运作不良，而影响运营筹备工作目标实现的风险。产生组织风险的原因包括：未建立有效运作的运营筹备组织；机构设置不合理；筹备组织内部相关部门或人员分工不清晰、职责不明确；运营组织业务流程和工作程序设计不合理；运营组织工作目标不明确、计划执行不力；负责牵头筹备工作的部门组织、协调能力不足；部门间不能协调开展工作；设备维修、客运服务、行车组织等的业务流程和工作程序不清晰等。

（3）财务风险。财务风险指由于筹备及运营所需的资金不能按时到位或数量不足，而影响运营筹备工作目标实现的风险。产生财务风险原因包括：在制定备品备件采购、材料采购、固定资产采购、生产职工培训费和劳动保护费、试运转和调试费、尾工资金、管理办公费等资金的预算时有漏项或差错，导致资金无法到位；预算资金与实际差过大，直接影响到物资采购或管理项目开展；资金配置分配不合理等。

（4）物资风险。物资风险是指由于筹备及运营所需的备品备件、工器具、物资材料和办公家具等不能按时足量配备到位，而影响运营筹备工作目标实现的风险。产生物资风险的原因包括：新线电客车、工程车和平板车不能按供车计划到位、完成调试验收并交付使用，直接影响到城市轨道交通新线开通运营和设备维修保养；关键系统设备（信号、车辆、接触网、机电等）的备品备件、各种工器具不能及时到位，影响到设备交付后的运行状况；票务、行车、服务、宣传的用品和物料是开展客运服务的基础，办公家具、劳保用品、计算机、固定资产等是开展生产经营活动的保障，如不能及时到位将直接影响运营筹备工作目标。各类物资采购到位后，及时地配发运送和调拨使用也很重要，应结合城市轨道交通各生产场所点多线长、比较分散的实际，制定各类物资准备到位的计划时间和地点。

(5) 规章风险。规章风险是指由于验收交接的技术资料不全，未制定筹备管理和正式运营相关的管理和技术的规章和方案，或规章和方案不完善，而影响运营筹备工作目标实现的风险。产生规章风险的原因包括：设备采购合同、设备文件资料、施工图纸资料等验收交接的技术资料不全，直接为设备设施的维修保养带来技术风险；新技术、新工艺、新材料的采用，也可能对筹备工作和城市轨道交通运营带来风险；《新线工程项目验交管理办法》《新线验收接管联调管理控制程序》等是筹备管理的规章，《行车组织规则》《调度、站务和乘务手册》《车站和车厂运作手册》和《应急处理程序》等行车组织规章，《行车设备维修管理规程》《设备操作规程》《设备检修规程》等设备技术管理规章，《运营组织方案》《运营开通方案》等方案，是开展筹备工作的管理基础和保证接管后直至正式运营的行车组织和设备维保的依据，制定不及时或不科学也将直接影响到运营筹备的成败。

(6) 运能不足风险。运能不足风险是指由于线路开通试运营及正式运营后，城市轨道交通的运输能力不能满足实际客运的需求，降低了运营服务的质量和水平，甚至引发乘客拥挤等客运安全问题，影响运营筹备工作目标实现的风险。线路或线网的规划设计的前瞻性不够，票务政策变化导致乘客剧增，信号等关键系统功能不完全，电客车供车不足，客流预测不准，对线网客流影响考虑不足，运营组织方案不科学，行车作业流程繁杂效率低，行车关键岗位人员业务技能不足等，都可能会导致运输能力不能满足实际运量的需求，影响运营筹备工作目标实现，也为开通试运营或正式运营带来行车组织、乘客疏导、票务服务、应急处理等系列的管理风险和安全风险。

第三节 总体规划

我国城市轨道交通正在快速发展，已逐步成为城市交通的主力军，其快捷、舒适、安全等特性被市民广泛认可，将会有越来越多的城市在国家政策范围内，在城市整体规划条件下进行轨道交通线网规划并组织建设。基于城市轨道交通运营管理特性和新开线路的实际需求，运营单位要围绕线网规划和建设工期提前开展运营筹备工作，按照目标策划、计划编制和过程管理进行总体规划。

运营单位新线筹备总体规划就是依据城市轨道交通线网规划要求，结合运营单位为新线开通所设定的组织架构与定岗定编，以建设工期和开通试运营并完成项目竣工验收为目标，全面系统地规划运营单位需要开展的新线筹备工作。总体规划主要从人、财、物、规章、技术、运作、安全等方面开展，目的是确保新线开通的运作需要。

一、目标策划

新线开通运营筹备目标就是要保证新建线路由建设转入运营，并实现载客运营。新线开通运营筹备目标必须以国家竣工验收为终点，试运营开通日期为关键里程碑，工程建设总工期策划为基准，遵循运营筹备的总体原则，以科学的态度进行规划，客观、合理、可行。目标策划最终形成保障线网规划顺利实现、指导运营单位进行运营组织筹备工作的纲领性文件。

1. 目标策划的依据

新线开通运营筹备目标策划应该遵循政府对城市轨道交通线网规划的指导，满足新线设计功能的实现，并结合新线工程建设工期策划安排。因此，新线开通运营筹备目标策划的依据至少包括：政府部门发文的城市轨道交通整体（或阶段或线网）规划；××线路工程可行性研究文件；××线路工程初步设计文件；××线路工程建设工期策划等文件，其中具体明确开通线路的规模、技术标准、服务水平等要素。

2. 目标策划的原则

新线开通运营筹备目标策划的总体思路主要遵循三个原则：

(1) 全面、系统原则。该策划应包含从筹备开始至项目竣工验收整个过程的各项工作，以及各个阶段的目标。

(2) 资源整合、优化原则。城市轨道交通每条线路都有着规模小、系统设备全而优的特点，因此开通运营筹备目标的策划应考虑从人、财、物、规章、技术等方面的资源进行共享、整合和优化，对于已经承担了既有线路运营的单位还需要考虑既有线路与新线之间的资源共享、整合和优化。

(3) 客观、可行原则。新线开通运营筹备目标策划是指导具体筹备计划编制的依据，以及落实计划执行的基础，因此它不仅需要满足试运营开通阶段目标和竣工验收目标的要求，还需要结合工程建设进度，围绕运营单位现有的环境和条件，做到实事求是、切实可行。

3. 目标策划的主要内容

根据城市轨道交通新线开通运营筹备的特点，目标策划包含总体目标和依据总体目标分解出关键时期的分项目标，以及运营筹备的启动时间要求。

(1) 总体目标。以政府部门确立的开通时间为前提，从运营管理单位的规模、开通运营服务水平两方面总体规划运营筹备的总目标。一般可分为××线路开通运营筹备总体目标及年度运营筹备目标。××线路运营筹备总体目标主要体现××线路开通运营的整体水平、时间要求及运营单位筹备的主要工作目标，而年度运营筹备目标则是指线网规划中跨越各年度内要实现的运营筹备的目标及完成时间。

(2) 分项目标。为实现运营筹备总体目标，将总体目标分解成若干个项目和阶段来实现，分项目标就是各个项目和阶段要完成的主要工作内容、责任部门与完成时限要求。城市轨道交通新线开通运营筹备分项目标包括：新线人员及组织架构筹备；新线运营人员培训；新线筹备资金落实；新线物资、材料、工器具筹备；新线筹备规章编制；配合线路踏勘、可行性报告审查、用户需求书审查、初步设计审查、施工图纸审查等；参与工程调试及验收工作；“三权”接管；组织试运营开通前系统安全调试、综合联调及运营演练、试运行；开通试运营与竣工验收。

（3）运营新线筹备启动时间。根据城市轨道交通系统全寿命周期成本管理理念，将一个城市的轨道交通工程作为整体，从规划开始到运营结束计算成本总和，则其全过程应包括决策阶段（项目建议书、可行性研究、立项决策等）、建设阶段（设计、施工和验收）和运营阶段（运营筹备、试运营和运营）。因此运营单位要结合新线建设全过程规划安排，根据新线开通试运营目标提前 3 年时间组成相应机构并完成人员设置，开始运营筹备相关工作；对已有线路运营经验的部门进行新线筹备工作时，考虑到其本身就具有一定的新线筹备经验，以及具备一定的人、财、物、技术等储备和支持，可以在新线决策阶段和部分建设阶段安排相关人员参与，不一定需要对应的新线筹备组织架构和绝对固定的人员，所以整体新线筹备工作启动时间可以根据新线开通试运营目标提前 2 年。

二、筹备工作计划

为实现新线开通运营筹备目标策划中总体目标与各分项目标，需要将各项目标分解到更具体的工作内容、完成相关工作内容的质量要求和时限要求、落实与检查责任部门与分管领导，因此针对每条新线都要编制“××线路开通运营筹备工作计划”。

1. 筹备工作计划编制要求

（1）根据城市轨道交通建设程序以及开通运营筹备工作的内在联系，以国家竣工验收为截止点采用倒排工序方法，明确各项主要筹备工作的安排，详见图 3—9。

(2) 在筹备工作计划中要求将每项内容进行人力与资源安排，将每项工作落实到部门和责任人，并具体到某个时间段，同时要明确最终完成的时间和质量要求。

(3) 结合运营筹备风险评估，将人、财、物、规章等筹备工作再细化为子计划，在相应子计划中对“三权”接管和联调演练工作方案编制要求进行强化，并重视针对内、外部风险展开的专题研究子计划。

(4) 运营单位主管新线筹备工作的责任部门，要在新线筹备开展之前将“××线路开通运营筹备工作计划”及相应子计划进行整理报批，并及时行文发布。

(5) 考虑到不同城市轨道交通管理模式的特点，其运营单位承担的新线运营筹备工作内容可有所侧重，因此编制新线筹备工作计划时，可将非运营单位承担的工作内容进行弱化，但需要考虑配合的工作重点和要点。

2. 筹备工作计划的主要内容

由于城市轨道交通线路的发展历程基本可分为工程建设时期、试运营时期、正式运营时期三大时段，所以运营筹备对应的工作计划重点就是为实现“三权”接管、建成开通试运营和项目竣工验收而开展。在筹备工作计划编制中要充分考虑线路试运营开通所必需的人员、费用、规章、运作四大因素，承担了既有线路运营的新线筹备运营单位还需要结合既有线路实际工作经验，遵循以“生产为主，合理安排”的原则对筹备工作进行细致认真的安排，以筹备工作计划为总纲，辅以细化的各专业子计划模块来补充，力求全方位包含开通前的应做工作，给新线筹备工作以具体指导，并建立一套“以小目标的完成保大目标的完成，以分目标的实现保总目标的实现”的目标管理体系，从而保证各项工作计划执行有明确的重点和方向，避免盲目、游移和无效的劳作。

筹备工作计划主要包括计划目标、领导与组织、计划项目与内容、时间要求、责任部门或责任人等要点，以及各专业和项目子计划。

建设时段	工程建设时期	试运营时期	正式运营时期
建设目标	“三权”接管目标		
	开通试运营目标		
		竣工验收目标	
筹备计划项目			
1. 组织筹备人员参加新线建设	从筹备启动至“三权”接管		
2. 人力资源管理筹备	人员“三权”接管前到位，培训综合联调前完成		
3. 资金与物资管理筹备	试运营开通前 3 个月全部物资到货		
4. 后勤保障管理筹备	筹备全过程（含外部协调与宣传）		
5. 技术管理筹备	试运营开通前半年完成专题研究并形成成果		
	综合联调前完成技术规程、维修手册		
	试运营开通前 1 个月完成应急预案、故障处理指南以及运输组织方案编制		
	试运营前半个月完成时刻表发布		
6. 工程验收与“三权”接管筹备	根据建设工期进行验收，在接管前 1 个月完成接管方案的发布		
7. 运营联调与演练管理筹备	“三权”接管前完成方案的发布，试运营开通前 3 个月至半年之间开始综合联调演练工作		
8. 试运行筹备	试运营前开展 3 个月试运行		
9. 安全管理筹备	筹备全过程		
10. 开通试运营管理筹备	试运营开通前半个月至 1 个月完成		
11. 竣工验收管理		开通试运营至竣工验收	

图 3—9　××线路开通运营筹备工作安排横道图

(1) 计划目标。计划目标即为新线运营筹备目标策划中的总体目标和分项目标。

(2) 领导与组织。新线开通运营筹备工作贯穿从设计、施工到运营、竣工验收的全过程，涉及运营所有专业和业务部门，因此新线开通运营筹备工作需要运营单位组成一个完善的组织和领导系统，才能保证各项筹备工作计划的落实和有效执行。所以筹备计划中需要根据设定的组织架构和岗位设置，明确总体开通筹备工作中的运营单位的分管领导安排及分工情况、各责任部门（室）的组织与分工安排，同时要落实各项工作计划的责任人和检查人以及对应的分管领导。

(3) 计划项目与内容。围绕运营筹备总目标和分项目标，结合运营单位现有环境和条件，确定新线筹备工作计划，并拟定工作计划要点、完成时间、责任部门及责任人、配合部门及人员，以及各项目检查人。

1) 人力资源管理筹备，包含人员招聘子计划、人员培训子计划。

人员招聘子计划要根据新线运营筹备策划目标，依据设定的组织架构和定岗定编要求编制计划，并明确拟招聘各岗位人员的素质要求、招聘渠道、招聘方法和到位时间，要求所有岗位人员在新线“三权”接管前全部到位。

人员培训子计划要结合人员招聘子计划而编制，所有人员必须经过城市轨道交通系统安全教育培训和岗前教育培训，同时专业设备维修人员需要接受相应专业知识培训和技能考核，司乘人员（电客车司机和工程车司机）和调度人员（行车调度、电力调度、环控调度）必须经过相应专业知识培训和技能考核外，还要送外（送到具有城市轨道交通运营经验的单位）进行实操培训与考核。所有人员必须经过设定的培训和通过相关考核后才能上岗，总体要求所有人员在运用运营公司开展联调演练前完成培训并上岗。

2) 资金与物资管理筹备。包含资金筹备子计划、物资采购与到位子计划。

资金筹备子计划主要对试运营联调费的应用进行整体安排，以及对运营新线筹备中所涉及的设备设施所需的备品备件、设备维修用工器具和仪表、营销与服务、车站相应服务设施等资金需求进行整体安排，因此要求该子计划要在试运营开通前 1 年完成编制，为相应的物资采购等资金使用提供保障。

物资采购与到位子计划根据资金筹备子计划、结合各专业需求进行编制，需要注意的主要问题是要求各专业在报备品备件和工器具时，必须事先对建设将要移交的备品备件等进行了解和摸查，以避免重复采购而造成不必要的浪费，同时要求所有采购的物资在试运营开通前 3 个月到货就位，对于接管后即需要使用的物资，需在接管前到货就位。

3）后勤保障筹备。后勤保障贯穿于整个新线筹备过程，包含办公设施与家具安排子计划、对外宣传与公关服务子计划、汽车与膳食安排子计划等。

办公设施与家具安排子计划需要遵循设定的组织架构和定岗定编计划，结合办公环境等资源条件进行编制。该计划必须满足人员招聘到位需求，同时该计划还需要针对城市轨道交通早发车和晚收车的特点及线路线位，考虑为保证司乘人员休息所需的公寓安排。

对外宣传与公关服务子计划要紧扣新线筹备目标策划，在试运营开通前重点配合政府制定票价政策进行宣传，以及试运营开通前 1 个月开始对开通服务水平各要素进行全面宣传，还需要在车站范围对乘车乘客宣传售、检票方式与流程，以尽快提高城市轨道交通新线开通在市民中的影响。

汽车与膳食安排子计划需要结合新线建设工程进度，在工程和设备验收、相关工程“三权”移交和系统设备“三权”移交中合理进行汽车安排，以满足城市轨道交通点多、线长、面广的特点。同时，在车辆段“三权”接管前需要根据运营单位的行政指令合理安排员工膳食。

4）技术管理。技术管理是运营单位系统开展新线筹备工作、确保顺利实现筹备目标的基础，包含规章与文本编制子计划、专题研究子计划、运输组织子计划。

规章与文本编制子计划要依据运营单位设定的组织架构、定岗定编安排以及新线设计的各系统设备技术标准、功能水平与运营服务水平而编制，规章包括运营单位行政管理规定制度类、行车运作控制类、设备技术规程和维修手册操作类、设备维修组织方案以及事故处理指南与应急预案程序类。该子计划要求明确运营单位整体架构成立前完成行政管理规定等规章，综合联调演练前完成技术规程、维修手册、行车与调度运作手册，试运营开通前1个月完成车站服务细则、应急预案和故障处理指南。

专题研究子计划要根据新线设计中体现的采用新技术、新设备以及非正常的运行交路和特殊的运输组织方式开展研究，目的是将研究成果指导和应用于相关规章中，它涉及运输组织模式、维修模式、票务运作模式以及新技术、新工艺、新材料应用等专题研究，其中运输组织模式包含调度组织、行车组织、客运组织和票务组织等方面工作安排。调度组织主要针对城市轨道交通运输组织系统的组建、调度指挥能力的形成而编制，主要包括行车、电力、环控等机电设备的调度与指挥，以及运行图和运营时刻表的编制，同时要求试运营开通前1个月完成运营时刻表发布；行车组织主要针对新线“三权”接管后开始的联调演练、试运行以及其他工程车和电客车使用需求而编制，主要包括不同阶段工程车与电客车使用安排、安全措施、司乘人员排班等，要求在新线“三权”接管前完成行车组织系列安排；客运组织要根据新线开通试运营安排、结合车站服务设施配置以及设定的服务水平和票价政策而编制，主要做好车站服务细则的制定、服务设施和导向系统配置落实、乘客信息和乘客须知的宣传以及车站服务人员素质培养等方面的安排，要求在新线开通试运营前1个月完成客运组织系列工作；票务组织要根据新线开通试运营安排、结合政府制定的票价政策以及运营服务水平要求而编制，主要包括制票、送票、配票等工作安排和相关票务核算、与合作银行的合作方式等，要求在新线开通试运营前1个月完成。

5）工程验收与“三权”接管管理。包含工程验收管理子计划、新线“三权”接管管理子计划。

工程验收管理子计划要根据建设工期安排提前完成。工程验收是运营单位参与工程建设必需的、最重要的阶段，它是工程建设单位建设成果的初步检验，也是检验运营单位能否接管新线的基础条件。运营单位进行工程验收管理，主要需要制定验收过程涉及的安全规定、各专业组成对应的验收组织，要求验收中全面了解并现场核实工程施工质量、设备安装质量和功能实现情况，特别需要重点关注与行车及安全有关的设备验收情况，同时将工程或设备存在的质量与功能问题及时提出并整理报告。工程验收管理子计划应根据建设工期安排提前完成。

新线“三权”接管管理子计划根据建设工期安排编制，重点关注车辆段、控制中心、车站与区间以及各系统设备接管方案的编制，同时还需要关注新线进行“三权”接管的流程、各接管的组织安排以及核查接管范围与需具备的相关条件，做好有组织、有计划、有条件、有序不间断的接管。该子计划要求在新线“三权”接管前1个月完成，并同时完成“三权”接管方案的编制与发布。

6）运营联调、演练管理。运营联调、演练是运营单位在完成新线“三权”接管后，对行车系统设备自主进行联合调试、演练，主要是为检验设备功能的稳定性，磨合相关系统设备的互容互控，并进行现场人员运作与操作培训，是保障顺利开通试运营的重要准备工作。该子计划应在新线“三权”接管前完成，并完成所有项目联调、演练方案的编制与发布，同时要求在试运营开通前3～6个月开展综合联调演练工作。

7）安全管理。安全是贯穿整个新线筹备过程的重要工作，安全管理需要运营单位采用网络化管理与层级负责相结合来开展，包含安全检查子计划、综治保卫子计划。

安全检查子计划要重点关注新线“三权”接管、联调演练、试运行、试运营开通等阶段的安全检查，根据不同阶段运营单位面临的不同安全需求，明确各阶段安全检查的内容，重点包括对人员、设备设施、行车与调度运作、乘客服务等环节进行检查。

综治保卫子计划重点对运营单位完成新线“三权”接管后的车站、车辆段、控制中心等属地全面开展综治保卫工作，重点是对属地保卫人员值班与巡逻的安排、重点地带监控措施安排以及城市轨道交通管理属地与当地公安联防共管的措施与安排。

8）试运行管理。试运行，是指城市轨道交通主体工程完工后，按照试运营模式进行系统试运转、安全测试的非载客运行，是全面检验城市轨道交通是否具备试运营条件的重要阶段。依据国家相关规范，试运行的时间不少于 3 个月。

试运行管理主要包括：通过试运行检验组织机构和岗位设置是否合适；从调度指挥、中央监控设备、行车与线间匹配、系统功能要求、车辆段行车组织和维修施工组织等方面检验行车组织与调度管理；从车站信息系统、设备布置、导向管理、安全管理和乘务管理等方面检验车务管理；从设备分类、维修政策等方面检验维修管理；从行车、设备、消防、作业、治安、自然灾害等方面检验安全管理，包括安全组织架构、运作流程、应急抢险器材配备及应急救援预案。

9）开通试运营管理。开通试运营是新线正式开始对公众载客运营，是运营单位新线筹备的重要阶段，是运营单位所有筹备成果的全面体现。开通试运营管理主要包括：在开通试运营前开展评估工作，评估开通试运营的所有筹备工作是否完成、是否存在影响开通试运营的因素与影响程度并提出解决措施；关注对公众载客运营的信息发布与宣传、服务设施配置与到位情况、试运营首列客车的开行安排与运行图和时刻表等工作。该子计划要求在开通试运营前半个月完成，其中评估工作在开通试运营 1 个月前完成。

10）项目竣工验收管理。项目竣工验收是运营单位新线筹备的最后工作，竣工验收完成则表明新线建设阶段全面结束，随即转入正式商业运营。运营单位在项目竣工验收管理中主要关注试运营整体情况，并形成完整的试运营报告。试运营报告主要描述运营单位如何组织开展试运营工作，投用的各系统设备运行状态和功能稳定性介绍，系统设备在功能上实现设计要求和标准的情况说明，试运营期间运力与运能匹配情况，所取得的经济效益和社会效益情况，以及该新线存在的主要问题和改进意见等。

三、目标管理控制

新线筹备的最终目标是按照规划要求开通试运营和完成项目竣工验收后走入正式运营，其管理过程长、幅度大、受制条件多，因此新线筹备目标管理应做好以下两个方面的控制。

1. 适时监控、动态管理

由于新线筹备工作需要贯穿整个建设和试运营阶段，势必会受到建设工期计划的修订、开通标准的调整或者技术方案的变更等因素的影响，同时考虑到目标计划执行过程中可能发生作用的因素的变化或执行成果的偏差，在执行目标计划管理时必须适时监控、同步跟进，按照 PDCA 循环原理进行动态管理。

在建设、运营分立模式下，运营筹备组织的活动范围仅限于新线开通试运营所需人、财、物、技术、规章的准备及参与工程验收、接管和组织运营演练工作，因此筹备目标管理中的重点是对运营人、财、物、技术、规章以及开展演练等筹备子计划进展进行适时跟踪与监控。

在建设、运营一体化模式下，运营筹备组织的活动范围由运营内部的人、财、物、规章、技术筹备延伸到工程建设阶段的设计图纸审核、用户需求书编制、工程招评标、设备监造、出厂验收以及施工过程质量检查跟踪等工作中。在投资、建设、运营三位一体模式下，运营筹备组织的活动范围在建设、运营二位一体的基础上继续延伸到工程的可行性研究、线网/线路规划决策阶段。因此，以上两种模式下的运营新线筹备目标管理，不仅需要对运营筹备相关工作子计划进展进行适时跟踪与监控，还需要通过参与线网规划和工程建设阶段相关工作，及时了解线网规划阶段决定运营筹备目标实现的因素和建设阶段可能影响运营筹备目标实现的因素，跟进其因素的变化，并适时调整运营相关筹备计划以确保筹备目标的实现。

2. 对目标进行相应检查

（1）对目标进展与完成情况进行检查

1）定期检查。每月（试运营开通目标前 1 年内）、每季度、半年、年度检查。

2）不定期检查。视具体情况组织开展，或工作计划与筹备工作推进到关键时期，或筹备工作计划执行出现偏差时及时组织检查。

(2) 检查方式。主要包括到责任部门检查工作进度，到施工现场了解工程进度，召开月度新线筹备例会等。运营单位还需要与建设单位定期召开建设运营协调会，在建设、运营分立管理模式下，应该由建设单位和运营单位双方沟通，提前建立稳定的建设—运营协调机制，以形成良好的“投资为建设、建设为运营、运营为乘客”的服务链。

1）到责任部门检查工作进度，是指到被检部门对子计划目标的执行情况和工作内容的进展情况进行了解、核实，调查筹备工作中遇到的各种问题、困难和原因，协助研究确保筹备目标按期实现、工作内容有效开展的策略和办法。

2）到施工现场了解工程进度，是指到项目施工现场对项目工程进度情况进行了解、核实，调查项目工程建设中遇到的各种问题、困难和原因，及时掌握工程进度是否按目标推进，做好及时与有效调整筹备工作计划的准备。

3）运营单位定期召开新线筹备例会。会议主要议题包括：对上阶段新线筹备工作情况的总结；讨论并确定各部门提交的需要协调解决问题的解决意见和方案；布置下阶段筹备工作的主要任务，以便运营单位内部新线筹备工作按计划有序推进。

4）运营单位定期与不定期与建设部门召开建设—运营协调会。会议主要议题包括：建设单位总体介绍建设工程进展情况，以及关键目标实现情况；讨论运营单位参与建设工程过程中提出的问题和意见，并形成解决问题的一致意见；运营单位目前筹备工作的整体进展，以及需双方相互配合的事宜，使运营更好地做到早介入、早了解、早发现、早解决、早培训、早掌握。

(3) 检查内容和重点。检查内容以筹备计划所列目标内容为主，检查重点内容依次为：到期责任目标任务完成情况；将会制约或影响下一阶段责任任务目标的工作进展情况；配合其他部门新线筹备工作情况；其他部门对本部门新线筹备工作的配合情况。

(4) 对检查结果进行通报。通报内容以到期责任目标任务完成情况、配合其他部门新线筹备工作情况两方面为主。对全部实现到期责任任务目标和积极配合其他部门新线筹备工作的单位进行表扬，对未实现到期责任任务目标或配合其他部门新线筹备工作较差的单位进行批评。

通报方式分为季度经营例会点评和半年通报、全年通报。

四、对目标完成情况进行考核、奖惩

考核、奖惩是加强新线筹备目标责任制管理的必要措施，当责任年度结束或阶段目标结束，根据各责任部门的责任目标实现情况进行考核，主要目标纳入年度经营目标考核外，还单独设立新线责任目标奖金。

1. 考核内容和时间

列入考核内容的是责任部门年度新线筹备任务目标（包括总体目标和分项目标）的实现情况。考核方式分为季度考核和年终考核。

2. 考核方法

（1）季度考核。季度考核采用例会点评和结果通报的方法，对责任任务阶段目标的实现情况和子计划工作管理情况进行过程监督和考核，季度考核结果作为年终考核的参考依据。

（2）年终考核。年终考核采用一票否决制和百分制相结合的办法，对总体责任目标实现情况进行考核，考核结果作为责任目标奖惩的依据。

3. 奖励与惩罚

为充分调动各责任单位的积极性，发挥责任目标管理的激励作用，对完成责任目标的单位或部门予以奖励，奖励方式除通报表扬外，还要根据设定的新线责任目标奖金给予一定额度的奖励；对未完成责任目标的部门进行惩罚，惩罚方式包括通报批评、不予奖励、党政一把手及分管领导不能评为先进个人等。

第二篇

运营筹备实施与控制

第四章

人力资源筹备

第一节 人力资源筹备综述

人力资源筹备就是紧密围绕企业的发展战略，建立影响员工行为、态度以及绩效的各种岗位、绩效、薪酬、培训管理等制度体系，并综合运用规划、招聘、调配、考评、晋升、培训等手段，激发和调动员工的积极性、创造性，实现企业价值最大化的动态过程。因此，人力资源筹备分宏观和微观两个层面，宏观层面即建立一套与企业发展战略相匹配的人力资源管理体系，微观层面即根据企业发展战略的需要，进行人力资源储备。

城市轨道交通作为一个由当地政府主导，为公众提供公共交通服务的准公益性行业，一方面因其政府背景和准公益性质，不可避免地受到政府的制约和公众的关注，因而混合了政府、企业和公用事业单位的特性——在社会效益、经济效益双赢的前提下实现城市轨道交通运营单位的持续、协调运行；另一方面，作为一个成长中的新兴行业，因其运营涉及车辆、信号、通信、供电、轨道、自动售检票、计算机、通风、空调、消防、监控等众多系统的联动，而具有较高的不稳定性和复杂性。城市轨道交通的这些特性，决定了城市轨道交通运营人力资源筹备既要考虑到成熟市场化条件下一般企业人力资源筹备的特点，又要考虑到特定区域和特定市场条件下新兴行业人力资源筹备的特点，才能实现城市轨道交通的安全、持续、经济、高效的运营。

人力资源专业人员必须前瞻性地深入到城市轨道交通运营各项筹备工作的每一个环节，与其他业务模块管理人员共同探讨、分析每一个业务流程对岗位设置的需求，开展岗位工作分析，建立岗位管理体系和任职资格管理体系，在此基础上建立与城市轨道交通运营开通规模相匹配的人力资源规划、绩效管理体系、培训体系、薪酬体系，并通过这些体系将企业的使命、文化、行为规范、流程、授权、招聘、任用、晋升、考评、培训等一系列过程和环节有机结合起来，协调一致，才能使人事相宜、事得其才、人尽其用，才能分工明确、事事相宜、权责有序，发挥团队的力量，从而为城市轨道交通的安全、持续、经济、高效运营建立坚实的人力资源保障。

一、人力资源筹备的原则

1. 系统化原则

系统化原则，要求在进行人力资源筹备时，必须具有战略眼光，必须打破传统的人事管理思维——重人员招聘、轻机制建设，重眼前利益、轻长远目标，认为人力资源筹备就是人力资源储备，只要将运营开通所需要的各种人才按时招聘、培训到位就大功告成，而忽视机制建设，不愿意在流程设计、岗位管理、绩效管理、薪酬管理、培训管理的体系设计上花费太多的时间和精力。用这种传统的人事管理理念来进行人力资源筹备，必定无法有效整合人力资源并形成合力，从而给城市轨道交通安全、持续、经济、高效的运营带来极大的隐患。

系统化原则，要求必须按照机制设计是先导、人员招募与配置是基础的思维来组织人力资源筹备的相关工作，只有准确把握好城市轨道交通的行业特色，前瞻性地设计好一套与城市轨道交通相匹配，以岗位管理、绩效管理和薪酬管理为核心的人力资源管理机制，才能有效整合各类人力资源，形成合力，为城市轨道交通运营单位的持续、高效、安全运营建立起良好的内在驱动机制。

2. 市场化原则

市场化原则，要求所有的人力资源筹备策略，特别是招聘、薪酬和培训策略的设计，能经得起市场的检验。城市轨道交通运营单位尽管是政府主导的企业，具有较高稳定性，但其公益特性决定了其稳定性越高竞争力就越低，在当前越来越鼓励人才自由流动、行政对人力资源的配置功能越来越弱化的大环境下，对优秀人才的吸引力和保留力就越弱，而城市轨道交通作为一个新兴的融合各种新技术的产业，又需要大量掌握相关技术的优秀人才，在这种背景下，如果不能向政府争取一些特殊的招聘和薪酬政策，就很难从市场上招聘到优秀人才，从而直接影响到企业的运作。

3. 与运营组织结构模式相匹配的原则

不同的运营组织结构管理模式决定了不同的资源配置方式，从而对组织的运作效果产生直接的影响。如果将一条轨道交通线路看作是一种产品或服务，那么随着线路增加、运营产品的多样化，运营的组织也趋复杂，越是复杂的组织，对人、财、物的统筹要求就越高，相应对人力资源管理提出了更高要求。

4. 一专多能的岗位设置原则

城市轨道交通的运营成本中，人力成本占 40%～50%，要实现城市轨道交通的持续、经济、高效运营，对人力资源的开发至关重要，而轨道交通系统的维护和运营涉及电子、通信、信号、机械、液压、无线传输、计算机、消防、自动化、变电、牵引供电、电力机车等众多专业，在审慎经济的效益原则下，如果按照专业来划分维修模式、设置岗位，一方面会导致人力资源的大量闲置和浪费，增加人力成本，另一方面会增加一些不必要的专业接口，无形中增加管理沟通和协调成本，并最终导致整个系统的运营入不敷出、难以为继。因此，国际上经营得较好的城市轨道交通企业，基本上都确立了一专多能的岗位设置原则。例如，旧金山和丹佛国际机场的旅客自动输送系统服务中心，要求所有检修人员在经过 6 个星期的课堂培训和 6 个月的在岗培训后，均具备检查、监控和处理该系统所有子系统故障的能力，并按照一定的周期，有计划地安排每一个检修调度人员，尽可能让他们有监控、检查和处理每一个子系统事务的机会。新加坡的新捷运公司在设备的维护、保养和故障处理方面也基本上采用了这一模式。在这种模式下，每一个员工都是一个单兵作战的主体，都独立地为自己的决策和行为承担责任，这一方面极大地发挥了员工的主动性和创造性，另一方面也提高了对现场问题的处理和响应速度，确保了系统的持续高效运行。

二、影响人力资源筹备的因素

影响人力资源筹备的因素，可分为两个层面——宏观层面和微观层面。宏观层面的因素包括城市发展战略、政府公共交通规划、当地就业环境和政策、人才市场供给趋势、人们的就业观念等；微观层面的因素包括运营的组织管理模式、流程、文化等。这些因素相互作用和影响，从体制、规模、策略等方面对人力资源筹备工作产生影响。城市发展战略和公共交通政策，会直接影响到轨道交通的建设力度和功能定位，从而对人力资源储备的规模产生影响；当地的就业环境、政策和人们的就业观念，特别是政府是否限制异地用工，则直接影响到招聘渠道和策略的选择；人才市场供给趋势，则对招聘和培训的策略产生影响，如某一时期的人才供给不足，可能需要采用委培或订单培养的策略等；组织管理模式、流程、文化，则直接通过岗位设置对人力资源的管理机制产生影响。

三、人力资源管理体系设计要点

一套完整的人力资源管理体系，包括选人、用人、育人、留人四个环节，在这四个环节中选人是先导，用人是核心，育人是动力，留人是目的。这四个环节既相互交叉又相互影响，需要根据企业的不同发展阶段和岗位制定相应的标准和要求。其中，招聘和选拔系统是选人环节的基础，配置与使用系统是用人环节的基础，培训与开发系统是育人环节的基础，考核与薪酬系统是留人环节的基础。所有这些基础都离不开岗位管理（Position）、绩效管理（Performance）和薪酬管理（Payments），它们紧密联系、相互作用，将所有的人力资源活动有机地统一起来，构成一个整体，是人力资源系统的基石。

人力资源管理体系建设始于组织结构设计，成于相关流程的细化和建立，因此无论是岗位体系设计，还是招聘、绩效、薪酬、培训体系设计，都必须贯穿流程化设计思维，通过流程明确各个岗位的输入、输出工作关系、工作目标、责任和权限，做到授权充分、监控到位。

1. 岗位管理系统

岗位管理是所有人力资源管理的基础，共分为岗位分析、岗位设计和岗位评估三个部分，其实质就是对员工成长舞台的设计和管理。岗位分析必须建立在对运营各种业务流程分析的基础之上，岗位分析的结果是形成岗位说明书。一份完整的岗位说明书包括岗位目标、上下级关系、岗位概述、工作职责、工作任务、责任程度、考核标准、任职资格、权利和责任、资源配备等情况。岗位评估是评价各岗位在组织中的作用和价值，评价的结果形成公司岗位层级体系和任职者职业资格体系，这两个体系共同构成员工晋升、选拔、激励、培训以及职业生涯发展的基石。

一个完善、清晰的岗位管理系统，能够确立组织内部的角色定位，明确每个岗位的责任、权利、利益。它不仅是组织正常运转的基础，也是组织内绩效管理和薪酬分配的基础。岗位管理系统的建立是一个动态的过程，需要结合企业的发展过程，根据分工的变化不断更新完善岗位说明书。

2. 绩效管理系统

企业执行力的强弱与各级管理人员绩效管理的能力密切相关，绩效管理作为对执行过程以及执行结果检验的环节，对于正确地执行、提高执行效率起到直接促进作用。绩效管理过程包括共同制定绩效计划、绩效辅导与沟通、绩效评价、绩效反馈与改进四个环节。然而大多数企业在绩效管理过程中，往往比较重视绩效评价而忽视其他三个环节，结果也仅用在对员工的奖惩上，这直接影响了绩效管理的效果。进行绩效管理的根本目的是围绕企业的发展战略目标，实现企业、上级和员工的共同进步，因此，在绩效管理过程中，直接上级对员工的沟通与辅导以及绩效反馈中给员工提出的问题和改进建议，对于员工认识目标、提高执行能力非常重要。

绩效管理分为战略层面和执行层面的管理。从战略层面来看，绩效管理作为企业战略管理的重要组成部分，只有通过制度化的总经理月度、季度、半年、全年评估会议，才能对具体的执行情况适时评估，消除偏差、统一行动，通过数据将各个层次的行动过程纳入到公司的战略目标管理体系中进行管理；从执行层面来看，应通过上下级的沟通协商签订具体的员工月度工作任务书，每月从公司的战略细分目标完成情况、岗位所负担的常规性工作完成情况和突发性或临时性工作的完成情况三个方面对员工的绩效进行评估，才能将绩效管理真正落到实处。

3. 薪酬管理系统

薪酬管理是企业管理成功与否的关键。薪酬管理要考虑很多因素，比如企业发展的阶段、支付能力、所处的竞争环境等，而决定员工薪酬水平的因素则包括市场、岗位、知识技能和绩效。企业进行薪酬体系设计要遵循很多原则，比如战略导向原则、外部竞争性原则、内部协调性原则、员工贡献原则、经济性原则等。对城市轨道交通运营单位企业而言，其薪酬体系设计还受到政府工资管理体制的制约。

4. 招聘与选拔系统

在岗位体系明确了各岗位的职责和目标后，就需要按照岗位说明书的相关要求组织招聘，对应聘人员的相关能力进行评估，并根据评估结果将其安置到相应的岗位，这就是人岗匹配的问题。在招聘环节主要考查应聘者的基本工作能力、所需知识经验与技能、可培养潜力，还有其价值观、道德观等方面，最重要的是对企业文化、价值观的认同感，如果应聘者不认同公司的价值观，那么即使他的学历再高、经验再丰富，也不是企业所需要的人员。而对于内部的人员调配，同样应该通过一套程序和员工的业绩，按照岗位任职资格要求对其职业能力素质进行评估，做到人岗相配。总体说来，一个优秀的员工首先要认同公司的价值观；其次要有事业心，要有做事的激情；第三，要具有一定的技术功底，可以是产品技术，也可以是管理技术；第四，要有学习精神。

要坚持人力资源的统一调配，才能充分发挥人力资源的整体优势。为了强化传输这种观念，首先必须利用各种途径给各业务部门经理灌输和强化人力资源共享的大局意识；其次，通过公开的内部招聘信息平台，发布招聘信息，鼓励员工参与内部竞聘；最后，在内部涉及结构调整、职能调整等重大战略性调整时，内部人力资源调配是强制性的，所有涉及的部门都必须无条件服从。

人员的招聘与选拔是一项长期、复杂、有计划的系统工程，企业不同发展阶段的变化、时间推移的影响，都会对人员的配置提出不同的要求。人员招聘与选拔的关键在于知人善任，在于培养人，使适当的人从事适当的工作。人员选拔应晋升最优秀的人才，给予他们发展的机会，同时淘汰表现差的人员。因此，人员选拔一般有人员的晋升、淘汰与轮换三种重要机制，三者并行，如果其中一个环节做不好，将会影响全局。另外，后备队伍建设也是人员选拔的重要内容。

总体说来，一个好的招聘和选拔体系，需要综合考虑以下因素：

(1) 企业需要招聘多少人员?

(2) 企业将涉足哪些劳动力市场?

(3) 企业应该雇用固定员工，还是应利用其他灵活的用工方式?

(4) 在企业内外同时招聘时，企业应在多大的程度上侧重从内部聘任?

(5) 什么样的知识、技能、能力和经历是真正必需的?

(6) 在招聘中应注意哪些法律因素的影响?

(7) 企业应怎样传递关于岗位空缺的信息?

5. 培训与开发系统

培训环节对提高执行能力起着非常重要的作用。培训内容可以是与执行有关的理论知识，可以是技能的传授、经验的交流，也可以是执行理念的宣传与固化。通过培训，宣传鼓励积极执行的行为，反对消极执行、不负责任的做法，使得执行力观念深入人心。对于企业来说，易于推行的是理论知识的培训和执行观念的推广，而真正执行能力的培训是通过知识和实际操作的不断反复强化与训练来施行的，它的培训依据是对日常绩效表现进行深层次的原因分析。提升执行能力培训的过程是一个长期的过程，其结果也是不易被明确的和明显衡量的。

四、人力资源筹备的思路

以城市发展战略、轨道交通建设规划、政府对城市轨道交通运营单位的管理体制以及工程筹划、可行性研究报告为依据，通过系统建立影响员工行为、态度以及绩效的各种政策和制度，在充分的人力资源需求预测基础上，结合城市轨道交通运营单位的管理模式和城市轨道交通运营单位的运营组织架构，按照总体线路和车站规模，综合采用比例定员、设备定员、经验估算、行业对比等方法，细化各类岗位设置和具体编制。在此基础上，综合考虑未来几年的人才供给趋势、市场竞争状况、各类人才的成长培养周期、招聘难易程度等因素，制定出总体的薪酬策略、各类人才的招聘及培训实施计划。

第二节 人力资源需求规划

人力资源需求规划是在人力资源战略基础上对企业未来人才的需求与供给、培养与选拔方式进行科学、整体的预测和规划，是所有人力资源管理活动的起点。

一、需求预测的原则和方法

1. 需求预测的原则

(1) 按照“精简、高效”的原则，参照行业先进水平进行人力资源配置。研究香港地铁近30年的人力资源配置数据，发现其运营人员总体在55～100人/千米的范围波动，总的趋势是随着香港地铁对地铁运营管理的娴熟，其每千米的配员呈逐步下降趋势，目前配员在56人/千米左右。参照这一标准，在进行运营人力资源储备时，如未来2年内无新线开通的情况下，运营人员的筹备可考虑按70～90人/千米的标准进行人力资源配置。

(2) 要合理把握好人员的专业（工种）之间、一线生产（服务）与技术、行政、职能和管理人员之间的比例关系。

(3) 如未来2年内有新线开通的运营计划，可以考虑按初始配置标准的20%～40%进行人员储备。

2. 需求预测的方法

在进行需求分析时，可根据不同岗位的特点综合采用以下四种方法进行人力资源需求预测。

(1) 对线路、车辆、通信等检修和维修工种综合采用效率和设备定员的方法进行预测。具体公式为：

$$配置标准1=\frac{365\times 日检时间}{制度工作时间\times 人均有效工时率\times 出勤率}$$

$$配置标准2=\frac{365\times 故障率\times 单位故障处理时间}{制度工作时间\times 人均有效工时率\times 出勤率}$$

$$一线作业定员=设备总数量\times 配置标准\times 调整系数$$

说明：

制度工作时间以年度为计算单位，按照365天扣除11个法定节假日、104个周六周日及7天年休假后乘以8小时计算，即（365－11－104－7）×8=1 944小时。

人均有效工时率为（8－员工正常休息时间）/8。

（2）对站务和乘务等岗位按照运营时间和班次采用岗位定员的方法进行预测。具体公式为：

$$配置标准3=\frac{365\times 日运营总时间}{制度工作时间\times 人均有效工时率\times 出勤率}$$

$$配置标准4=\frac{\sum 365\times 岗位数\times 岗位日作业时间}{制度工作时间\times 人均有效工时率\times 出勤率}$$

$$一线作业定员=设备设施总数量\times 配置标准\times 调整系数$$

（3）在采用效率、设备和岗位定员预测一线生产（服务）人员的基础上，按照一定的比例对技术、行政等岗位人员进行预测。具体公式为：

$$各类支持人员定员=一线作业总定员\times 比例系数$$

（4）根据拟订的组织架构对职能和管理（督导）人员进行预测。具体公式为：

$$定员=（作业定员+支持人员定员）\times 比例系数$$

二、人员类别的划分

1. 一线生产（服务）人员

包括从事检修和维修作业的维修工，从事乘客服务的列车司机、站务员、值班员、值班站长和工程车司机（不含保洁人员）。

2. 技术人员

包括各种设备设施规程和工艺编写、故障分析、方案设计等工作及生产组织运作管理岗位的人员。

3. 辅助支持人员

包括文员、汽车司机、仓储和食堂人员。

4. 职能和管理人员

包括文秘、生产、计划、财会、物资、人力资源、党群等行政管理岗位的人员。

三、需求预测的参数

人员配置主要考虑运营服务时间、车站数量和规模、线路长度、车辆数量、设备设施类别及数量等因素，具体分析思路是先根据车站数量和规模、线路长度、车辆数量、设备设施类别及数量明确一线生产服务和作业人员的配置数量，再按照一定的比例配置技术支持人员和行政辅助支持人员，最后按照拟订的组织架构配置职能支持和管理人员。

在进行运营人力资源需求预测时，涉及定员预测的主要工程参数见表4—1。

表4—1　　主要工程参数一览表

序号	类别	名称	单位	数量		
				线路1	线路2	合计
1	车站	地下车站	座			
2	轨道	轨道	千米			
		道岔	组			

续表

序号	类别	名称	单位	数量		
				线路 1	线路 2	合计
3	房屋		平方米			
4	变电所	变电所	座			
5	接触网	正线	条千米			
		车辆段/场	条千米			
6	通信	通信系统	套			
7	信号	正线信号	正线千米			
		联锁装置	联锁道岔			
		试车线	千米			
8	屏蔽门	屏蔽门	站			
9	扶梯与电梯	自动扶梯	部			
		电梯	部			
		楼梯升降机	部			
10	轨道交通车辆		辆			

四、各主要参数的配员参考标准

(1) 站务配员。如按照每个车站 1 名值班站长（3 班/天）、2 名值班员（3 班/天）和 3 名站务员（2 班/天）配置，运营时间为 19 小时/天，参考国家规定的法定工作时间和假期及预测的出勤率，综合测定站务人员的配置参考标准为 24.6 人/站。即：

站务配置参考标准＝（365×24×3＋365×19×3）/244×8×0.98＝24.6

(2) 乘务配员。如按照每列车运营 19 个小时/天（正线运营时间 18 小时＋运营前车辆检查整备时间 1 小时），参考国家规定的法定工作时间和假期、预测的出勤率和每名司机驾驶车辆的实际时间，综合测定列车司机的配置参考标准为 5.58 人/列，另考虑到工程车司机的配置，建议以 1.2 的调整系数进行修正。

乘务配置标准＝365×19/（244×8×0.98×0.65）＝5.58

(3) 线路、供电、信号配员。参照铁路、电力等行业每公里巡检的配员参考标准 0.14 人/千米，综合考虑各系统的检修规程要求，建议以 10 的调整系数进行修正。

(4) 房屋配员。参照相关行业标准，按照 2 人/万平方米的参考标准配员。

(5) 车辆配员。按照日检 0.5 小时/辆和一名车辆检修工的全年有效劳动时间测定车辆日检的配员参考标准为 0.13 人/辆，综合考虑车辆检修规程的要求，建议以 10 的调整系数进行修正。

(6) 机电、AFC、通信配员。按照预测的故障率、每起故障的处理时间，测定每套设备的配员参考标准分别为 0.05 人/套、0.03 人/套、0.05 人/套，综合考虑各系统的检修规程要求，建议以 5 的调整系数进行修正。

(7) 技术人员配员。按一线人员的 20%配置，后勤及职能按一线和技术人员之和的 10%配置，管理（督导）人员按前三项人员之和的 5%配置。

(8) 人员储备。由于前面的配员参考标准是在假定系统功能比较完备的情况下测定的，考虑到具体实施过程中有许多不可预见因素及未来发展的需要，建议按照 20%的比例进行人员储备。

按照上述配员参考标准及相关参数，可利用表 4—2 对具体人员需求进行预测。

表 4—2　　人员需求预测表

类别	定编依据	配置标准	调整系数	一线人员	技术人员	小计	辅助及职能人员	小计	管理人员	合计	储备	总计
站务	车站		24.6	1								
乘务	运行列		5.58	1.2								
车辆	辆		0.13	10								
线路	千米		0.14	10								
房屋	万平方米		2.00	1								
供电	千米		0.14	10								

续表

类别	定编依据	配置标准	调整系数	一线人员	技术人员	小计	辅助及职能人员	小计	管理人员	合计	储备	总计
机电	套		0.05	5								
AFC	套		0.03	5								
通信	套		0.05	5								
信号	千米		0.14	10								
合计												

按照上述方法预测出人员需求总量后，再结合具体组织架构和管理模式，进一步细化明确各个部门的岗位设置和编制，编写岗位说明书，进而制订具体的招聘、培训计划和策略。

第三节　薪酬体系设计

一、薪酬体系设计的原则

1. 薪酬的外部竞争性

薪酬的外部竞争性主要反映薪酬水平在行业中的位置。一套好的薪酬制度，在薪酬水平上必须在行业中较具竞争力，才能吸引行业内外优秀的人才加入本企业，从而提升本企业的竞争优势。越是新成立的企业，在总体薪酬水平的定位上，越应超出行业的平均水平，才能使自身源源不断地吸引行业内外的优秀人才。

2. 薪酬的内部协调性

薪酬的内部协调性主要要求薪酬体系应当合理体现企业内部不同岗位、

不同层级、不同职务类别之间的差异，彼此之间要反映企业的文化特征，尽量协调，避免冲突。这就要求企业必须结合自身的特点，建立一套员工彼此认同的职位内部价值的评价体系和流程，在比较扎实的职务分析基础上，建立各个岗位、不同层级、不同职务类别之间的相对价值体系。

3. 薪酬对员工的激励性

薪酬对员工的激励性主要要求薪酬体系必须适时体现和承认员工的个人业绩和贡献。这就要求企业必须结合各个岗位的特点，设计一套有效的员工绩效评价制度，并与薪酬体系进行有效的整合，才能真正发挥薪酬制度在留住优秀人才方面的激励作用。

二、薪酬管理的宏观政策

1. 国家对国有企业的薪酬管理政策

国家对国有企业的工资管理政策分两个层面，一个层面是对企业工资总额的管理，另一个层面是对企业领导层的薪酬管理。从国家对企业工资总额的管理层面来看，经历过全国统一的工资指令性计划的工资体系、与主要经济指标挂钩的工效挂钩体系（对部分不能实行工效挂钩的企业实行工资总额包干）和目前尝试推行的工资集体协商制度三个阶段，目前正处于从工效挂钩为主体的政策逐步向以工资集体协商制度过渡的阶段。从国家对企业领导层的薪酬管理来看，同样经历了按企业自身的行政级别取酬、按职工平均收入的一定倍数取酬（企业的薪酬制度在国家政策允许的范围内授权由职代会审议通过）和目前国资委逐步推进的企业领导层的绩效年薪制（国有控股的上市公司由董事会审批）。

2. 国家对其他所有制形式企业的薪酬管理政策

国家对其他所有制形式企业的工资政策，主要以《公司法》和《企业所得税法》为依据，通过企业工资指导线和工资集体协商制度，对企业的薪酬体系设计进行指导、规范和约束，因此相对国有企业来说，当轨道交通项目以合资、合作或BOT的形式组建公司时，其薪酬体系受到的约束和限制就较少。在这种体制下，可以更多地从公司发展战略和竞争策略的角度，考虑薪酬体系的外部竞争性问题，对特殊或关键的人才，提供较具竞争力的薪酬水平，从而使公司在吸引和保留行业优秀人才方面占有较大的优势。

三、薪酬制度设计的程序

对国有企业而言，可以根据国家的相关工资政策，积极向政府争取比较有利的工资总额方案。在未直接投入运营产生经济和社会效益前，建议按照人数控制指标和当地国有企业在岗职工平均工资的1.5～2倍实行工资总额包干。城市轨道交通作为一个技术含量高的新兴行业，其平均工资水平定位在国有企业平均工资水平的1.5～2倍之间，才能在吸引其他行业人才加入城市轨道交通行业方面具备一定的优势。在投入正式运营后，则按照运营里程和运营收入实行工效双挂。

对其他所有制形式的企业而言，经营管理层或董事会必须根据公司的特点，从经济效益的角度出发，同时参照同类性质行业或企业的工资水平，制定一套与公司发展战略和总体经营效益相适应的员工收入分配机制，着力探讨总的人工费用保持一定结构不变的情况下（如香港地铁总休人工费用约占营运开支的50%左右），以员工的技能和业绩成长为核心，来建立员工收入的内在分配结构，以激励和调动员工的积极性和创造性。

在总体人工费用支出政策确定后，内部薪酬制度体系设计应遵循职代会审议、行政审批、报备相关政府部门的流程运作。

1. 薪酬制度设计要点

(1) 定义各岗位的级别。对各岗位进行内部价值评估，建议岗位级别划分为9～15级，对应的薪酬档次分为45～75档（每个岗位级别约分5个薪酬档次）。

（2）最高级别岗位的收入建议按员工平均收入的5～6倍确定（北京及沿海地区约按照10～14倍的标准确定）。

（3）工资由岗位基本工资、岗位绩效工资和福利补贴等构成。

2. 薪酬制度设计的一般程序

（1）细化完善各岗位说明书。

（2）建立岗位价值评估模型，也可利用海氏、华信惠悦、美世等公司的岗位价值评估模型。

（3）成立岗位价值评估小组，并接受岗位价值评估模型的使用培训。

（4）调研同类行业或企业同类岗位的总体薪酬水平和结构。

（5）评估小组对各岗位进行评估，并根据评估结果划分岗位级别（9～15个级别），各个岗位级别间的拉差为：岗位级别越低拉差越小（5%～40%），岗位级别越高拉差越大（30%～100%）。

（6）将各个岗位级别的薪酬幅度范围划分为5个薪酬档次，并逐级归类。

（7）根据实际管理的需要，细分工资的各个组成部分及所占比例，如岗位基本工资、岗位绩效工资和福利补贴等。

（8）根据具体岗位设置进行总体测算调整，确保总体薪酬费用在政策允许的范围内。

（9）制定具体的工资调整晋级实施办法。

（10）将相关办法和方案提交职代会审议。

第四节　人力资源储备

人力资源储备就是按照第二节介绍的方法，对试运营开通前后的总体人员需求进行预测，进而根据运营组织架构和维修模式，明确岗位设置，确定人员招聘重点和策略，并编制具体招聘计划，按计划将开通所需人员招聘到位的全过程。对在总体人员需求预测中所需要的人员，如已明确其承担的业务采用委外维修模式，可将这部分人员的具体知识与技能要求提供给相关协作单位，由协作单位按照相关要求进行相关人员的配置。

一、筹备期的人员组织与重点

运营人力资源的筹备涉及人力资源管理体系的设计和人力资源的储备两个方面。前面几个小节系统地阐述了人力资源管理体系设计的一般目标、原则、思路和方法，以及人力资源需求预测的原则、方式和方法，由于人力资源管理体系的设计和人力资源储备的许多具体工作必须在系统联调试运营前全部完成，才能确保各项工作的有序开展，因此提前招聘、明确落实各项筹备工作的具体人选及工作重点和步骤，对实现轨道交通运营从筹备顺利过渡到正式运营至关重要。

运营筹备期大约可划分为系统功能设计与招投标、设备监造安装与调试及系统联调与试运营三大阶段。从运营的角度来看，这三个阶段的主要任务、工作侧重点以及对人员的配置数量和要求存在显著差异。

1. 系统功能设计与招投标阶段

这一阶段运营的主要任务是从满足乘客需要、节约运营成本的角度对系统的总体定位和功能进行审查，因此需要配备熟悉运营车站布局和运营服务特点的专业人士、熟悉运输策划和组织的专业人士及熟悉车辆、通信、信号、供变电等系统功能的专业人士各1～2名。

2. 设备监造安装与调试阶段

这一阶段运营的主要任务是熟悉各种车站设备和系统设备的功能和操作特点，以编写各种技术维修规程和操作流程，策划组织运营期的人、财、物的筹备，编写各大工种和车站服务人员的培训教材，筹备运营管理模式和组织架构，设计运营的人力资源管理体系，按照组织架构细化各个部门的岗位设置，并根据开通规模和相关的原则、方法和策略编制各类人才招聘和培养计划等工作。因此，在这个阶段需要配备运输策划、人力资源、财务、物资采购、安全管理等职能专业人才各2～3名，具体编写各类人、财、物的筹备计划，设计与运营配套的各类综合职能管理体系；配备车辆、信号、通信、机电、通风空调、轨道、供变电、消防等车站和系统设备的技术人才各3～5名，具体负责各种技术文件、培训教材的编写，按照正式运营所需要的各类技术人才及维修人才的招聘和培训计划组织落实相关人员的招聘和培训工作。

3. 系统联调与试运营阶段

这一阶段运营的主要任务是在确保系统正常稳定的情况下，结合联调和试运营过程中发现的问题，完善各类规程和流程等技术和管理文件，并按照相关规程、流程和方案，组织员工进行综合演练，确保员工能熟练操作和维护各种车站和系统设备，并具备基本的应对各种突发事件的能力，为轨道交通的正式开通运营打下坚实的安全基础。因此，这个阶段的人员配置，应以已设计好的运营组织架构和管理模式为核心，确保各类核心岗位的人员配置到位，以充分检验运营组织架构和管理模式的有效性。在这个阶段，除了少量站务岗位和辅助岗位的人员外，其他人员应基本招聘到位，并已开始相关培训工作。

二、储备人员招聘计划的编制原则

根据轨道交通开通的人才需求特点，为确保重点，保障所有需求人才能有计划、有步骤地引进，建议按照如下原则，编制整个招聘实施计划。

（1）优先考虑管理骨干、技术骨干的引进培养。将所有需要引进的人才，划分为高层管理人员、中层管理人员、基层管理人员、高级技术（专业、生产）人员、中级技术（专业、生产）人员和初级技术（专业、生产）

人员六大类。以轨道交通运营联调开始时间为招聘截止点，高层管理人员应提前 2.5 年招聘到位，中层管理人员应提前 2 年招聘到位，基层管理人员、高级技术（专业、生产）骨干应提前 1.5 年招聘到位，中级技术（专业、生产）人员应提前 1 年招聘到位，其他人员按照提前半年或 3 个月的标准组织招聘到位。

（2）要重点考虑专业性强、招聘竞争较为激烈的一线维修岗位人员的学校订单（委培）招聘培养。

（3）要综合考虑需求量大、实操性强、培养周期长的乘务和值班员以上站务岗位的送外招聘培养。

（4）要适时考虑各个岗位人才市场的供给趋势，对部分专业的岗位职级层次结构和数量作适当调整，以有效吸引各类人才。轨道交通运营系统具有学科广、技术复杂、专业性强和技术先进等特点，如从事数据传输、通信、信号、遥控遥测和线路等技术的专业技术人员相对紧俏，因而要提前招聘，并适当考虑人才流失对招聘的影响。

（5）要坚持按照运营提前介入安装调试的原则统筹整个招聘过程，实现从建设到运营的平稳过渡。提前让运营人员到位，介入工程建设和设备安装调试，有助于运营人员准确把握日后设备设施维护保养、检修、抢修的难点和重点。

（6）由于预测的前提条件不是非常充分，带有较大的不确性，因此要坚持按照动态的原则来评估整个人才需求预测和招聘实施计划的时效性和有效性，适时根据轨道交通的建设进度、实际设备设施数量及到位情况等合理配置运营人员，以确保在联调之前人员到位、技术到位。

（7）要提前建立试用期的考核录用标准，加大考核力度，对经考核不符合录用条件的人员，要坚决淘汰，以有效优化人力资源配置。

（8）在进行具体招聘时，要注意各岗位男女比例、婚育状况、年龄结构、学历结构及相关工作经验的适当平衡。

综上所述，由于在进行运营人员储备时，许多具体条件还不是很明朗，不确定的因素较多，招聘时应考虑到关键岗位人员业务能力的提高有一个渐进过程；一些岗位的技能要求比较严格，多数岗位具有行业的特殊性，在招聘上存在很大的难度（如行调、电调、工程车司机等岗位），所以在制定和落实具体人员招聘计划时，在时间和数量上应根据轻重缓急留有适当的余地。

三、储备人员的招聘策略

根据各类人才的不同特点、成长规律和市场的供给趋势，在具体招聘过程中，要注意综合运用好如下招聘策略。

(1) 对占整个人才需求总量近 20%的高级技术（生产、专业）骨干和基层以上管理督导岗位，建议通过网络、猎头、报纸、电视、员工推荐、人才市场等途径公开向社会招聘，确保他们尽早到岗，提前介入轨道交通的建设、筹备、培训和管理工作。

(2) 对占整个人才需求总量近 40%的中级技术（生产、专业）人员，建议根据其成长培养周期，按照以社会招聘为主、校园招聘为辅的原则组织进行。即在联调前 1 年能从社会招聘到位的尽量采用社会招聘，如不能到位的应再提前 1 年从相关院校招聘并送外培训。

(3) 余下人员如属专业性较强的工种，则从开通当年的应届生中以订单培养的形式从校园招聘，提前 3 个月到位实习培训即可。专业性不强的工种，则可直接在联调前 1 个月从社会招聘即可。

(4) 对特殊人才可采用借调、返聘等形式引进。

四、储备人员的招聘方式

招聘计划主要采用社会招聘、订单招聘和应届大中专毕业生招聘三种方式。

1. 社会招聘

(1) 主要招聘有足够相关工作和管理经验的管理人员，用于担任基层以上的管理职务。

(2) 主要招聘技术过硬、有足够工作经验的专业技术人员，用于担任工程师及以上的技术岗位。

(3) 招聘部分有相关工作经验的人员，作为生产岗位的补充，如工班长、调度、客车司机、工程车司机、值班员和各类高/中级检修工等生产岗位。

(4) 社会招聘的比例控制在总员工数的20%～40%，如采用社会招聘难度较大，建议采取提前1～2年的时间招聘优秀的大学生送外培训的方式予以补充。

2. 订单招聘

订单培养是一种培养和招聘相结合的新模式，主要分为全订单和半订单两种。可根据人员需求和招聘培训实际，选用全订单、半订单或两者相结合的方式，来招聘和培训生产一线的员工。

全订单模式相当于委培，即根据各岗位（工种）的人员需求，向订单院校提供招生条件，并按公司的要求进行教学和管理，在学员毕业前1年或半年，与校方共同合作，根据具体要求组织现场实习、培训和考核验收。

半订单模式是在各院校学生毕业前1年或半年，从学校选录优秀学员，按专业组班，并要求校方根据具体的培养方案，共同组织现场实习、培训和考核验收。

3. 应届大中专毕业生招聘

主要指校园招聘，即企业到高等院校、职业学院、中等专业学校举办的应届毕业生招聘活动。通过开展专场招聘、校园宣讲、实习招募等活动，借助一定的测评工具，录用选拔优秀的应届毕业生。校园招聘以集中、快捷、高效、针对性强等优点越来越受到企业雇主的青睐，并以此作为招聘年轻后备人才的首选渠道。招聘信息的发布分为两个方面：一方面，企业可以在学校的招生就业网站、校园 BBS 以及企业自己的网站上发布招聘信息；另一方面，可以利用专业的招聘网站，发布校园宣讲会的组织实施、简历接受、筛选、面试通知等环节，以扩大宣传力度，提升招聘效率，减少招聘成本。

对生产岗位员工，可采用订单、应届毕业生招聘和社会招聘相结合方式进行。各种招聘占相应岗位需求的比例为：维修系列社会招聘占 20%～40%，订单招聘占 60%～80%，应届毕业生招聘占 20%～30%；乘务和站务系列可按订单 40%、应届 30%、社会 30%的比例招聘。

第五节　培训战略规划

从宏观上看，21 世纪的中国正在经历有史以来规模最大的城市轨道交通投资和建设热潮。越来越多的城市争先恐后地进入“地铁时代”，超常规的发展速度使得新兴筹备的地铁公司首先面临人才培养与发展的巨大挑战：如何建立一套能够有效支持企业人才战略需求的培训体制、机制、实施体系，使员工快速适应并胜任轨道交通岗位工作要求？这需要在运营筹备伊始，就对整体培训战略进行系统规划，为未来的培训工作提供清晰的目标、明确的方向以及可实现的发展路径。

一、培训战略规划的依据

培训战略的制定体现的不应是制定者的专业主张，也并非企业决策者的个人意愿。评判企业培训战略规划制定成败的标准在于，它是否体现了组织发展的意志，能否促进企业绩效的达成。在制定轨道交通企业培训战略规划的过程中，应充分考虑业务战略规划、人力资源规划、人才发展规划、培训战略规划之间的内在关系，并构建出相应的模型作为培训战略规划制定的依据，如图 4—1 所示。

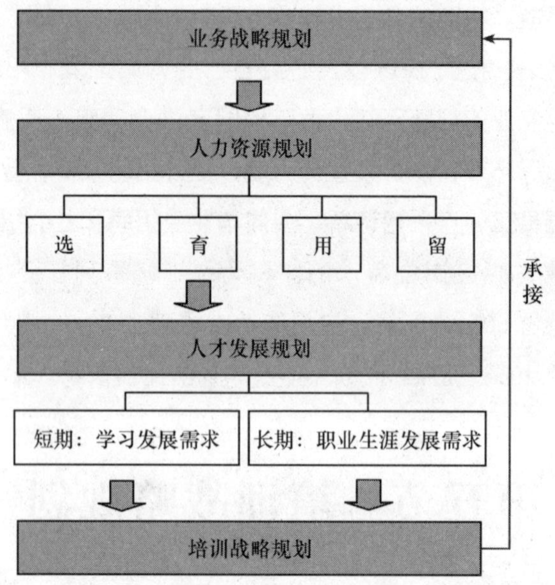

图 4—1　培训战略规划

如图 4—1 所示，培训战略规划归根结底是为了促进业务发展，因此，培训战略规划的出发点首先必须是企业的业务战略规划。任何企业的业务战略规划与实施都离不开人，所以，企业的决策者必须基于业务战略规划人力资源发展战略，并将人力资源规划分解到“选（选拔）”“育（培育）”“用（考核）”“留（保留）”四个主要方面。在这四个方面当中，“培育”主要体现了人才发展规划，人才发展规划放在时间长短的维度下，又可分为短期规划和长期规划，长期规划主要体现在员工的职业生涯发展需求上，短期规划更多体现在学习发展需求上。可以说，企业的培训战略规划更多是以企业的短期人才发展规划作为制定的依据，最终又充分体现出和业务战略规划之间的承接关系。

培训战略的规划与实施要以满足业务发展需要为根本出发点，通过洞察业务发展对人才发展的需求，可以对培训进行清晰定位，勾画培训愿景，设立培训使命，并对培训策略进行详细描述。

二、培训战略规划的制定流程与主要方法

1. 制定流程

企业培训战略规划需经过四个主要阶段：

阶段一：准备与启动

通过行业对标及开展培训管理内部研讨，初步框定业务战略对培训工作的要求及大致目标；初步确定培训战略规划内容框架，并基于框架明确需要补充调查、收集的信息，列出资料需求清单；举行项目启动会，讨论并确认培训战略规划编制流程与职责分工。

阶段二：收集与分析数据

基于资料需求清单，提供相应素材；研读素材、补充调查，并为高层研讨准备材料。

阶段三：确认业务优先级

通过与公司高层访谈，确认未来业务发展的主要阶段及各阶段对应的培训定位、培训愿景及使命，同时确认培训战略规划内容框架。

阶段四：识别学习活动并确认优先级

基于研讨结果，对照培训战略评估维度，总结企业培训管理面临的现状，研讨并确定不同维度未来需要达到的状态，制定对应具体建设或提升建议；通过业务价值及实施难易度分析评估，确认具体提升建议的优先级及高层级实施计划。

2. 主要方法

在整个前期准备及培训战略规划编制过程中，主要采用的方法包括行业最佳实践对标、高层访谈、焦点小组访谈、问卷调查等，从而确保培训战略规划的结论符合业务发展的要求。

三、培训战略评估维度策略

各维度策略的关系如图 4—2 所示。其中，业务承接是培训战略构建的输入点，学习文化是对应的支撑点。在具体实施方面，能力管理和组织机制是必备保障，在此基础上构建内容体系、技术架构及运作模式，并通过实施方式呈现出来，最后进行学习评估，并将评估结果反馈回上述实施过程的每个环节，从而形成战略实施改善闭环。

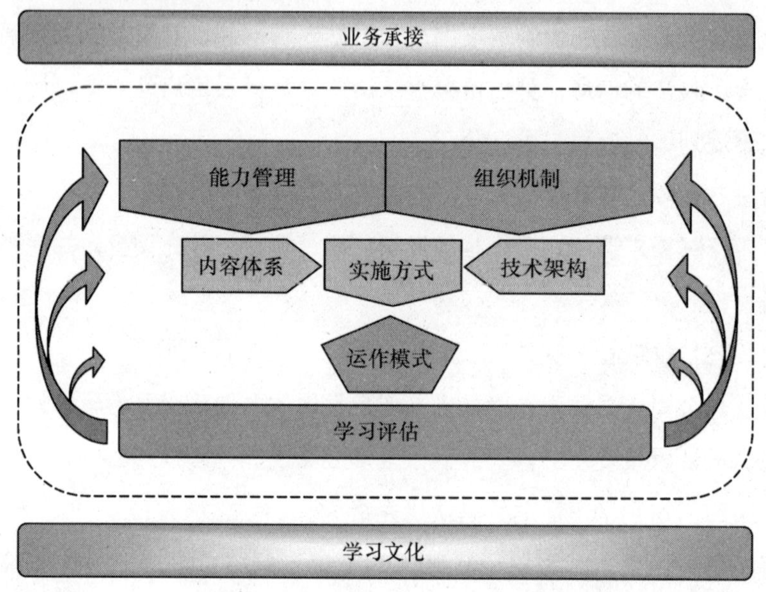

图 4—2　培训战略评估维度策略

四、培训战略规划实施建议

从上述九项维度策略进行分析后，可得出对应的具体实施建议，就轨道交通企业的常见培训战略规划实施建议总结如下。

1. 业务承接方面

建立与业务部门的有效沟通机制；建立对同行业外部的定期交流机制；制定培训规划流程等。

2. 组织机制方面

建立内部学习顾问/培训管理委员会；完善培训管理组织架构；完善培训管理的规章制度和学习政策；建立培训预算的制定、审批、评估流程；建立统一的流程和工具来管理学习活动、培训网络。

3. 学习文化方面

提炼学习文化要素，沟通宣传学习的价值，营造积极的学习氛围；推动组织学习观念的改变；作为变革管理的推动器/发动机；完善现有的非正式学习文化，鼓励合作和知识分享等。

4. 能力管理方面

进行能力模型的建设和管理；建立统一的流程和方法对员工技术和能力进行差距分析；加强培训管理人员队伍自身能力发展等。

5. 运作模式方面

建立预测培训效果及产值的机制；改善工作流程；更快地满足需求，建立动态的讲师智力池管理体系；建立、管理和评估战略性合作伙伴关系等。

6. 学习评估方面

确定绩效衡量标准，评估工作质量；一级、二级评估的完善和系统化；实施行为改变层面的跟进与评估；建立业务影响层面的评估能力。

7. 内容体系方面

逐步增强内部课程开发能力；构建内容体系；学习内容的存储和管理；领导力系列课程；技能证书系列课程。

8. 技术架构方面

学习技术架构需求诊断；进行技术架构规划；构建学习管理系统；实施运用学习管理系统等。

9. 实施方式方面

师徒带教的规范化、标准化；建立学员即时支持机制；加强网络学习资源的利用；增强混合式学习；与学校合作，进行联合办学；基于技术架构，建立 E-learning 的学习资料库等。

基于培训策略实施得出的相关建议，可过分组合并，归类出关键项目，在此基础上运用业务价值及实施难易度分析矩阵，对关键项目进行深入分析，从而实现短期启动、中期启动、长期启动关键项目的规划分布与具体实施计划。

第六节　培训体系构成

完善的城市轨道交通企业培训体系，应针对三个层面同时展开，如图 4—3 所示。

一、机制层面

作为培训运作的机制层，培训支持与制度保障体系的作用贯穿于整个培训体系开发过程中，它能够确保培训体系建设得到持续、有力的支持和保

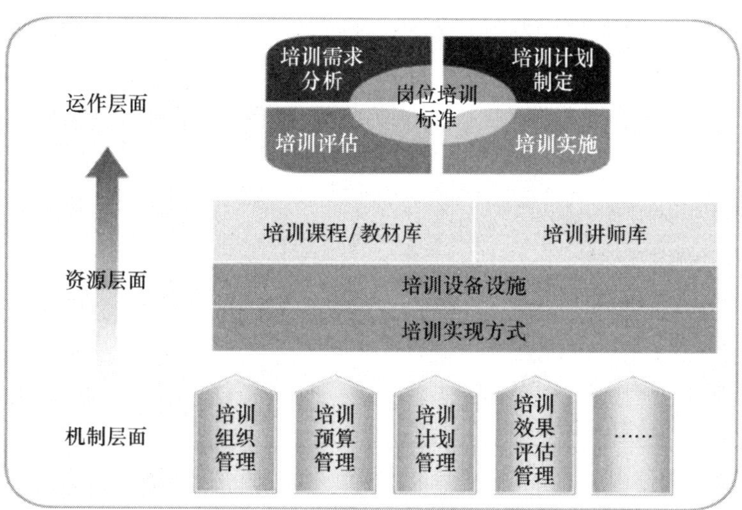

图 4—3　城市轨道交通企业培训体系

障。该体系的不断完善能够为培训体系建设提供可持续的人力、物力、财力及其他资源的支持，为培训体系的成功建设不断地提供动力。

随着线网规模的发展及企业管理成熟度的提升，城市轨道交通企业的培训制度可参考表 4—3 的框架进行阶段设计。

表 4—3　　城市轨道交通企业的培训制度

制度内容/范围	设计/建立阶段		
	开通初期	开通后至运营稳定期	线网下
培训组织机构管理办法	√		
兼职培训网络管理办法			√
内部培训师队伍管理办法		√	
内部课程开发管理及教材管理办法			√
在岗培训管理办法	√		
送外培训管理办法	√		
培训费用管理办法		√	
岗位资格管理及技能等级鉴定	√		
特种作业人员培训管理办法	√		

续表

制度内容/范围	设计/建立阶段		
	开通初期	开通后至运营稳定期	线网下
培训项目实施和管理控制		√	
培训设备设施管理办法		√	
培训资料管理控制程序		√	
培训需求管理办法			√
培训计划管理办法			√
培训效果评估/质量管理办法			√

二、资源层面

培训资源是城市轨道交通企业培训开发系统构成的核心内容，是达成培训目标的关键。按照内容构成的性质不同，可将培训资源分为培训课程/教材、培训师队伍、培训设备设施、培训组织方式四类。

1. 培训课程/教材资源

培训课程/教材资源设计、开发、管理得是否有效，直接决定了培训效果的好坏。有效的培训课程设计开发的常见表现有：能够及时将培训需求转化为培训课程和教材资源；能够针对受训人员提供有针对性的全面的课程体系，并有对应教材内容；能够及时对不适用、不合理的课程设置做出调整；能够让受训人员感到接受培训内容是需要而非负担；能够确保课程设计和教材开发根植于组织发展战略和目标；能够确保课程设计与教材开发经常更新却不会反复做根本性改变。

随着管理经验的积累，城市轨道交通企业需要通过对培训课程及教材的开发、认证、维护和管理，建立培训课程/教材体系，输入形成公司的内部知识库。城市轨道交通企业的培训课程，可与岗位性质对应，通常可分为通用素质、业务技能、管理技能三大类，开发的课程应能全面体现工作任务对岗位知识、技能的层级要求。对应培训课程课件包括：教材（或学员手册）、讲义（或讲师手册）、案例资料、多媒体资料（PPT、影音资料等），根据课程的不同培训方式配套相应的课件形式。

2. 培训师资源

建立内部培训师资源库、培养组织内部在培训管理中的自主师资力量，能够满足组织个性化的培训需求，实现企业内部最佳实践的共享和知识管理的推进，同时节约企业有限的培训成本。内部培训师资源管理以“提高内部培训师的成材率、产出率和保留率”为目标，一般包括四个步骤：

筛选：包括筛选范围、标准、流程等内容。

审查：包括资格确认、试讲审查等内容。

使用：包括考核、评价、奖惩等内容。

培养：包括各类 TTT 培训项目等。

3. 培训设备设施资源

针对城市轨道交通的行业特点、培训内容、培训形式等需求，企业除建设用于基础理论培训的技术培训基地外，还要考虑用于设备应用、维修、应急处理培训的实操训练基地的建设。建设思路可按一条线开通——多线开通——多线稳定分阶段建设。

企业可根据自身发展情况，综合开发本企业专用的电动列车模拟驾驶培训系统、地铁供电仿真培训室、信号模拟培训系统、中央级调度模拟培训系统、模拟车站控制室、信号维修培训室、通信维修培训室、供电维修培训系统、自动售检票培训系统、模拟站台、综合监控系统、各种类型轨道等实操训练设备设施，逐步建立健全轨道交通各核心专业的整体、系统、认知性实训，通过建立健全完善的设备设施系统，系统地训练员工的故障处理及应急应变能力，实现轨道交通企业安全、高效、平稳、持续的发展。

4. 培训实施方式资源

按照实施资源及形式不同，培训组织方式可分为工作会议、课堂教学、师徒带教、OJT 指导、自学、网络学习多种形式。

(1) 工作会议：现场（作业）或服务现场观摩式课程教学、专题研讨会、主题学习性工作会议。

(2) 课堂教学：非现场的（课堂）课程教学或案例式教学。

(3) 师徒带教：师傅带徒弟，师傅讲解和指导，学员体验操作。

(4) OJT 指导：学员边工作边接受辅导（指导）或建议。

(5) 自学：培训管理部门或学员所在业务部门按教学或业务计划提出学习要求，发放有关教学资料，由学员自行安排时间学习，培训管理方进行学习结果的考核。

(6) 网络学习：由学员利用网络或视频、电子化手段进行学习。

城市轨道交通运营企业的培训方式可根据实际情况选择上述的一种或多种组合。由于企业员工办公地点多呈分散特点，因此在线网络学习被越来越多地应用于员工基本技能培训。

三、运作层面

培训运作与实施是培训组织的基本业务，是一个个具体项目的执行。其核心为基于岗位培训标准要求，展开培训需求分析、培训计划制定、培训实施及培训评估的全流程管理。

轨道交通行业常见培训项目及实施方式可分为供货商培训、同行培训、订单培训和自主培训四种，这四类培训项目是相辅相成的，需要根据企业的培训能力、发展阶段和具体情况综合运用。

1. 供货商培训

在轨道交通运营各条线路开通运营前，设备安装调试阶段安排的供货商培训效果比较明显，此时可将供货商培训作为重点工作来抓。在设备安装调试阶段，保证所有管理人员、技术人员、班组长提前接受供货商组织的技术培训，并获得供货商相应的技能操作证书。

2. 同行培训

借助兄弟单位的技术优势、设备优势、培训力量和管理经验，是使运营人员快速掌握运营管理经验、具备岗位相关技能的捷径，尤其是技能人才的培养，可部分送往北京、广州、上海等已开通运营多年的城市轨道交通企业进行培训，取得相应的上岗技能。

3. 订单培训

订单培训包括全订单培养和半订单培养两种模式。无论哪种方式，均需选择具有一定教学优势的院校或专业进行订单培养，提高轨道交通新员工的综合素质及稳定性，也是企业引进新员工的主要途径。

全订单培养（相当于委培）是指校方根据招生条件、专业等的要求，委托校方招收高（初）中应届毕业生，并根据培养方案进行培养，最后由企业考核验收的全过程。半订单培养是指根据具体的岗位需求，按照企业对人员素质和知识技能的要求，提前在选定学校招聘员工，然后学校组班并根据公司的各专业培养方案由校方实施培养，最后考核验收的全过程。

在采用订单培养模式时，可以考虑以国铁大、中专院校为主，其他院校为辅。同时在订单期间（在校）可联系同行培训，也可以在进入企业后的岗前培训阶段安排同行培训，或送其他城市轨道交通企业进行实习和培训，以便其能尽快满足岗位的要求。

4. 自主培训

在供货商培训和同行培训期间，应重点发现、培养适合从事培训的人员，在前期培训的技术骨干中选拔出专（兼）职培训师，逐步建立健全培训网络和培训体系。立足企业的发展开展培训，以满足企业日常的培训需求，如管理培训、班组长培训、生产岗位员工培训、新员工培训等。

(1) 管理培训。管理培训是针对行政管理人员和技术管理人员实施的培训，对这部分人员的培训应尽量创造机会让其参与轨道交通工程的规划设计和安装调试，参加对应专业设备技术文件的编制、谈判、设计联络和监造工作，接受设备供应商的操作培训，在工作中不断积累经验，加深对系统设备的理解。若条件允许，应尽量安排其到国内外同行单位参观、考察、学习，安排对应工作岗位的短期专项培训，提前进入角色。

1) 培训目标：使管理、技术岗位的人员更全面地了解轨道交通运营，了解轨道交通各专业的技术及各专业对轨道交通运营的影响，促使他们打破专业的局限，培养他们的协作意识；制定行车组织和设备维修方案；参与系统设备的安装、调试和验收工作；接管系统设备，并熟悉其操作、研究其概念，编写出操作规程；建立运营、维修的规章制度；建立培训系统，编写培训教材；参加运营前的大联调及作开通运营前的准备工作。

2) 培训内容：轨道交通运营管理、维修管理、计划调控、物资管理、人力资源管理及轨道交通专业知识。

3) 培训方式：参与轨道工程的规划、设计；参加所有轨道系统设备的技术规格设计、联络和谈判；参与系统设备的安装、调试和验收工作；参与运营前的综合联调和开通运营前的准备工作；送外考察学习，特别在设备安装、调试、验收阶段，全面跟踪并接受供货商组织的技术培训。

(2) 班组长培训。针对基层团队管理人员的培训，主要包括行车值班主任、轮值工程师、站长、值班站长、工段长、工班长、设备系统负责人、各类调度、车队长等。建议主要侧重于对技术业务、班组管理技巧、规章规程与手册、服务意识、应急应变和新技术等方面的培训。

1) 培训目标：全面了解和掌握各种运营设备的特点，以及日常生产作业的一般流程、规程和作业特点，进而使其具备组织、处理各种突发事件、故障的基本能力等。

2) 培训内容：相应设备的操作规程和检修流程；班组管理技巧；相应设备的专业知识；生产组织流程；相应应急预案。

3）培训方式：参与设备安装、调试、验收和接管工作，熟悉相关设备；接受专业管理人员和专业技术人员的业务培训。

（3）生产岗位人员培训。主要针对生产一线的在职员工，通常包括新技术培训、在岗培训、考证和晋升前培训，在轨道交通开通运营之前，建议以送外进行中短期的培训为主。在建立健全培训机构之后，建议根据人力资源规划的岗位需求或培训需求进行分析，并制定相应的短期、中期、长期培训规划，为员工的发展设定长期的培训路径，专（兼）职培训师也由这批人员中培养。

1）培训目标：具备岗位必须的知识、技能和态度，实现安全、高效的运作，同时锻炼提高员工处理各种意外、故障和事故的能力；提高员工的专业技能和工作效率，扩展员工的工作范围；提高工作质量和安全意识；增强员工的协作意识和团队精神。

2）培训内容：轨道交通专业知识、设备检修规程、设备操作规程、岗位基本技能、规章制度。

3）培训方式：师徒带教；专业人员授课；参与设备安装、调试、验收和接管工作，熟悉相关设备。接受专业技术人员或班组长层级人员的理论培训，熟悉有关的规章文本和操作程序。

（4）新员工培训。新员工培训主要针对没有工作经验的新员工，培训阶段与生产岗位人员基本相同。新员工培训应将人员招聘与培训有机地结合起来，培训工作要提前介入，尽量缩短生产人员的上岗培训时间，降低培训成本。

各层次（或各阶段）的培训，应结合公司发展情况、培训资源情况，可以是送外培训，也可是内部培训，或两者相结合，总之合理组织、灵活运用，以达到最佳的培训效果，满足公司对人员的需求为宜。

第七节 培训开发策略

人力资源对企业核心能力和竞争优势的支撑，从根本上讲取决于员工为客户创造价值的核心专长和技能，而企业建立以战略与核心能力为导向的培训开发体系，将对培养和提升员工的核心专长与技能提供重要的支持。

培训与开发是指企业通过各种方式使员工具备完成现在或者将来工作所需要的知识、技能，并改变他们的工作态度，以改善员工在现有或将来职位上的工作业绩，并最终实现企业整体绩效提升的一种计划性和连续性的活动。培训（Training）一般指企业向员工提供工作所必须的知识和技能的过程，开发（Development）是根据员工需求和组织发展对员工的潜能进行开发的过程，培训开发的策略大致可分为运营初期的培训策略、开通后至线路运营稳定期的培训策略和线网下的培训策略。

一、运营初期的培训策略

1. 以“外部培训”方式对技术管理人员开展培训

技术管理人员是城市轨道交通开通运营所需的核心人才，也承担着对生产服务系列人员的培训任务，即作为下一步内部人才“造血”的基础，因此对技术管理人员进行全面培训是所有培训项目中的重中之重。运营管理初期可采取“送出去，请进来”的培训方式，“送出去”指送到海外或国内成功的轨道交通企业，“请进来”指请外部专家来企业现场开展培训。培训项目主要包括管理培训、设备维修培训、现场培训。

2. 以“自主培训”方式对生产服务类人员开展培训

为了确保城市轨道交通系统的正常运转，城市轨道交通所有人员均需经过岗位所要求的系统培训，生产服务类人员作为一线操作人员更需要进行系统全面的培训。培训项目包括规章规程及设备操作维护等。

(1) 规程培训。分为培训入门、扩展培训、更新培训三个阶段。培训入门针对新入司人员，主要内容为本岗位业务所需的基本操作规程；扩展培训针对已按受过培训入门的人员，主要内容为规程的修改和扩展，此阶段培训高峰为新线开通之前；更新培训针对所有人员每年进行一次，内容为前两个阶段培训的主要部分。所有培训都需经过考试合格后才能上岗。

(2) 设备操作维护培训。由供货商工程师或经认证的企业培训师承担，培训内容包括通信、信号、车辆、牵引供电、冷水机、SCADA、车辆段等各技术系统，培训目的为从系统、设备安装、运营和维修角度培训运营人员，分别在设备制造厂及轨道交通现场实施。所有受训人员都需通过考试才能上岗。

二、开通后至线路运营稳定期的培训策略

城市轨道交通线路开通运营并稳定后，培训管理体系已基本建立，各专业培训教材逐步完善，培训师队伍逐步稳定，技术管理系列及生产服务系列的骨干人员知识与技能已达到较高水平。此时，应逐步重视以岗位应知应会为核心内容的培训开发，分岗位、分层次、分模块的课程体系，成立以内部培训师为主、外部培训师为辅的师资队伍。此阶段的培训主要采用“在岗培训为主，脱产培训为辅”的培训方式。

1. 以提高管理及创新能力为核心对技术管理人员开展培训

随着企业的发展，部分技术骨干被提拔到管理岗位上来，技术骨干原从事工作更多侧重在国产化及科研技改项目上，团队管理能力较为薄弱。为了使技术人员尽快适应从技术到管理的角色转变，需要对他们进行管理能力全面提升培训，为此需建立初、中、高三个层级的课程体系。高层主要侧重于领导战略及领导力培训；中层侧重于管理能力提升及团队绩效管理；基层侧

重于角色转变或项目管理等。

2. 以提高岗位应知应会能力为核心对生产服务人员开展培训

随着企业的发展，城市轨道交通企业技能人才培养的课程体系逐步建立，此时需立足于企业的战略发展目标和人员培养需求，从培训对象和岗位能力要求两个维度出发，分专业分层级构建矩阵式、立体化多维课程体系，并以此为基础开展培训及资格认证工作。培训形式以在岗培训、行动学习为主，集中研讨、专题交流、故障演练为辅。其中重点岗位的培训、培养成果鉴定采取建立制度、开发标准、规范流程等方式推动员工技能水平的提升。

三、线网下的培训策略

城市轨道交通形成网络后，人员数量成倍增加，组织将面临发展与变革的需要，培训必须从支撑企业核心竞争力的角度去思考和构建企业的培训开发系统。宜采用“以能力素质提升为目标，一专多能岗位培养”的培训策略，在提高员工技能的同时，通过开发来强化员工对组织的认同，提高员工的忠诚度，培养员工的客户服务意识，提高员工的适应性和灵活性，以实现员工与组织的同步成长。

培训培养需利用科学的评价体系对培训绩效进行跟进，评估、激励、牵引。完善生产岗位课程体系并系统管理，开发具有企业特色的核心课程并予以推广，建立核心课程的内部专、兼职培训师队伍及相应的发展激励机制，完善培训信息管理系统，采用在线学习模式来实施部分重点培训项目。

1. 基于管理者胜任能力的管理培训

形成线网后，企业经营战略已很明确，企业的核心价值观与核心竞争力是推动企业战略实现的关键因素，相应对企业人员的素质与结构也提出了要求。企业根据这些要求建立起胜任能力体系后，人力资源的各项工作就围绕着企业各级管理人员的胜任能力体系展开。对高层管理者主要提升战略思维、经营敏感、变革管理等能力，中层管理者主要提升沟通能力、影响力、决断能力等能力，基层管理者主要提高目标管理、系统分析、员工辅导等能力。培训方式可采用远程学习、多媒体学习、网络培训等方式。

2. 基于“一专多能”对生产服务类人员开展培训

随着轨道交通线网规模的扩张，运营业务量急剧增加，压力日益增大，对线网的联动性、反应速度的要求逐渐提高，此时通过横纵交叉的矩阵式岗位晋升通道及“一专多能”的岗位设置，采用“一专多能”及“复合型人才”的培训方式，最终实现每名员工都是一个单兵作战的主体，都能独立地为自己的决策和行为承担责任，将一方面极大地发挥员工的主动性和创造性，另一方面也提高对现场问题响应和处理的速度，确保系统持续高效的运行。

四、建立健全培训管理制度

轨道交通线网发展无论在哪个阶段，建立必备的培训管理制度，均需坚持“先培训后上岗”的管理规则，基本的培训管理制度如下。

1. 持证上岗

(1) 三级安全教育证。根据国家人力资源社会保障部门的规定，安全培训非常重要，建议在企业范围内进行三级安全教育，并实行分级负责制。

(2) 岗位合格证。员工上岗培训合格后，由企业统一颁发岗位合格证，实行生产岗位人员持证上岗制度。

(3) 安全合格证。企业内部可认定与行车安全密切相关的工种为公司级的特殊工种，并按特殊工种的要求负责组织开展培训、授证、年审工作，如供电安全等级证等。

(4) 特种作业操作证。参加国家安全监察管理部门的特种作业培训、授证及年审，如电工操作证、电梯证等。

2. 岗位资格认证

岗位资格认证制度主要适用于生产服务岗位，如站务员、值班员、检修工等。实行岗位资格认证制度的根本目的在于评聘分开，资格认证主要从理论、实操、业绩（行为表现）等方面进行。

3. 职称（技术等级）评审

职称（技术等级）评审适用于所有员工，符合国家有关规定即可申报。建议将职称（技术等级）只作为任职条件之一，实行职称（技术等级）评聘分开，结合岗位晋升制度，推进职称（技术等级）评审工作。

4. 培训激励与考核

建议在员工参加培训前，制定一套各层级培训的考核机制，以提高员工的学习积极性。

（1）培训的考试成绩与表现、培训的持证情况、培训的总结等，与是否任用员工挂钩，甚至与聘用的岗位级别挂钩。

（2）与员工签订培训协议，使员工的利益与培训经费挂钩。

（3）建立员工培训档案，与员工以后的晋升挂钩。

第五章

资金筹备与资产管理

运营资金筹备和资产移交是城市轨道交通运营单位开展运营筹备活动的必备条件。运营筹备资金是指城市轨道交通运营筹备从启动到开通试运营管理直至国家竣工验收前，贯穿于全过程的资源配置、运作发生费用所需的资金，以及线路竣工验收后预留的线路完善、整改项目资金。而运营资产全生命周期指从资产的规划、设计、制造、购置、安装、运行、故障维修、改造、更新，直至报废的全过程。新线建设形成实物资产移交运营，是运营筹备开通的重要前提，更是后期安全正常运营、维修维护和资产更新报废等管理的关键。

第一节　资金筹备的任务、目标与思路

资金筹备是运营筹备的重要部分，也是全面启动运营筹备工作的重要环节和必备条件。它是有关资金的筹集、投放和有效使用的管理工作，是一项重要的财务活动，其工作对象是资金及其流转，主要职能是决策、计划、控制、监督及考核。

一、资金筹备的任务

运营筹备资金的所有来源均归属于建设投资资金。运营资金筹备决定于运营筹备人员工资及工资性费用、筹备物资及运营筹备过程所有成本费用的需求。它的基本任务是：

1. 确立资金涉及范围及资金使用规模，制定符合运营筹备需要的资金使用计划

资金筹备前，必须先要解决两个问题：一是制定规划，明确资金需求内容和规模；二是筹集一定的资金，作为最初的启动资金。没有资金，运营筹备无法实现。

筹备资金有多种用途。例如，用于购买生产办公及生活家具；用于购买工器具；用于购买运营运作时必需但线路投资合同内缺少的生产设备；用于支付运营筹备时的人工费及成本费用等。最初的启动资金通常为运营筹备的人工费。

2. 反映各时期资金使用总量、各类资金使用构成，把握资金使用进度

这是资金运用过程的控制环节，与资金计划有密切联系。资金计划只是根据估计和预测而对未来做好安排，由于在计划编制时难以预见一些问题，在执行过程会发生或多或少的偏差；控制过程就是定期对每类资金的使用进度进行检查，然后对出现偏差的部分采取必要措施，以维持资金控制在预算内。

3. 遵循价值最大化原则，评价资金运用的适度性，促进运营筹备资金的合理运用

此任务主要是分析和衡量资金的使用价值并提供有关信息，以帮助管理

者改善资金运用决策。一要综合资金运用反馈信息，对整体和各类资金的运用情况作综合和细致的分析，并对资金运用做出评价。此过程应全面了解资金使用是否恰当，现金流量状况是否正常等。二要评价其资金管理水平，应该对各类资金的占有配置、利用水平等作全面、详细分析，不能只对总体运用水平作评价，也要对运用配置作评价，才能促进资金有意义的运用。三要评价成本费用控制能力，也就是说对一定时期的成本费用进行全面分析和评价。只有对成本和费用的组成结构进行分析，才能真正说明成本费用增减变动的实际原因。

二、资金筹备的目标

资金筹备管理是运营筹备部门管理的一部分，是有关资金的获得和有效使用的管理工作。资金筹备的目标取决于运营筹备部门的总目标，并且受建设投资财务管理的制约。

1. 运营筹备部门的目标及其对资金筹备的要求

运营筹备的出发点和归宿是完成线路筹备接管、顺利开通运营，这也是运营筹备部门的工作目标。运营筹备部门一旦成立，就会面临人、财、物的不断供给，才能保证筹备接管工作的开展。运营筹备部门一方面需要付出资金，从市场上取得所需资源；另一方面通过资源投入，换取线路开通运营的一切保证。

2. 资金筹备的目标

运营筹备部门的资金筹备目标可以分为最终目标、直接目标和具体目标三个层次。

（1）资金筹备的最终目标与运营筹备部门的目标具有一致性，通过资金保证作为基础，实现线路筹备接管完成和运营顺利开通。

（2）资金筹备的直接目标是一方面为运营筹备提供财力保证，另一方面提供物力及资金需求信息。

在提供财力保证方面，它需要保证运营筹备部门物资采购上的资金需求，同时保证运营筹备过程相关管理费用的资金需求。

在提供物力及资金需求信息方面，应强调三方面的要求：一是相关性，指所提供的信息必须是与运营筹备活动密切相关；二是可靠性，指所提供的信息必须准确反映与运营筹备业务活动相关的资金使用情况；三是重要性，指所提供的信息对建设投资资金管理及影响运营筹备活动有影响的信息。

（3）资金筹备的具体目标是满足运营筹备业务的需要，使拥有的资金效益最大化。资金筹备的管理在保证运营筹备业务物力、人力等需求基础上，还要追求最大合理的效用，避免物资重复购置或无效使用造成存货积压、业务开支的不规范等，纠正不利差异，实现以至超过预期的效益。

三、资金筹备的总体思路

随着现代企业制度的推行，企业运作对财务管理、资金管理的要求越来越高，其作用也越来越重要。运营筹备资金与正式运营线路的经营资金投入来源虽然不同（运营筹备资金来源归属于建设投资资金，运营线路的经营资金属地方拨款或别的拨款性质），但两者均通过资产形态的不断转化从而创造价值。而在这一过程中，财务资金的运营活动始终贯穿其中，它作为实现目标的桥梁，转变为整个部门或企业运营活动的最终业绩。

以价值指标为主导的全面预算管理是通过对企业发生的资金流和业务流进行事前的规划，将其权责落实到人或部门，进而实现对业务流、资金流、人力资源流的高效控制，具有明确目标、规范运作、强化内部控制、减少运作风险和财务风险等作用。因此，在运营筹备过程中，如组织、管理等机制成熟，运营筹备资金管理建议以预算管理为纽带，通过资金预算，使线路建设组织强化投资过程的控制，使运营筹备组织事前做好筹备规划、制定物资采购方式、掌控筹备成本费用的投入；通过过程中资金的动态控制保证投资控制，促使线路筹备目标得以实现。

考虑到大部分城市轨道交通运营筹备部门在筹备过程中各项管理机制、人力组织尚在起步阶段，而且此阶段的工作侧重于基础管理的建立的现实，运营筹备资金管理可按如下思路进行。

1. 资金筹备的组织及职责

运营筹备资金的管理职能通常设置在经营管理等部门，通过运营筹备资金管理部门将资金计划编制、执行、反馈、检查、监督及考核全过程管理起来。该部门在资金管理业务上的职责主要有以下七个方面：牵头组织筹备资金计划的编制；组织筹备资金计划的审核；负责筹备资金的落实及到位；负责筹备资金管理规章的编写；定期收集筹备资金执行信息，向有关领导及建设投资部门反馈执行情况；负责筹备资金运用的监控，把握资金动态，编写执行分析报告；对各部门的资金使用情况进行考核，提高资金使用率。

2. 资金筹备计划体系

资金筹备计划体系包括采购资金计划、成本费用资金计划。

采购资金计划是对运营筹备部门在运营筹备期采购物资所需的资金投放做出的具体安排。

成本费用资金计划是指运营筹备期对组织线路运营筹备所发生的各种费用所需资金做出的具体安排。具体的财务科目有工资、电费、材料费、办公费、培训费、差旅费、汽车费等。

3. 资金管理考评体系

考评是对运营筹备期过程中各时期（一般以年度为一个时期）的计划执行、资金管理的评价。通常以设置明确的量化指标为考评方式，因有翔实的数据作依据，说服力强，能避免人情化，是确定考评方式的首选。在指标选择方面，重心必须体现运营筹备期对资金管理的目标层次，比如资金计划上报的及时性、资金计划执行率、采购计划执行率等。

4. 资金管理的报表体系

报表体系是资金管理的手段之一，包括编制资金计划的报表、资金执行信息反馈的报表、考评管理的报表。

资金计划报表是为了解和掌握资金结构、各时期需求而提供的重要资料。

资金执行信息反馈报表是为掌控各时期资金执行进度和变动趋势的重要保证。

考评管理报表是资金管理的完成情况与事先约定的目标差距的记录载体。

5. 资金管理报告

通过定期或不定期对资金执行、资金利用情况进行系统分析和评价，一方面掌握资金计划的执行与运营筹备目标的配合程度，为下一阶段的资金执行提供依据，另一方面为考评管理提供依据。

第二节　资金结构和资金管理

一、资金结构

1. 试运转联合调试费

试运转联合调试费是指围绕新线开通运营筹备所发生的费用：一是工资及工资性费用，包括工资、奖金、补贴，以及按国家政策要求缴交的劳动保险费、住房公积金及住房补贴等；二是人员的培训费用；三是除以上两项外的运营筹备期的各项成本费用。

2. 采购资金

采购资金指新线开通运营筹备所需的生产办公及生活家具、工器具、车辆段设备、车站服务设施及运营筹备期需购置的消耗性物品的采购资金。

3. 尾工资金

尾工资金指预留给运营线路在国家竣工验收后进行线路完善、工程整改的资金。

二、筹备资金的影响因素

影响运营筹备资金的因素有许多，但最为重要的因素有以下三个方面。

1. 设计概算

城市轨道交通的建设最终是为城市轨道交通运营服务的，而运营筹备过程中所有的资金需求均依赖线路的设计概算。在线路设计时，如对线路投入运营管理、生产运作的需求考虑不够周全，将会出现建设资金概算没有涵盖运营筹备业务的资金需求的情况，导致运营筹备或试运营期间出现资金瓶颈问题。在这种情况下，运营筹备部门需通过城市轨道交通建设部门申请设计变更，增加投资概算，在筹备时效受到影响的同时，还将出现以下两种情形：一种情形是一旦申请设计变更失败，将带给日后的运营成本的增加。如广州地铁 4 号线接触网采用了两种不同的供电方式，正线采用的是第三轨供电，车辆段则采用柔性接触网供电，在设计概算中，缺少了第三轨网轨检测车概算，在运营筹备部门意识到需要此设备，而设计方又不同意变更时，无疑给线路开通运营后带来成本的增加。另一种情形是设计不符合运营业务、运营管理需求，导致线路接管后需要进行大量的工程整改，造成二次工程，既影响运营业务的开展，又造成增加了投资。如地铁车站站厅设施布局不合理，导致线路接管后需要进行布局整改，这二次工程工作带来了投资成本的增加。

所以，在城市轨道交通建设线路初步设计过程中，运营业务的相关人员应积极参与线路的初步设计概算审查；在线路建设期间，与建设部门建立长效的联席会议制度，在整个建设过程建立良好的沟通与协调机制，有效地消除运营筹备资金到位及建设后期二次工程的成本压力。

2. 运营物资购置的必要性研究

运营筹备时，运营物资所需的采购资金多少，最根本地决定于能满足线路接管及开通要求的物资采购需求，即究竟需要什么物资种类、物资技术性能档次要求、物资需求数量等。总体来说，物资需求量越多，功能要求越先进，其所需资金就会越高。如从既能满足线路接管及开通的需要，又能满足一段时期的技术储备需要，而不是一味地追新追高地考虑新线筹备物资的采购，所需资金量会相应减低。因此，运营筹备所需物资的技术、经济、质量等要素的集成管理是轨道交通运营筹备资金的重要影响因素。

3. 运营外部形势要求与建设资金严格的概算管理之间的匹配

城市轨道交通自设计、建设至运营筹备部门或运营单位接管运营，通常经过若干年时间，在这过程中随着社会的发展，来自市场形势要求、乘客服务要求、企业服务提升的要求等，需要城市轨道交通更多的延伸服务、增值服务，这些方面在设计及建设过程中预计不到，在城市轨道交通运营筹备的最后阶段或开通试运营初期才会突现，如车站站台的座椅、车站流动洗手间、车站外的停车场建设等。对于在运营筹备阶段这些突发性的资金需求，就有可能出现运营筹备资金难以找到相应的概算单元与之对应，按照建设资金严格概算管理的原则，这部分运营筹备资金的申请较为困难。因此，要求运营筹备组织人员对未来运营环境、要求有一定的前瞻性，力争在线路设计审核过程能考虑相关资金。

三、资金管理

运营筹备资金的管理是指运营筹备部门在运营线路投入运营前的筹备接管过程中及投入运营后竣工验收前这个期间，所有资金的筹集、投放和使用管理。

运营筹备资金管理由一系列具体的管理工作组成，如图 5—1 所示。它包括六个方面：确定所需资金类别、编制资金计划、组织资金、资金下达执行、执行过程控制与反馈、组织尾工资金申报。

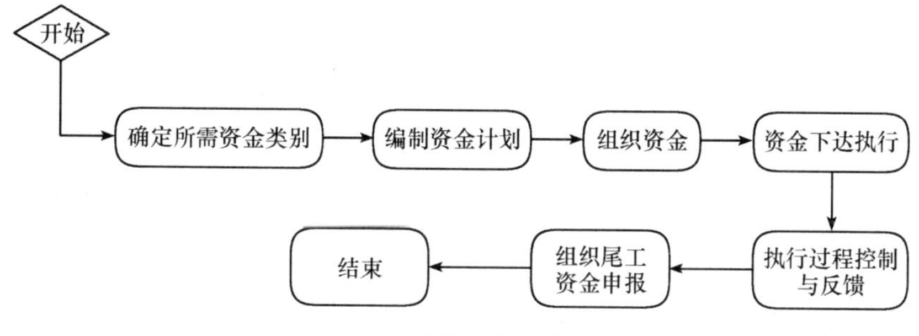

图 5—1 运营筹备资金管理过程

1. 确定所需资金类别

为满足城市轨道交通按时开通运营及保证竣工验收前的运营运作需要，运营筹备所需资金按经济性质、物资属性确定资金类别，如生产职工培训费、联合试运转费、工器具采购资金、生产办公及生活家具采购资金、物资采购资金、固定资产采购资金等。

2. 编制资金计划

编制运营资金筹备计划就是确定运营筹备部门在围绕城市轨道交通投入运营前的筹备接管过程及投入运营后竣工验收前的一切活动所需资源（包括人、财、物）的种类、数量、资金以及时间。这个过程需与各时期人员到位情况、物资采购价格估算紧密结合，而且要对运营筹备部门在这过程中的成本费用进行预测。

(1) 运营筹备资金编制计划的主要依据

1）城市轨道交通开通运营筹备目标时间。包括“三权”接管、运营前各系统安全调试、全线综合联调演练、开通试运营、政府竣工验收的目标时间。

2）城市轨道交通运营筹备期各类业务计划。包括人力资源计划、车站设备及系统设备接管验收计划、市场营销计划、安全组织计划、规章编写计划等，通过以上计划，拟订各项计划在各时期需要投入的资源，从而拟定资源投入的数量等。

3）城市轨道交通建设投资概算中所包含的车辆段配置设备、工器具等。这些信息对编制运营筹备开通所需的固定资产采购、工器具采购资金计划等具有决定性作用。

4）历史信息。以往运营线路运营筹备资金使用的情况等历史信息对编制资金计划有一定指导意义。

5）相关政策、规章。开通运营筹备的一切资源需求、资金安排均要符合国家及上级管理部门所制定的政策、管理办法。

(2) 运营筹备资金计划的编制方法及步骤。运营筹备资金计划受城市轨道交通建设投资概算额度约束，在开展其资金计划编制时，通常采用上下结合的方式。

第一步：资金管理部门依据城市轨道交通建设投资涉及线路开通运营筹备相关的概算额度、线路开通试运营各时期目标时间、员工到位情况等，提出各阶段（一般以年度为目标期）的资金计划目标，报运营筹备部门主管筹备资金领导审批。

第二步：资金管理部门将已审批的各类采购资金额度、管理费用额度下达至相关管理部门。通常固定资产、工器具的采购资金额度下达至资产管理部门；生产办公及生活家具的采购资金额度下达至后勤行政部门；材料的采购资金额度下达至物资管理部门。由这些管理部门在下达的额度内组织各专业详细的采购申报。联合试运转费则由各部门编制月度的资金计划上报资金管理部门。

第三步：资金管理部门汇总各管理部门的采购资金计划后，组织对需求物资必要性、安全性并按轻重缓急进行审核，审核通过后提交建设单位审批。

（3）运营筹备各时期资金计划编制及申报资金时机。筹备启动期的工作目标是建立运营管理团队雏形和关键岗位的配置到位，完成部分运营初期的策划、管理研究等工作。所发生费用一般为人员费用（在轨道投资建设概算中，此部分资金属生产职工培训费），如人员的工资及工资性支出、培训费、差旅费等，此时期需定期（视上级行政管理部门或建设单位具体要求的申报期）向上级行政部门或建设单位提出费用的资金计划；根据人员的到位情况，编制办公家具采购资金计划并组织资金的落实。

筹备接管期的工作目标之一是运营筹备及开通的物资到位。在此时期的初期或筹备启动期末，需组织工器具采购资金、生产办公及生活家具采购资金、车辆段生产设备采购资金、材料采购资金的计划编制；同样，联合试运转费需视上级行政管理部门或建设单位具体要求进行资金申报。

尾工资金的申报建议在开通试运营后国家竣工验收前 3 个月组织资金的申报，具体视当地政府要求而定。

3. 组织资金

资金计划编制完成后，报城市轨道交通建设单位组织资金的过程，是通过运营筹备部门外部所开展的一项重要具体工作。

4. 资金下达执行

经城市轨道交通建设单位对提交的资金预算审核批准反馈回运营筹备部门后，运营筹备部门进行资金下达。资金通过行政指令下达后，相关管理部门将各项资金计划分解到各月份及各执行部门。

5. 执行过程的控制与反馈

运营开通筹备资金计划下达后，就进入具体的实施阶段。在实施阶段的资金计划控制是整个资金管理的核心阶段，而资金计划控制管理的前提是资金计划执行规章的建立。资金计划执行的规章应紧紧围绕控制权和资金计划执行反馈两方面建立。

(1) 联合试运转费的控制方法。联合试运转费中的各项费用一般规模较小、执行周期较短，这些费用的预测难度相对较小。为保证计划的严肃性，一般要求当期的资金计划的执行要控制在计划额度内，如实际执行未完成计划，余额不能带到下一期使用。其控制方法如下：

1) 反馈控制法。反馈控制法是建立资金计划内支出项进行二次反馈控制的方法。一是建立计划内的支出先审批后使用的制度，其核心是规定一切计划内的支出在发生前必须先审批后使用，审批的金额与实际使用的金额必须相符，通过使用前的审批和使用后的核对，达到反馈的目的；二是定期(通常以月为周期) 由财务管理部门发布计划执行情况并对个别执行异常的指标加以说明，通过定期的反馈，及时进行动态跟踪监控。

2) 偏差控制法。偏差控制法是通过对实际执行情况与计划进行比较，发现偏差并找出偏差原因的一种方法。在实际运用过程中，计划执行会出现各种各样的情况，为达到控制的目的，则需要资金管理部门在资金运用部门的支持下，对计划执行的实际状况不断地与计划进行比较，分析差异（尤其需对与计划差异较大的支出项进行分析)，监督计划执行状况。

(2) 采购资金的使用控制常用方法。由于采购行为一般执行时间较长，故一般实行跨期甚至跨年度执行，即对于本期（年）未执行完的项目或资金，可滚动至下一期（年）继续执行。其控制方法如下：

1) 滚动反馈控制法。除建立计划内采购启动前的审批，审批同意后启动采购后续工作，通过采购启动前的审批和采购结束后的报账审批，达到反馈的目的外，还需建立滚动机制，也就是定期（由于采购行为执行周期较长，故通常以季度或半年为反馈周期）由资金管理部门牵头组织，由物资管理部门（也就是采购部门）反馈至该类别采购资金执行以来至当期的执行情况，这样不断地更新该采购资金的累计执行情况，避免资金使用超过该建设资金概算。

2）包干控制法。考虑在城市轨道交通运营开通筹备过程中有一定的不确定因素，故各采购类别的建设资金在不改变资金的用途和支出规模，各类别资金不混用、串用的前提下，以“类别资金包干”的方法进行控制。

6. 组织尾工资金申报

在城市轨道交通国家竣工验收前，资金管理部门需组织该线路竣工验收后预留的线路完善、整改项目资金的申报。包括：

（1）国家竣工前正在施工的整改项目，预计在国家竣工验收前不能完成整改，需在之后持续开展的项目的结转申报。

（2）经城市轨道交通设计单位、建设单位审核，政府相关机构同意，纳入城市轨道交通投资概算内需要在今后整改的工程的项目资金。

（3）城市轨道交通投资概算内未完成采购的运营生产设备投资的资金结转。

第三节　基于资产全生命周期的一体化资产管理

一、资产全生命周期管理的理念和目标

城市轨道交通属于资产密集型行业，其资产具有投资规模巨大、实物资产数量多、物资品种庞杂，系统专业性强、专业数量多、集成程度高、隶属关系复杂，设备全生命周期长、智能化程度高、技术更新快等特点。

1. 资产全生命周期管理的理念

针对城市轨道交通资产的这些特点，从现代企业资产管理的理念出发，资产全生命周期管理是从长期经济效益出发，全面考量资产规划、设计、制造、购置、安装、运行、故障维修、改造、更新直至报废的全过程，以期最小化资产的全生命周期成本，并最优化资产整体经营效率的一种管理理念和方法。全生命周期管理强调资产的管理从静态管理转变为动态管理，从聚焦于投入使用后管理转变为前移至设计、建设期管理，从资产运营维护的所产生的后期成本控制转变为以规划投资为起点的全生命周期的成本分析评估跟踪管理。

2. 资产全生命周期管理的目标

城市轨道交通资产管理具有社会效益与经济效益双重目标。其资产所带来的社会效益是要实现安全运营和提供快捷服务，因此，按照“资产全生命周期管理”的理念，基于一体化资产管理信息平台的建设，实现“资产分类的统一、资产编码的统一、信息平台的统一”，建立资产架构体系和资产编码体系，运用信息化手段支撑城市轨道交通资产全生命周期管理业务，从而达到保障资产安全、提高资产利用率的目的，实现从“设备运营为核心”向“资产运营为核心”的转变的最终目标。

二、资产一体化管理的总体思路

1. 建立统一的固定资产分类及单元划分标准

城市轨道交通运营单位绝大多数资产是由基建期转入，建设部门主要从项目管理的角度对基建期资产进行管理；运营部门主要从运营维修维护及实物安全的角度对经营期资产进行日常管理；财务部门在符合会计制度和准则的前提下，完成资产全生命周期的会计核算及财务管理工作。要实现资产全生命周期管理，首先要建立全公司统一的固定资产分类及单元划分标准（以下简称固定资产目录），将经营需求反映到建设前端，指导合同按固定资产转资的要求建立合同开项，即合同每个开项能够确定对应唯一的固定资产单元，以实现高效的竣工决算，基建转运营资产能明细、清晰、自动地完成系统割接。

固定资产目录成为企业、系统共用的"语言"，统一合同、交付、转固的管理口径，使前后的清晰对应和信息传递成为可能。固定资产目录的启用，统一了新线实物移交、竣工决算等关键结点的固定资产颗粒度，大大提升了数据质量，减少重复工作，提高工作效率，保证竣工结算时可获得清晰、准确的资产清单，并与设备建立关联，清晰反映资产价值形成过程。

2. 优化资产管理相关业务流程

建立目录这一标准以后，需对资产管理相关的各业务板块进行管理和流程优化，以保障资产在规划—设计—采购—形成资产—后续运维保值增值的整个全过程的衔接和一体化管理。对财务、合同、项目、运维等各资产相关的管理板块进行管理优化，明确每个业务板块在资产管理领域所需要达到并匹配的能力，同时设计完成资产管理相关业务流程、关键控制点和设计绩效指标。

通过管理的优化和流程的优化，促进价值管理与实物管理两条主线清晰明确；增强部门间的流程协同配合，通过基于一体化资产管理理念的管理优化和流程梳理，使得建设、财务、运营在资产管理的某个层级口径达成一致，使得资产管理过程中从项目概算到合同采购、到货支付以及后续的维修管理、实物追踪、成本归集整个业务链条清晰透明和规范有序。

3. 搭建一体化资产信息管理平台

作为资产全生命周期管理理念的载体和手段，资产一体化信息管理平台需固化标准化的业务流程，衔接各个功能板块，使业务协同管理，促使管理理念落地。

例如：广州市地下铁道总公司的资产一体化信息管理平台，在业务功能上，涵盖了项目立项、工程设计、合同招标、合同签订、合同审批、采购入库、项目发料、合同结算、实物移交、物资转固、运营维修维护、资产报废处置等功能；在系统模块上，包括基于工作流的合同模块，基于ERP系统的项目管理、财务管理、物流管理、预转资等模块，以及实物资产管理模块等。基于ERP系统的财务管理和预转资模块是该平台的核心模块。ERP的精髓在于财务业务协同一体化，我们在原有ERP现有理论基础上，开拓性地把资产全生命周期管理理念予以充分融合，把ERP系统带向了一个新的领域。其中转资模块把各种业务来源的资产集成在一起，把符合条件的资产结转固定资产，这样，预转资模块成为业务和财务的重要衔接。财务管理模块是ERP系统和一体化平台的核心，它作为数据流向的终端，全面准确地反映了各业务模块的经营成果，形成各个管理部门所需要的信息，如资产实物信息、资产财务信息、概算回归信息、成本管理报表、会计报表信息等。

4. 建立《新线实物移交管理办法》，推进基建物流管理一体化

新线实物资产移交作为资产全生命周期管理中的关键节点，其管理涉及建设项目管理、合同管理、采购物流管理、设备维护维修、财务管理等多方面。由于新线移交业务情形复杂，移交物资种类多、数量大、移交时间跨度长、涉及的业务部门繁多等多方面的原因，城市轨道交通新线实物资产的移交管理工作难度大。城市轨道交通单位应建立《新线实物移交管理办法》，以制度约束行为，规范内部管理，优化移交流程，以实现建设、运营及财务决算的一体化。

(1)《新线实物移交管理办法》应清晰界定建设单位、实物接管单位在资产接管过程中和资产接管后的职责分工，避免由于责权不清而产生的相互推诿，为基建资产移交工作的有序开展奠定基础。

(2)《新线实物移交管理办法》应明确移交条件、标准、内容、表格填制及立卷原则，切实保障移交资产的有效性；规范移交标准能解决由于建设合同、实物接管及财务决算纬度不一致而产生的基建物资难以有效管理的困

难，从而确保移交资产的完整性及基建移交物流管理一体化的实现；明确移交内容、表格填制及立卷原则，能加强基建档案资料管理的科学性，保证基建移交资料能够得到及时、完整、规范的收集。

(3)《新线实物移交管理办法》应详细规范基建移交的整体流程，指导建设单位和运营接管单位的现场接管及台账建立工作，可确保资产的完整有效、账实相符。

(4)《新线实物移交管理办法》应建立新线实物资产移交的检查与考核办法，有效约束和激励建设单位、运营实物接管单位严格按照相关规定进行资产的移交、接管工作。

三、资产维修维护的作业成本管理

1. 作业成本法的理念和作用

基于资产全生命周期管理的理念，资产从基建期移交运营筹备开通，在运营期对资产的维修维护、重置更新和报废都将产生相关的成本支出和投资支出。如何实现国有资产的保值增值，在资产生命周期内能充分发挥资产效用，提高资产使用效率，使得投资效益最大化并能通过有效的成本管理方法合理控制成本，是资产全生命周期管理的最终目标。

城市轨道交通运营通过作业实现，作业耗用企业资源，资源量化形成成本，作业成本法由此产生。将作业成本方法引入城市轨道交通运营的价值链条分析，建立运营服务与成本的连接纽带，可以探寻成本的业务规律，设定单位作业动因的成本指标，核定标准成本。

运用作业成本方法核定标准成本，落实成本管理责任，进行成本闭环管理，是资产密集型企业推行的一种较为先进的成本管理方法——标准成本管理法。随着信息系统功能在企业日渐强大，运用作业成本管理主要有以下三方面的作用：一是成本与资产组及资产全生命周期管理相联系，精细成本对象，支持投资决策。二是运用作业成本方法核定标准值，精细成本核算，引导业务控制策略。三是运用标准成本实现预算目标总控，修正作业定额，深化成本分析，加强对标管理与考核激励。

2. 作业成本管理的实施路径

（1）按照价值活动类别以作业为纽带设定成本管控策略。在按责任单位核定责任成本、制定控制策略的基础上，基于全成本观与作业成本方法的运用，城市轨道交通运营的成本管控策略突出体现为两个方面：

1）按价值活动分类管理。按照运营价值链将运营业务解析为前端客运服务、中间的维修服务与后端的生产管理支持三大类，分别针对每类业务活动的重点成本项目设定管控策略。

2）以作业为纽带，针对每类价值活动进行“成本资源—作业活动—成本对象—责任中心”的四维映射，将成本管控措施深度植入业务前端。

（2）标准成本在成本管理闭环中的应用。运用作业成本方法核定的标准成本是运营开展成本管理工作的重要工具，进而给定额管理、成本预算、成本控制、成本分析、考核激励带来一系列的管理改变。

1）指导作业定额修订。比对标准成本口径积累、分析成本数据、指导定额修订，不仅仅是成本数据的修正过程，更重要的是精细成本管理、探寻成本规律方法的修订过程，也是城市轨道交通运营单位积累经验、对设备维修规律再认知的过程。这一过程不仅对财务成本控制有意义，还可以对业务部门优化维修模式、积累状态修经验、优化维修规程提供借鉴。

2）运营标准成本编制预算。标准成本指标增加了纵向、横向数据的可比性。有了标准成本，各业务部门编制预算时，需要预测年度作业水平，参考单位成本标准值进行分专业、分项目成本预算的编制。城市轨道交通运营单位应当建立预算系统与标准成本库的联系，支持财务部门运用标准成本测定年度预算值，审核各单位成本预算。

3）精细规范成本核算与业务记录。引入作业成本核定标准成本后，对成本核算与业务信息记录提出的要求体现为精细与规范两点。在具体应用时，城市轨道交通运营单位要确保业务前端的信息记录规则符合成本核算与标准成本管理要求，能够对成本分析提供支持。在业务记录层面，一定要规范数据记录的时点、记录的类型，部分专业应当进一步精细记录信息，确保基础数据的规范性。在财务核算层面，要进一步规范各类成本科目的入账规范、入账时点、调账规范与调账流程，甚至规范核算摘要的记录规范，确保业务数据与财务数据的一致性和财务数据归类的正确性。

4）开展成本对比分析。有了标准成本，成本分析从原来的预算与实际对比分析，转变为标准值、预算值与实际值的两两对比分析，追溯到动因作业量差异，可以从业务源头发掘成本差异原因，评价维修、服务模式改变对成本带来的影响。

5）加强成本考核激励。在具体应用标准成本进行考核激励时，可以从两个方面考虑管理创新与成本控制压力的传导：首先，参考行业对标设定标准成本，通过标准成本、预算成本与实际成本的两两分析，引入分段法进行内部成本激励，即将对标纳入考核激励，引导业务部门通过维修与服务模式的优化，从业务源头提升成本管理能力；其次，在标准成本应用初期，考虑到标准值的偏差，可更多地运用历史安全服务指标与单位成本指标变化率的方式，共同考核激励业务单位，避免发生成本激励影响安全服务的风险。

第六章

物资筹备

第一节　物资筹备的思路

一、物资筹备概述

1. 物资筹备的目标与任务

(1) 目标。城市轨道交通运营物资筹备的目标是优质服务、降低成本、保障供应，确保轨道交通运营筹备战略目标的实现。

(2) 任务。轨道交通运营物资筹备的任务是从组织保证、资金保证、技术保证、人员保证出发，运用现代化物流供应链管理技术及现代信息系统和信息技术，充分运用市场，开拓供应商，合理地组织物资采购活动，以最低的成本、合适的价格、合格的物资，保障运营筹备生产的供给。它的基本任务有：

1) 确立物资筹备所需项目范围、种类、数量及到位时间，落实采购资金预算总量、来源等情况。

2）合理编制采购资金使用计划，编制符合运营筹备需要的物资采购计划。

3）根据采购计划合理组织采购活动，针对不同物资种类、资金大小、数量多少、市场化程度高低以及政策规定来确定一定的采购模式，实现高效、低成本的采购。

4）合理组织到货物资的质量、数量验收，以及入库存储、出库发放、配送供应等活动。

2. 轨道交通运营物资的管理特性

(1) 涉及物资类别范畴多、种类繁多，各种物资消耗量少。

(2) 供应商体系较庞大，采购控制及供应商管理的控制环节多。

(3) 设备分布分散，一般设多个二级仓库供应维修备件，以保证生产正常运行。

(4) 物资的所有权需要集中调配，以最大程度控制和降低物资库存成本。

(5) 物资供应需要有较快的响应时间。运营初期（1～3 年）物资采购的品种及数量处于不规则阶段，存量控制条件（设再订货点）不具备，国内物资采购占大多数，需要有较快的响应时间；运营中期（4～10 年）备件物资采购量逐渐占较大比例。进口备件产品更新换代快、采购周期长，容易出现采购瓶颈。

二、物资筹备的总体思路

城市轨道交通运营的特殊性，决定了其物资供应与其他企业在物资管理上存在很大的差别，因而其物资筹备也与其他企业也有很大差异。

1. 轨道交通运营物资筹备的规划

轨道交通运营物资的管理，首要是要做好人、财、物、仓库、信息管理系统的规划，其次是在物资上要保证轨道交通的安全运营，降低物资的采购成本，因此轨道交通运营物资的筹备也应当以此为中心展开管理工作。

（1）新线物资管理人力规划。应根据线网发展规划及开通时间，制定相应的物资管理人力规划。

（2）新线物资的资金规划安排。物资采购前必须落实资金。物资管理部门应与财务部门（或资金预算管理部门）协调相关采购资金计划，以便作好资金规划安排。

（3）新线筹备的物资设施和仓库设计规划。轨道交通运营物资的供应与管理的特殊性，主要体现在专业的多样性和着重维修方面的物资供应与管理，因此不可能像生产企业一样做物资的零库存，必须做好物资的库存和相应设备设施规划。

轨道交通的仓库设置，除普通仓库外必须设有化学危险品库、油库、车库、材料棚、露天场地和危险废弃物存放场地，相应设备设施规划包括各仓储装卸设备、维护设备和运输设备设施等规划。

（4）建立较全面的物资管理信息系统。根据线网发展规划及物资管理要求、财务核算要求，建立较全面的物资管理信息系统，以保证信息完整、清晰透明，操作简便，运转高效，提高资金周转率。

2. 组织架构的设计

为了保证城市轨道交通开通试运营后的正常物资供给，运营单位应在筹备期成立一个专门的物资管理部门，在部门下再设立综合计划、采购、库存管理等功能室。随着线网的扩大，可以成立采购物流中心，下设计划部、采购部、物流仓储部，以满足轨道交通线网运营的物资供应保障需求。

（1）综合计划室组织结构设计。单线运作时，可设计划室主任 1 名、计划主办 2 名、计划助理 3 名、文员 1 名。而在线网运作时，计划室可升为计划部，并可考虑分成两个部分：计划预算室和综合统计室，计划主管、计划主办、助理以及库存分析主办、备件主办、综合主办根据线网线路的规模增设。按专业设计计划室（部）结构模型如图 6—1 所示。

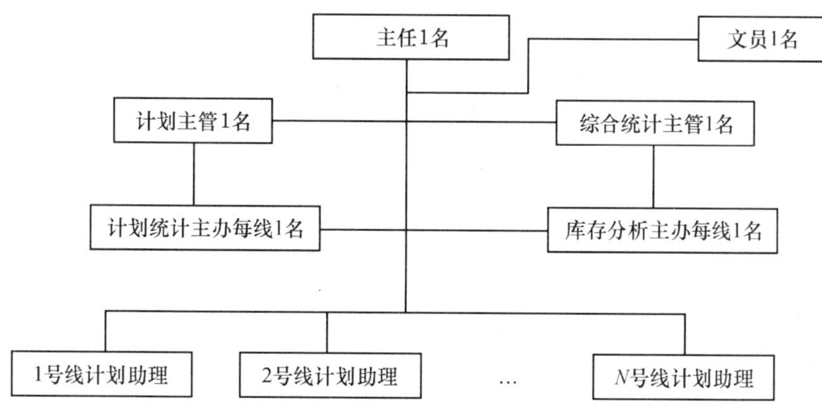

图 6—1　线网运营模式中综合计划室的组织结构模型

（2）采购室组织结构设计。单线运作时，可设采购主任 1 名、采购主办 3 名、采购助理 4 名、项目管理主办 1 名、文员 1 名。而在线网运作时，采购室可升为采购部，部门设正副经理各 1 名，配文员，下设合同计划管理组主管 1 名，招标及固定资产采购组主管 1 名，通用物资采购组主管 1 名及备品备件采购组主管 1 名，各组人员各根据需要进一步细分并根据线网线路的规模增设。按专业设计采购室（部）结构模型如图 6—2 所示。

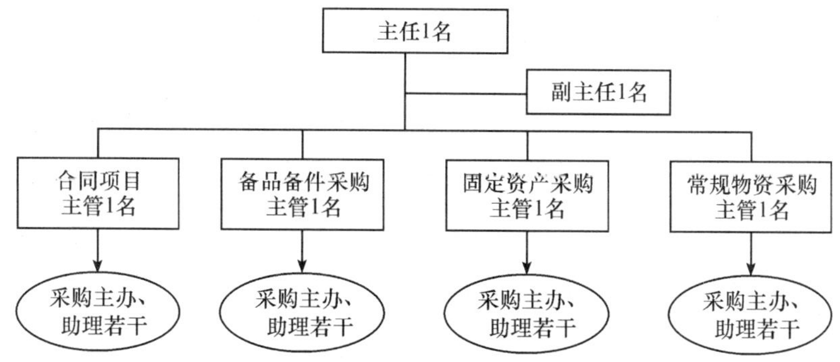

图 6—2　线网运营模式中采购室（部）的组织结构模型

(3) 库存管理室组织结构设计。线网运营模式下库存管理室的组织架构可参考以下模式（按每条线路 20 km 计算），如图 6—3 所示，单线运营模式可视情况配置。

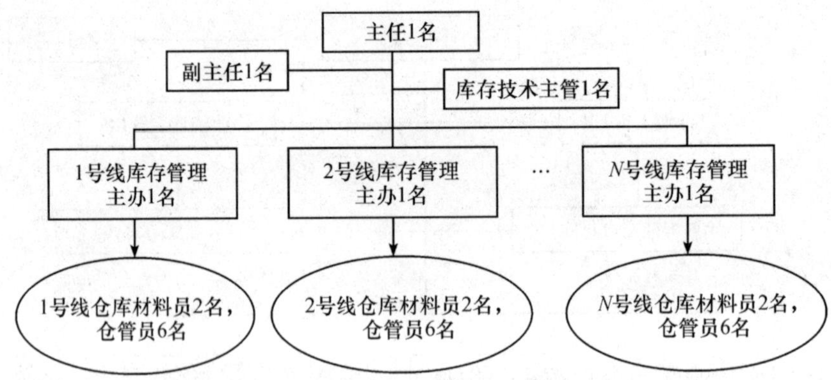

图 6—3　线网运营模式下库存管理的组织结构模型

3. 物资筹备主要工作内容

运营筹备期间，物资筹备主要以运营筹备的目标和任务为指导，制定出运营物资筹备的目标和任务，原则上运营物资需在开通前 3 个月到货。依据目标和任务，需做好以下几项工作：

(1) 综合计划筹备管理

1) 建立和完善物资筹备管理的各项规章制度、工作流程，明确各工作流程的接口与职责。

2) 明确物资筹备采购资金总预算的来源、资金量、使用范围等，依据资金总预算，结合实际，做好预算分解工作并下达预算实施计划。

3) 根据筹备物资到位的时间及重要性，结合采购周期，合理安排和组织，及时下达采购计划。

4) 运用信息系统和信息技术对物资数据库进行全方位的管理，做好采购计划以及在途物资、到货物资的管理与控制。

(2) 物资采购筹备管理

1）编制采购操作实施计划，按公开招标、邀请招标、网上公开比价或书面比价、特殊谈判（指独家生产的专项物资）等不同采购模式编制。

2）依据采购操作实施计划，组织开展采购活动。

3）做好市场寻源、开拓供应商渠道，了解并控制采购成本。

4）做好采购物资不合格品的质量控制，遇到问题及时与供应商协商解决。

（3）物资库存筹备管理。主要是做好新线备件接管和筹备物资到货验收工作。到货物资经验收合格后及时发放给使用部门，对入库物资进行妥善保管，保持良好状态。

第二节　物资筹备管理

物资筹备管理是通过计划、采购、库存三方面的科学管理，从服务、成本、供应三个目标确保运营筹备物资的供应到位，满足运营筹备目标的实现。

一、物资筹备计划管理

1. 物资筹备的计划准备

（1）新线物资的分类。根据轨道交通运营的特殊性，在运营筹备期间，物资筹备的计划准备首先是对轨道交通运营时所需物资进行分类与整理，形成一个初步的标准，以进行专业化的管理与统筹。轨道交通运营筹备物资类别主要有：车辆、通信、信号、供电、机电、工建线路、房建、自动售检票系统等备件、材料、低值易耗品、办公用品、电脑配件、劳保用品及制服、工器具等。其次是在物资分类的基础上进行市场调研，根据筹备物资的重要性，结合采购的周期，在不同时段分别下达计划。再次，要做好物资的追踪与反馈，以及各个时期的预算与资金的统筹分配。

新线开通筹备物资以沿线各车站开通配置物资和维修部门的工器具、劳保用品以及办公设施、通信器材等三方面为主，因此可以根据采购周期长短提早下达计划，做出安排。各车站常用开通配置物资主要包括如下几类：

1）通用类：如转撤机手摇把、喊话器、CD收录机、验钞机、封闭手推车、指引标志贴、更衣柜锁、多用电源插座、对讲门铃、铝合金人字梯、意见箱、标志牌、手电筒、碎纸机、告示牌、不锈钢导向牌、电子秒表、垃圾桶、手喷漆、白板、计算器、不锈钢护栏、硬币袋、不锈钢取币盒、不锈钢分币盘、票亭对讲设备、鞋架、水泥钉等。

2）安全类：如红闪灯、信号旗、事故隔离带、应急灯、拾物钳、绝缘扶梯、紧急停车按钮小锤子、沙包、折叠式铝合金担架床、急救药箱、荧光背心、安全帽、电工安全带、氧气呼吸器等。

3）固定资产等专用品：如对讲机、点钞机、点币机、读票机、点票机、复印机、保险柜、冲击钻、照相机、传真机、电脑、打印机、电冰箱、监控设备、空调、消毒碗柜、临时活动售票亭等；家具和制服等。

（2）做好试运营开通前物资采购计划。根据运营物资须在开通前3个月到货的原则，应结合采购周期，提前编制下达采购计划。编制时应注意标注重要性和到货时间要求，以便采购操作时有的放矢，重点安排和跟踪到货。

措施1：固定配置的物品采用定额管理。例如：可提前安排编制工器具定额，针对不同车间、工班、班组，提前编制明确对应工器具的规格清单，对新线配置工器具一次性下达采购计划；新员工制服、每个车站开通必备物品等，均可通过编制新员工制服配置定额、车站配置定额后批量采购，明确规格清单，既避免遗漏，又能保证时间，同时批量采购还可节约采购成本，避免重复采购。

措施2：对开通必备的重点物资重点关注，保证运营顺利开通。

措施3：通过提前下达打包招标计划确定固定采购供应商，缩短计划采购周期。对常用的经常性采购物资，分类整理清单，确定1～2年的数量进行采购。固定采购供应商后有需求即可下单采购，这样能及时满足对新线开通的物品需求。

2. 建设资金的采购计划

（1）新线建设资金采购资金管理

1）明确建设资金采购项目。常见建设资金的专项采购项目有新线工器具采购、新线固定资产采购、新线家具采购等项目。

2）明确资金来源。专项采购项目都应有相关建设资金的概算单元及概算代码。每个采购项目必须明确相关概算单元（及概算代码）后，才算落实资金来源，这样能清晰地列支相关费用。

（2）及时下达采购计划，做好采购合同的归档汇总。落实物资采购的资金后，下达采购计划，同时做好采购合同清单的归档汇总，以便竣工结算时配合财务部门进行相关工作。

3. 轨道交通运营物资管理信息系统

要做好新线轨道交通运营物资管理，必须建立较全面的物资管理信息系统，以保证信息完整、清晰透明、操作简便、运转高效，提高资金周转率，加强对物资的管理和控制。

（1）信息系统建库

1）按资金来源建库。轨道交通运营的运作资金一般有建设资金（每条线路在竣工验收前所采购的物资均来自建设资金）、经营资金（竣工验收后所投入的资金为经营资金），为有效区分不同渠道的资金，掌握其资金运用情况，必须按资金来源建库。

2）按线路建库（视企业财务核算要求而定）。根据财务核算要求，按线路建库。

3）建立一级库及二级库。根据轨道交通运营企业专业多、设备分散、现场需求响应需要较快等特点，建议建立企业的一级库，简称“总库”，再根据专业建立若干个二级库。

4）对随合同附上的备件，单独设置随车库进行管理。

(2) 物资消耗核算。在轨道交通运营企业物资信息系统建库的基础上，对物资消耗核算按两级消耗进行处理。

一级消耗：指从一级库存领出物资后（没有经过移库到二级库）直接用于运营生产、管理消耗或发放至个人使用的物资，如制服、办公用品、工器具、仪器仪表、劳保用品、办公设施等。

二级消耗：指从总部二级仓库发货后的物资用于运营、生产等的消耗，如材料、低值易耗品、备品备件及随车备件等物资。

(3) 多条新线及物流基地的运作。多线新线筹备时应综合考虑物资调拨时的运输成本、时间等。物流基地运作则应采取基地配送专业库模式，即物流基地库以存放、收发通用材料为主，实行通用物资配送制，而各线库以存放本线专业物资库为主，以保证物资供给的方便与快捷。

二、物资采购筹备管理

1. 新线采购工作的特点与重点

随着轨道交通新线的不断建成，运营物资采购由单线少量的物资采购过渡到几条线路同时运营的线网运作，运营总里程长，且各条线路上运营的轨道交通车辆、信号各不相同，维修管理难度增大，对运营物资的采购管理要求不断提高。

2. 建立相应的新线采购模式

(1) 单线运营采购模式。单线运营模式下，运营物资需求量相对较小，可采用人工比价、竞争性谈判、邀请比价、直接谈判、邀请招标、公开招标等方式实施采购。

(2) 线网形成后的采购模式。针对多线开通需求，实施采购管理集成。利用不同物资采购方式在不同阶段的优势、特点，实现整体采购方式的最佳组合，采购部门应在遵守法律法规、运营单位规定的前提下，利用合理的操作方式，以提高采购效率。

3. 信息化管理

随着新线的筹备接管，物资采购的需求量逐步增大，为提高效能，物资筹备应充分运用电子技术、网络信息技术来提高采购效率，主要应重视以下几点：

（1）建立起对外部物资信息的管理。在政府、运营单位等网页上建立“轨道交通物资采购信息”专栏，可将年度的物资采购信息公告上网，接受各地相关供货商的报名、注册。

（2）加强对供货商管理，建立网上供货商注册信息管理系统。供货商只有进行了轨道交通网上注册，并经过相关部门的审核，方可成为运营单位的供货商系统会员，才能参与运营单位物资采购活动。

（3）开发网上物资采购比价系统，压缩采购操作时间。通过网上比价、优化简化流程，建立网上采购报价比价系统。网上物资采购比价系统，还体现了阳光采购的特性。

（4）建立起对内部物资信息的管理。建立内部物资网站，通报物资采购计划、合同签署情况、到货情况等。

（5）运用分类打包的采购模式，建立一条中长期稳定的供应链。通过运用分类打包的物资采购模式，实现订单式采购及零库存管理。

4. 供应商管理

运营物资筹备对供应商管理应全程跟踪，通过对供货全过程信息的了解，保证对供应商的全面、合理评价，从而能够为供应商的公开招标、比价选拔提供全面的信息支持。

运营物资供应商的绩效考评机制是运营物资供应商管理的重要环节。轨道交通运营物资供应商考核的意义在于：全面推动对运营物资供应商的量化考核，通过考核实现供应绩效的整体提升，优化运营物资供应商结构。

三、物资库存筹备管理

对新线物资库存筹备管理主要是做好四方面工作：一是做好新线物资仓库的规划设计以及仓库接管完善工作，保证功能齐备；二是做好新线建设合同（随车）备件的验收接管工作；三是做好物资的入库验收和出库工作，要有清晰的验收和出入库流程，做好物资的保存与管理工作；四是要有完整的仓库物资管理、操作制度做工作指引。

1. 物资总库存放的物资总类

(1) 运营物资

1) 车辆及维修设备类：包括轨道交通列车材料及备件、机动车辆材料及备件、轨道车辆材料及备件、工程机车材料及备件、镟床材料及备件、洗车机材料及备件、立体仓库材料及备件。

2) 线路、建筑类：包括线路检修专用设备及备件、线路专用材料及备件、建筑检修专用材料及备件、建筑装潢材料及建筑五金件。

3) 电气类：包括供电系统、低压与照明系统材料及备件、接触网系统材料及备件、电缆电线及电料。

4) 通信信号及自动化类：包括通信系统材料及备件、信号系统材料及备件、电力监控系统材料及备件、车站设备监控系统材料及备件、火灾报警系统材料及备件、自动售检票系统材料及备件、电脑、打印材料及备件、主控系统材料及备件等。

5) 机电类：包括环控系统材料及备件、液压气压材料及备件、电梯（自动扶梯系统）与起重设备材料及备件、给排水系统材料及备件、自动灭火系统材料与备件及消防器材、通用设备材料及备件、屏蔽门系统材料及备件等。

6) 工器具及仪器仪表类：包括计量标准器具、量具、衡具、仪器仪表及备件、通用工具、切削工具、专用工具等。

7）标准与通用配件。

8）材料类：包括油料及润滑剂、金属材料、非金属材料生产辅助用品（低值易耗品）、化工产品、压力容器等。

9）其他物资：包括警卫物资、车票、劳保用品、药品及医疗器材、保洁设备材料及备件、办公宣传教学设备材料及备件、办公用品及用具、办公及生产家具、厨房专用设备及备件。

（2）建设物资

1）车辆段系统。

2）车辆系统。

3）电梯系统。

4）自动扶梯系统。

5）钢—铝复合轨系统。

6）给排水系统。

7）供变电系统。

8）火灾自动报警系统。

9）机电设备监控系统。

10）门禁系统。

11）屏蔽门系统。

12）气体灭火系统。

13）通风空调系统。

14）信号系统。

15）主控系统。

16）自动灭火系统。

17）自动售检票系统。

2. 新线物资仓库的规划设计和接管

（1）运营模式。新线筹备仓库的规划设计因实际情况的差异而有多样化的模式。

1）单线运营模式。可在车辆段设置 1 个材料总库，为便于生产用料，各车间可各设置 1 个分库，分库材料统一纳入总库管理。

2）线网运营模式

①分布式仓库设置模式。适用于总长 200 km 以内的线网。可在各车辆段设置 1 个材料总库，每条线路各车间可各设置 1 个分库，分库材料统一纳入总库管理。各总库的物资按分类存放、兼顾生产的原则执行，各线总库之间、总库与分库之间、分库与分库之间的物资可实行相互调拨。

②集中分布式仓库设置模式。适用于总长超过 200 km 的线网。考虑地铁的发展前景，可在地铁线网总长超过 200 km 的前提下，设置一级仓库存储基地，作为线网性的物流配送中心。配送中心按实际需要集中存放 1 条或几条线路的大部分物资，可在整个线网中设置多处。在部分线路车辆基地设置二级材料库，存放一部分本线常用物资和专用物资，车间备品库作为第三级仓库，一级配送中心可向二级仓库和三级仓库直接配送物资，如图 6—4 所示。

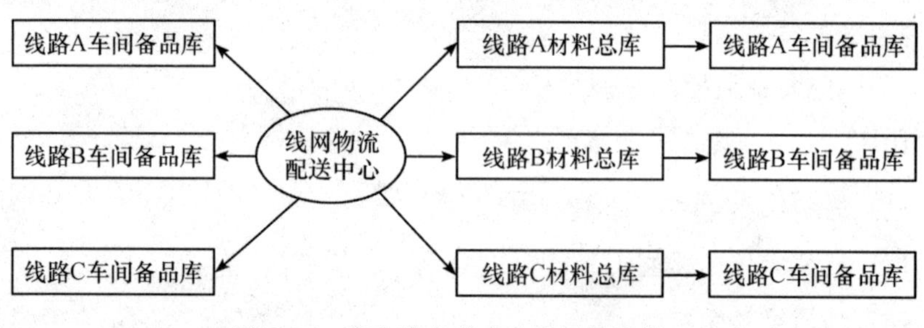

图 6—4　集中分布式仓库设置结构模型

（2）仓库布置。无论在单线运营模式还是线网运营模式下，无论是建设传统仓库还是立体化仓库，轨道交通仓库的规划必须充分考虑和布置下列几个部分：

1）货架。普通材料仓库货架可采用轻型货架、中型货架、重型货架和蜂窝式货架。为节省用地，提高工作效率，可用立体化仓库替代普通材料仓库。

2）大件物品存放库。

3）材料棚。

4）露天仓库。

5）油品仓库。

6）危险品仓库。

7）车库（包括厢式货车、特种设备车辆）。

8）报废材料（有残值）存放场地。仓库应设置一定规模的材料堆场，由于各线都会设置材料堆场，且材料堆场的设置与用地条件关系密切，其规模弹性较大，故不便作具体规定，但不宜小于1 000 m^2，宜因地制宜布置。

9）危险废弃物存放场地。

(3) 新线物资仓库的接管。除人员招聘、培训外，还要做好仓库的设备接管准备，做好特种设备管理工作以及油品、危险品管理工作。

(4) 仓库应配备的设备。包括叉车、天车、汽车吊、电瓶搬运车、手动叉车等；若配置自动化立体仓库，还应有堆垛机、输送机以及管理计算机、监控计算机等一套自动化立体设备；办公设备、办公家具等。设备的使用、维护、保养、检修、安全管理也是仓库工作的一个重要组成部分。

3. 新线建设合同（随车）备件的验收接管

(1) 核对清单。新线建设合同（随车）备件的清单可能有以下问题，需要与建设单位及时沟通解决：

1）清单名称、规格不清，如不及时解决会影响实物的交接验收及日后的账目盘点管理。

2）项目的单价缺漏或以外币结算标注，需要与建设单位、财务部门沟通解决。

3）清单以整件或整体名称标注，附件未标明名称或无附件单价，需要及时沟通解决。

4）清单中有固定资产的项目，须与财务或相关部门沟通解决。

(2) 验收接管。对新线建设合同（随车）备件的验收接管要留意物料有无使用价值，如无价值应沟通处理；如属仪器仪表应先进行检验；要做好备件接收管理工作和单据的保管工作。

4. 仓库的物资管理要点

(1) 仓库工作12项职责

1) 各类到库物资的验收入库。

2) 已验收入库物资的保管、保养。

3) 物资的出库及配送。

4) 库存物资的盘点。

5) 危险废弃物的集中回收、处理。

6) 废旧物资的集中回收、处理。

7) 立体仓库的操作及管理。

8) 安全、消防管理。

9) 仓库设备、仓库工程整改。

10) 危化品及油品的管理。

11) 新线仓库建设及运营前筹备。

12) 对新人员的传、帮、教培训。

(2) 仓库分区管理。仓库按检验状态和物资属性分类划分为五类区域：

1) 待检区：存放未经检验的物资。

2) 暂存区：存放经检验合格但未完成入库手续的物资。

3) 不合格区：存放经检验不合格的物资。

4) 存放区：存放经检验合格且完成入库手续的物资。

5) 特殊存放区：存放经检验合格且完成入库手续的特殊物资。

(3) 物资存放管理

1) “四对口”——账、卡、物、资金对口相符。

2) “四号定位”——从左到右按库号、架号、层号、位号的顺列数码对号就位。

3) “五五化”——以五的倍数或“因地适宜”的定数为基本包装或堆码单位，并根据物资特点堆码成形，以便于清点，做到过目成数。

4）露天存放物品应分类、分堆、分组和分垛，并留出必要的防火间距。堆场的总储量及与建筑物之间的防火距离，必须符合建筑设计规范。

5）库存物品应当分类、分堆存储，保持“五距”：堆距、墙距、顶距、柱距、灯距。

6）甲类、乙类物品和一般物品以及容易相互发生化学反应或者灭火方法不同的物品，必须分间、分库储存，并在醒目处标明储存物品的名称、性质和灭火方法。

7）受阳光照射容易燃烧、爆炸或产生有毒气体的化学危险物品和桶装、罐装等易燃液体、气体应当在阴凉通风地点存放。

8）易自燃或遇水分解的物品，必须在温度较低、通风良好和空气干燥的场所储存，并安装专用仪器定时检测，严格控制湿度和温度。

9）物资堆放原则：货物堆码应稳固整齐，整车货物要保持一定高度，做到定型堆码，零担货物要按批码放，标签向外，做到大不压小、重不压轻，留有通路，以便查点。

10）物资堆放要求：

①合理。按物资的理化性能、结构形态、包装状况等特点及其存放场所，选择合理的垛型。

②牢固安全。要考虑地面和下层物资的承载能力，保持堆码的最大稳定性，保证不下陷、不倒。

③整齐。各垛物资应堆码整齐、成行成列、标志向外。

④节约。要节约占地面积、覆盖材料和劳力。

⑤方便。堆垛要便于装卸搬运和收发保管作业。

（4）物料卡填写要求。物料卡是物资的身份证，记录着该项物资出入库、盘点的全过程。物料卡必须填写工整、规范、齐全，并做到有物必有卡、有卡必有物（除结存数为0）、一物一卡、年末盘点时统换新卡的要求。

（5）物资保养。仓库管理人员须定期对保管物资进行整理、维护、保养（防过期、防潮、防尘、防晒、防锈、防霉、防虫、防鼠、防蚁、防硬化、防变形、防变质），货架保持清洁卫生。根据温湿度变化、白蚁活动情况等客观环境的不同采取相应措施保证物资正常存放。进口备件湿度不能大于70%，普通物资不能大于80%。

(6) 物资盘点。仓库盘点管理应日常盘点和定期盘点相结合。定期盘点就是半年和年终进行的全面盘点；日常盘点就是在每次收发业务后及时进行的盘点，以便账、物、卡相符。物资点查是物资保管的一项经常性工作，其目的是保证库存物资的实数量与账面数量相符，做到账、卡、物、资金四对口，了解物资质量状态，以便及时采取相应措施。

(7) 物资出入库管理

1) 验收管理。验收工作是仓库工作的首要程序，也是最为关键的程序。物资质量是否合格以及数量是否准确，都需要通过验收环节来进行把关。轨道交通运营物资种类多，很多物资技术性指标等要求比较高，这些都给验收工作带来了一定的难度，因此仓库的验收模式实行仓库验收员、材料员、生产部门技术员以及归口部门相结合的验收方式。对于备品备件，则需要仓库验收员、材料员、使用部门技术员以及物资运营单位、厂家几方同时在场验收。

2) 在库管理。在库管理主要涉及堆码上架、保管保养以及盘点等工作，是仓库工作比较重要的一环，也是任务比较艰巨的一环。盘点工作，可控制仓库物资的脉络。通过定期的盘点，可以了解物资的收发动态和呆滞情况，特别是对物资库存的合理控制有重要意义。在库管理中，统计出效期物资等，也可以为计划采购工作提供依据。

3) 发货管理。发货管理是较为终端的工作。在发货时货物的挑拣、装卸、数量点收是发货时工作的重点。对立体仓库来讲，货位管理尤为重要。现在还出现了调拨发放的方式，对各个仓库的工作技能要求更高。

① 物资出库遵循“先进先出”原则。

② 物资出库遵循“三检三核”制度。

“三检”是：检查发料凭证是否正确无误；检查发出物资的品名、规格、数量是否相符；检查应附技术证件、附件及工具是否齐全。

“三核”是：发料凭证与账卡核对；发料凭证与发出实物核对；结存实

物与账卡核对。

（8）凭证保管。原始凭证是在经济业务发生时取得或编制的，用以记录经济业务发生或完成情况的书面证明。它是进行会计核算的原始资料和重要依据，如入库单、出库单、备品备件移交清单等，并需要对各类单据认真填写，确保内容完整、属实。

所有原始凭证，必须按月统一装订归档保管，未经批准不得擅自销毁（保存年限按有关规定执行）。

（9）废旧、闲置资产管理。废旧资产是指城市轨道交通运营生产、检修、办公中产生的废旧固定资产、备品备件、材料物资、工器具及低值易耗品等。闲置资产是指已停用一年以上，或者是已被新购置具有同类用途资产替代的，且确认不再需要使用的资产。

1）城市轨道交通运营单位有责任和义务管好、处理好生产、工作中产生的废旧、闲置资产，定期对所属资产进行清查，设专人、专用场地管理废旧、闲置资产，同时建立完整准确的废旧、闲置资产明细台账。

2）废旧资产的回收处理应严格执行国家、政府及上级有关废旧资产回收处理的方针政策、法律法规，贯彻“统一管理，统一回收，统一处理”的原则，做好废旧资产回收及处理工作。

（10）危险废弃物的管理。按照《国家危险废物名录》的分类，城市轨道交通运营单位内属于国家危险废物的废弃物主要有：HW08 废矿物油（如柴油、机油、润滑脂）；HW12 染料、涂料废物（如油漆刷、油漆笔、修正液笔等）；HW13 有机树脂类废物（如废黏合剂、密封胶等）；HW29 含汞废物（如灯管、灯泡等）；HW34（如蓄电池液）；HW36（如废石棉）；HW49（如含油抹布、含油手套、各类有机溶剂容器、废油桶、废电子设备、废电路板等）。城市轨道交通运营单位应根据国家相关规定定期做好危险废弃物的集中回收和处理。

（11）仓库的安全管理。安全是仓库工作头等大事。仓库是重点消防单位，必须防火、防盗、防意外事故，因此，仓库管理应在本部门和安全稽查部门等指导下，做好仓库及员工的防护措施，建立健全各种安全管理台账，确保实现安全生产。

1）仓库的具体安全工作包括安全管理、消防、装卸、搬运、堆码作业和机械作业安全、用电安全及保卫工作等方面。

2）确保仓库库存物资、仓库设备、安全装置、防护设施处于完好状态，发现隐患及时组织整改，必要时需采取临时安全措施，及时向有关部门报告。

(12）仓库管理相关制度。现代企业管理必须采用制度管理，每项工作都必须有章可循，所以仓库筹备期间必须着手编制库存管理的管理规章，以便于人员的培训、业务学习，并能明确相关业务流程与接口，有利于工作开展。应制定以下相关制度：

1)《仓库管理规定》。

2)《危险、废旧物资管理办法》。

3)《新线随机备件验收接管细则》。

4)《废旧、闲置资产管理办法》。

5)《物资管理常识（应知应会）》。

6)《立体仓库操作手册》。

做好新线物资筹备工作，除了以上工作外，作为服务部门，还应积极与其他部门沟通协调，必要时上门了解困难和需求，及时采取措施解决问题；加强筹备工作的主动性和及时性，把新线物资筹备工作做得更好。

第七章

后勤保障筹备

后勤保障一般分为三个方面：一是思想保障，其要点是对人员的需求期望值作出评估，并给予引导，将人员的需求期望值限定在一个合理的范围内，对企业而言就是向员工表明物质保障的程度；二是金钱保障，主要由员工的福利待遇决定；三是物资保障。后勤保障的核心是对用于后勤工作的人、财、物进行组织的一种行为，表现的结果就是对人员提供衣、食、住、行的保障，是人员需求期望值、收入及实物供应的综合结果。

第一节　后勤保障筹备的任务和目标

城市轨道交通运营单位的后勤保障筹备工作就是在企业战略的统一指导下，为一线员工提供适度的衣、食、住、行及办公环境等保障，从而推动城市轨道交通运营单位高效有序运转。它不仅包括传统的衣、食、住、行保障，还包括绿化、办公家具、办公用房、通信等系列保障工作。

一、后勤保障筹备的任务

要做好后勤保障筹备工作，在思想上，要认识后勤保障的特点、范围、内容、程度和标准；在组织上，要确立后勤保障的体系，即专业保障队伍与兼职保障队伍相结合；在人员上，要选配综合素质高、执行力强、能够独当一面的基层管理人员；在行为上，要以规章制度为基础，以满足一线需求为要点；在设备设施上，要以专业化生产的概念组织场地、设备设施的设计规划和建设；在实施中，要注重新线开通前、开通和开通后正常运营三个不同阶段的后勤保障的特点。

二、后勤保障筹备工作的特点

一是点多、线长、面宽、安全要求严格。点多是其工作地点分布在各站点每一个有员工到的地方；线长是其工作范围与城市轨道交通线路的长度相一致；面宽是涉及的专业很多；安全要求严格是食品安全、财务安全、行车安全的要求比较高，不能出现任何差错。

二是琐碎、长期、组织工作繁杂。琐碎是指每项单独的工作科技含量不高，更多的是靠经验积累；长期是指每项工作都必须长期坚持，不能松懈；组织繁杂是指许多琐碎的、不相统属的工作集合后，使组织工作难度增大，增加了组织上的复杂性。

三、后勤保障筹备工作的目标

后勤保障筹备为运营筹备工作提供和保证必要的物资条件，是运营筹备工作中一项相当复杂、繁重而又必不可少的工作。建立科学、规范、有效的后勤保障筹备方式，是履行后勤保障筹备职能、提高后勤保障管理效率的根本保证。要按照市场经济要求，坚持优化后勤筹备资源配置、提高资金效益、促进国有资产有效运营的原则，逐步建立集中统一的集约化、专业化、社会化后勤保障方式。

首先，要按照集中统一原则规范后勤部门各室的职能，明确管理职责，以后勤服务保障为中心，把该管的事情管住、管好、管到位，把不该管的事逐步交给市场和社会去调节。其次，要合理设置管理机构，按照精简、效能、统一的原则，该集中的集中，该统一的统一，优化机构和人员配置，确保运转有序高效。再次，要合理配置并有效使用资产，做到统一管理、统一调配、统一标准。后勤筹备资源的配置分散、运作不畅、效益不高直接制约和影响着后勤保障能力的提高，应按照专门化、集约化的原则，重点对车辆、膳食、公寓、办公场所、办公和生活设施等进行整合，调整布局，优化结构，完善保障服务功能，提高后勤资产使用效益。

第二节　后勤保障筹备的总体思路

在城市轨道交通运营单位整体战略指导下，后勤保障的水平，往往取决于对后勤保障的认识程度、组织能力和资金的投入力度。后勤保障是一个系统工程，与每个员工切身利益有关，因此，要重视此项工作。各部门应有一名领导分管后勤工作，各部门综合室应是该部门后勤工作执行单位，由此将整个组织的思想引导和物质关怀分解到每个员工身上。

后勤保障筹备可采取多种管理方式。例如，可委外承包，也可自主经营，市场环境成熟的还可依赖社会化保障等。但无论采用哪种管理方式，都需要对其进行安全、持续、经济、高效的管理。本章因篇幅关系只以自主经营下的后勤保障方式为例，因涵盖内容较多，主要介绍后勤保障中相对较重要的内容。

一、后勤保障的范围、程度和标准

后勤保障的范围、程度、标准的确定，应在企业整体战略的指导下，吸取一线员工的意见，并在对今后各工作站点及周边环境做出现场调查的基础上，区分社会化保障部分和企业提供的保障部分，从而确定企业后勤保障战略。

后勤保障范围按实际情况而定，员工集约程度不高，社会化保障条件好的，不提供企业保障；员工集约程度不高，社会化保障条件不好的，视实际情况提供企业保障；员工集约程度高，社会化保障条件好的，不提供企业保障；员工集约程度高，社会化保障条件不好的，必须提供企业保障。后勤保障程度依据社会化保障条件的不同，提供有限度的企业保障。后勤保障标准依据工作环境的变化，制定相应的衣、食、住、行配置标准，如高架站配置防寒大衣等。城市轨道交通运营单位一般可采用问卷调查、研讨会、现场调研等方式整合信息，明确后勤保障范围、保障程度、保障标准，并制定相应物资采购计划。

二、后勤保障组织架构和人员配置

后勤保障工作比较繁重，需要配置大量员工，必须建立相应的组织架构。单线运作时，可成立后勤保障部门（见图 7—1）；而在线网运作时，可根据线网线路的规模，成立后勤保障中心。

三、后勤保障管理制度体系

后勤保障与员工的生活息息相关，但在运作上，属于集体的有组织的生产活动，因此，必须将其整合起来，制定相应的管理制度，对每个员工的工作做出规定，形成合力。后勤保障筹备期间，应前瞻性地制定完善后勤管理

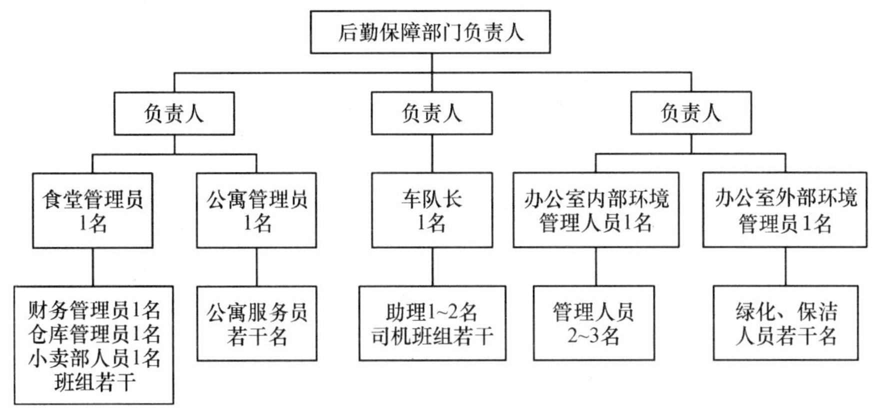

图 7—1　后勤保障筹备部门的组织架构

制度，为试运营开通后的后勤管理打下坚实基础。常见后勤保障管理制度如图 7—2 所示。

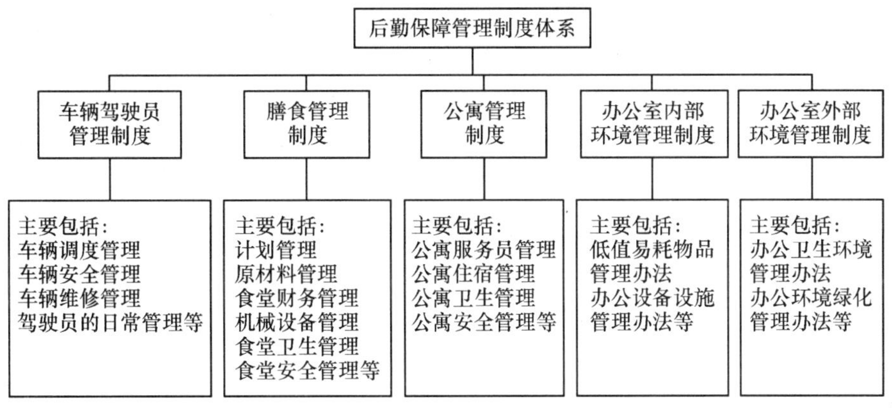

图 7—2　后勤保障管理制度体系

四、后勤保障设备设施的设计规划

后勤保障设备设施的设计规划在这里主要是指设备设施在施工前，使用单位提前向设计单位提出具体要求和期望，这种要求和期望越详细越具体越有利于资源的综合整合，建成后其使用效率越高。后勤保障各专业设备设施的设计规划是后勤保障筹备工作的重要职能，不可推脱和假借他人之手，更不可完全依赖建筑设计单位单独完成，否则，设备设施建成后的可用性可能大打折扣。专业设计人员主要是将后勤保障设备设施的功能和建筑式样完善地表述出来，在符合安全规范的前提下，变成可以在建筑中操作的设计图纸。但是在设计过程中，功能需求、安全规范、资金投入等方面会产生一系列矛盾，这就需要从事后勤保障专业的人员与专业设计人员不停地协调沟通，以求获得最佳方案。

五、后勤保障设备设施的验收与接管

当设计图纸通过后，设备设施进入施工阶段，由于种种原因，设备设施的建设或多或少出现一些不尽如人意的地方，这需要使用单位不停地与建设单位协调沟通，尽量在施工中完善其建设。当设备设施建成后，其验收是后勤保障各专业负责人尤其要注意的问题，验收的严格与宽松直接影响到今后的工作效率与工作质量，因此，后勤保障各专业负责人应熟悉相关专业业务，提高验收质量。在验收接管的同时，后勤保障筹备人员应完成下列事项：收集建设信息，整合建设信息，形成管理信息，如房产信息、周边环境信息、进驻单位信息等；全面接管设备设施，建立接管台账，对功能不合乎设计要求的设备设施记录在案，限期整改，如食堂设施、汽车养护设施、公寓设施、绿化设施、会议设施、办公设施、医疗设施等；注重内部规章制度的学习和执行，如公布管理区域内公共设施、设备的管理办法；理顺食品等每日需求物资的采购渠道；依据管理职能，明确卫生、绿化的实际操作合同单位，同时将日常管理责任分解到各个进驻单位；尽早与卫生、环保等相关政府管理部门沟通，请他们尽快提出整改意见。

六、试运营开通前的后勤保障

开通前，整个城市轨道交通的建设工作基本就绪，验收和接管相关工作的运营人员已基本到位，相应的衣、食、住、行需求同时产生，但是相应的后勤保障设施还不能全部投入使用，因此保障工作的难度较大。这时要充分挖掘后勤保障部门的现有潜力，合理利用社会资源，尽力为一线员工提供保障；同时与保障需求部门沟通，调动保障需求部门的工作积极性，克服困难，尽量减少需求部门对保障程度的不满。

第三节　后勤保障筹备管理

一、后勤车辆保障筹备

1. 后勤车辆筹备的任务

后勤车辆筹备是后勤筹备工作中的一项艰巨任务，其特点在于作业分散、时间性强、技术性强、安全要求严格。运营后勤车辆筹备管理的主要任务，就是通过车辆的配置、调整、更新、使用调度、维修保养、行车安全措施等环节，确保车辆设备的完整和技术性能的良好，确保车辆有效合理地使用，确保人员和财产的安全，提高司机的工作效率和服务质量，从而确保后勤车辆保障的优质高效。

2. 后勤保障车辆购置、车队组织架构和人员配置

(1) 后勤保障车辆购置

1) 车辆购置原则。城市轨道交通运营筹备部门购置车辆时，应坚持适用、经济、配套、及时性的原则。适用是指所选购的车辆应当适应试运营开通前后工作任务的需要；经济指选购车辆时要考虑到本企业资金的承付能力，本着勤俭节约、清正廉洁的原则，最好选购经济实用、物美价廉的国产车；配套是指根据在实际交通保障中的经验，运输车辆以小型客车、小货车

为主，大客车、中型客车为辅；及时性是指汽车的购置需要在新线开通前半年配置到位并投入使用。

大客车底盘要高些，整车高度不超 3.5 m（因要过桥涵等有限高要求）；小型客车建议分不同座次配置；小货车建议喷涂城市轨道交通标志及抢险抢修标志。选购车辆时，后勤筹备负责人员务必谨慎，切不可忽视车辆的质量和技术性能等因素，尽力选购适应性强，能够在高寒、高温、雨雪等不同气候条件下正常行驶的车辆，其发动机、电路系统、轮胎等各种配件达到国内先进水平和先进标准；燃料消耗量低，不超过国家规定的各类车辆的供油标准，制动性能好，外形美观大方，能满足运营筹备工作的需要。购置数量一般按每条线 800 人配置 2 台大型客车、1 台中型客车、4 台小型客车、4 台小货车的标准配置。小型客车、小客货车主要是运送物资、工器具、抢修人员；大客车、中型客车主要是运送上下班、下工地的员工以及单位组织员工出外活动使用；另考虑部分领导工作用车的需求，适当购买 3～4 台小轿车。

2）车辆登记。车辆购置后，应尽快到相关部门登记存档。

3）办理行车手续。车辆购置后要办理相关行车手续，如车牌、行车证的办理等，只有手续齐全，车辆才可投入使用。

(2) 后勤车队组织架构。车队的组织架构一般由车队长、业务助理及班组组成，原则上车队配置车队长 1 名，业务助理根据业务量配置 1～2 名，为方便管理，根据实际情况设立若干个班组，每个班组设置班组长 1 名。

(3) 车辆驾驶员配置。驾驶员配置要从车辆设备数量和司机职业的特殊性两个方面考虑。因司机承担运输人员的生命安全，不能疲劳驾驶，而运营筹备期间的交通需求又是 24 小时不间断，特别是运营接管后到试运营开通前这个阶段，用车量特别大，因此在司机配置上必须考虑司机的工作时间，避免发生意外，影响轨道交通开通运营。一条线路以 20 km 计算，一般配置驾驶员 15 名，分四班倒班，每班 3 名，3 名备班。

3. 后勤车辆保障制度

运营筹备期间，后勤车辆筹备要尽早建章立制，以便试运营开通前后车辆管理有章可循，主要是要尽早制定车辆、驾驶员管理制度。

(1) 车辆调度管理制度。城市轨道交通运营筹备部门车队负责人或专职调度人员根据本企业车辆使用管理规定和当天的用车量（乘车人数、次数、行车线路和急缓程度），有计划地安排使用车辆，这个过程称为车辆的调度。车辆调度在车辆的使用管理中发挥着极为重要的作用。

由于业务及资金等因素，运营单位存在着用车量大、供需矛盾突出的问题，要想解决好这一问题，运营单位在严格控制无关人员乘车、压缩用车量的同时，要按先急后缓、先远后近、先生产一线后职能部门的原则调度车辆，车辆使用原则上以保证抢修用车为前提，尽量满足生产用车。车辆调度的工作做好了，运营单位就能充分发挥汽车使用效率，最大限度地满足各方面的用车要求。

车辆调度管理制度要明确车辆调度职责，比如实行月度车辆运作作业计划，编制用车日、旬运行作业计划，搞好调度业务基础工作，做好调度日志原始记录等；明确车辆调度程序，比如用车须提前预约，派车应拟定计划，当车少人多不能及时安排车辆时，应注意解释工作等；明确车辆调度工作制度，比如会议制度、值班制度、报告制度、违调事件查处制度等。

(2) 车辆保养管理制度。车辆保养管理制度是后勤筹备车辆管理制度的一项重要内容。因为，车辆经过较长时间的使用后，其各部件不可避免地会发生松动，使用性能下降，从而影响车辆运行。如果车辆经过有效的保养，往往就能起到延长车辆使用寿命，降低零件磨损速度，防止不应有的损坏或发生机械事故，保证安全行车，减少燃料消耗，节约经费开支，保持车辆外表的整洁，减少车辆噪声和对环境的污染等效果。

车辆保养是一项维护性作业，其专业操作性较强，在保养过程中应遵循几个原则：以预防为主，使用、保养并重，灵活机动，注重保养质量等。

(3) 车辆维修管理制度。提高车辆完好率的重要措施之一，就是有计划并及时地将故障车辆维修好。只有及时地消除了车辆的故障，才能恢复车辆使用功能，保证车辆正常安全运行。

按作业范围划分，车辆维修一般分为大修、总成大修、小修和零件修理。由于技术力量和设备条件的限制，运营后勤部门一般只能承担临时故障排除、局部故障的小修和一些不能继续使用的零件修理，而大修或总成大修一般需送厂修理。经主管领导批准，车辆要有计划地安排送厂维护。为不影响运营筹备正常工作，车辆送厂大修和总成大修时，运营后勤部门应与修理方订立合同以保证车辆能按时按质地交付使用。中修以下的维修任务一般由维修工和司机配合，自己动手修理。不过，自己维修的车辆，要由队长组织有经验的司机和修理工严格检验，达不到标准的车绝不允许随意出驶，以免发生车祸。

另外，还要建立严格的维修登记制度，实施维修责任制，建立车辆的技术维修档案，将每辆车的技术维修情况归档，实现科学管理。

(4) 车辆安全管理制度

1) 后勤筹备部门要经常开展运营后勤车辆使用安全教育。

2) 建立运营后勤车辆安全责任制，并建立严格的奖惩制度，加强考核。

3) 健全运营后勤车辆安全制度，例如：车辆保养制度、车辆检验制度、安全活动日制度、安全公里考核制度、原始资料记录制度等。

4) 开展运营后勤车辆安全检查，原则上一年开展 4 次安全大检查及每月安全检查，以自检、普检为主，适当配合互检、抽检、路检等形式。

5) 加强少量运输危险品的管理，由于城市轨道交通行业的独特性，后勤车辆有时需运输少量危险品，在进行危险品运输作业时，必须在车内配置 4 kg 干粉灭火器，化学性质或防护、灭火方法相抵触的化学危险品不能混装运输，危险品的运输要通过相关部门审批。

(5) 驾驶员管理制度

1) 后勤车辆管理人员要加强对驾驶员日常管理、思想教育、考勤、年休、排班、月度绩效考评等工作的管理，经常与驾驶员谈心，了解驾驶员思想动态，做好驾驶员思想工作。

2) 要加强驾驶员交接班管理，严禁驾驶员私自用车，对违章违纪驾驶员要严加处罚。

3) 驾驶员在执行任务时，必须严格遵守交通法规，不得违章操作，驾驶员每天要对车辆进行清洁维护保养。

4. 试运营开通前的后勤车辆保障

城市轨道交通建立之初，因考虑客流量，一般都建立在人口居住密集的市中心，这时员工的出行社会化保障条件好，可乘坐公交车等，后勤车辆保障任务压力较小。但是，随着城市轨道交通引导城市布局的深化，在交通极为不便的郊区也开始建设城市轨道交通，员工下线施工配合、熟悉站点、试运营开通前调试、验收、物资供应、演练、试运营开通后的维修作业等均需后勤车辆保障，后勤车辆保障难度极大，加之新车、新驾驶员还处于磨合期，发生突发事件的概率比较高，因此，后勤车辆管理部门要充分挖掘已有后勤车辆资源潜力，合理利用现有社会资源，尽一切努力为运营筹备提供后勤车辆保障，在无法满足其需求时，要耐心向需求部门解释沟通，尽量减少需求部门对保障程度的不满。

以广州地铁为例，3 号线试运营开通前的后勤车辆保障分两个阶段，按时间先后分为：

(1) 从运营筹备到运营接管前。此阶段按时间先后又分两个环节，第一环节是从运营筹备人员配合建设单位施工到车站站务人员下站熟悉车站前，此阶段用车相对较少，通过综合调配解决；第二环节是从运营筹备车站站务人员下站熟悉车站到接管车站，此环节用车较多，通过需求部门申请用车解决。

(2) 运营接管到试运营开通前。这是运输任务最大的阶段，在第一阶段已向相关各部调查了用车需求，并根据需求制定了相关方案、列出时刻表，所以此阶段以开班车（班车固定上车点、落车点、开车时间、运输方向等）的方式完成大部分员工下线工作的运输任务，另外对有特殊需求的部门根据其申请用车单，在后勤车辆管理部门批准后派车解决。

当然，后勤车辆保障实施中还需要及时与各部门沟通，深入了解员工的实际困难，及时在保障方案上作适当调整。从实际情况看，运输任务最大的一天为试运营开通前一天，各方面的用车需求都比较大。试运营开通后的后勤车辆保障，因变动性不大，应提前制定好详细的保障方案，以便保障工作有序开展。

二、后勤膳食保障筹备

1. 膳食筹备的任务

膳食筹备是运营后勤筹备的主要工作之一，主要是为运营筹备人员提供安全、健康、营养的饮食，从而保证运营筹备工作顺利进行。膳食筹备是运营筹备中一项较琐碎的任务，其特点是工作任务重、时间长、服务性强，安全要求严格。运营膳食筹备管理的主要任务，就是做好食堂设备、设施的设计规划、验收接管和试运营开通前的膳食保障工作。

2. 膳食保障组织架构和人员配置

（1）食堂组织架构。食堂的组织架构一般由食堂管理员、食堂财务管理人员、食堂仓库管理人员、食堂小卖部管理人员以及若干班组组成，原则上食堂管理员、食堂财务管理人员、食堂仓库管理人员、食堂小卖部管理人员各配置 1 名，做到账、物分离。为方便管理，各班组设置班组长 1 名。

（2）食堂人员配置。城市轨道交通运营单位食堂运作应当用工业生产的概念组织生产活动。通常食堂每天要保障五餐饭的供应，即凌晨四点的司机餐、早餐、午餐、晚餐及宵夜，食堂保障工作耗时长，工作强度较大，需要配置员工较多。一般新建食堂人员按 500 人左右供应量配置食堂工作人员约 36 名。

3. 膳食保障制度

运营筹备期间，膳食筹备要尽早建章立制，主要是要尽早制定食堂管理制度，以便试运营开通前后膳食管理有章可循。

（1）计划管理制度。食堂的计划管理是指膳食管理部门根据市场、季节和就餐员工的需要，确定食堂服务目标，并进行科学合理的安排，通过计划的制定、执行、检查和分析，对食堂服务活动进行组织、实施、监督和调节，以便有效地利用人力、物力和财力，完成预定的目标，取得良好的服务效果。

（2）原材料管理制度。原材料是构成饮食品的实体，主要包括主料、配料和佐助调味料。原材料的价值是饮食成本中一项重要组成部分。原材料的采购、保管、领用、加工等管理工作做得如何，将直接影响伙食质量的好坏及食堂成本的高低。

（3）财务管理制度。食堂的资金是食堂原料购进、饭菜制作销售的必要条件，其来源及占用形态都不同。根据食堂资金在经营中的作用及价值形态变化的不同，食堂资金占用共分为流动资金、固定资金两种。流动资金指企业供给食堂的经营周转资金；固定资金是由企业福利费用无偿提供的物资形态。

（4）机械设备管理制度。食堂机械设备管理是食堂管理应予以重视的一项内容，主要是做好现有机械设备的使用及维护保养，并对其进行适时的改造与更新。加强机械设备管理有利于充分发挥机械设备的效率，加速实现食堂服务现代化，能有效提高食堂服务质量、降低经营成本。

（5）卫生管理制度。食堂卫生管理的内容包括食品（饭、菜、汤等及其原料）贮藏室、操作现场、餐厅、餐具与厨房用具、环境和个人卫生等。在食堂卫生管理中，一定要按《食品卫生法》严格执行，让员工能放心就餐。

（6）安全管理制度。食堂管理人员应重视消防安全管理，一定要严格执行消防安全管理办法和《低压用电安全规定》；应重视设备安全管理，要定期对食堂设备进行维修、保养，完善各类食堂设备的操作规程，并定期对员工进行培训。

4. 食堂设备设施的设计规划

城市轨道交通运营筹备期间，膳食保障部门应尽早向食堂设备、设施的设计单位提出具体要求和期望，这种要求和期望很大程度上决定食堂日后的使用效率和使用质量，因此，所提的要求越详细、越具体越好。城市轨道交通运营单位员工一般集中在车辆段内办公，因此食堂一般设置在车辆段内。

（1）新线食堂设计中应考虑：就餐人数；食堂区域的划分（冷冻与冷藏仓储、操作、点心、烧腊、清洗、送货、售卖等区域）；上、下水；用电容量；抽排油烟；煤气；环保要求（油烟过滤、油水分离）；其他特殊需求（小炒、粥粉面、小卖部）；除（预防）四害；安全等。

（2）设备、设施设计规划重点要注意：食堂应设计用来存储食品的空调间；食堂餐桌、椅要结实；食堂设备要选择专业公司及定型产品等。

5. 食堂设备设施的验收与接管

食堂设备设施建设时，应尽早向地方卫生防疫部门申报相关执照，以便食堂验收接管后，能立即投入使用。新线食堂设备设施应对以下方面进行验收：

（1）施工单位是否按使用单位提供的图纸和要求施工。

（2）设备设施是否是使用单位指定的品牌。

（3）设备设施是否符合国家生产标准。

（4）设备设施是否符合质量要求。

（5）设备设施是否符合环保要求。

（6）消防设施是否配套、可靠。

在正式接管新建食堂前，应组织各层级人员到位，设备设施要通过验收（包括消防验收），要确定食品供应商，尽早拿到卫生许可证。

6. 试运营开通前的膳食保障

试运营开通前的膳食保障分为两个阶段：新建食堂投入使用前和新建食堂投入使用后。

（1）新建食堂投入使用前的膳食保障。因受客观条件制约，仅供应午餐，且根据不同情况采用不同保障方式。

1）车辆段配合员工膳食保障组织。新线地点距已有线路车辆段食堂较近，可从最近的食堂出品，运送到车辆段组织临时统一售卖。组织中要注意运送的安全、售卖地点的选择、食品的种类、每日供应量的确定、产生垃圾的回收。每日供应量应从各部门每天报送的就餐人数，每天新增加的参加新线验收、检查的人数，供应量要有富裕，应稍超过以上人数总和。

2）车站配合员工膳食保障组织。由于新线地点较偏远，无法送餐，膳食保障一般采用以下两种方式：

①联系车站施工单位就近搭伙吃饭。

②提前到周边地区考察饭店，选择卫生、干净、有经营许可证的饭店提供给员工选择。

3）线路配合员工膳食保障组织。参照第二点进行组织。

（2）新建食堂接管投入使用后的膳食保障。应供应早餐、午餐、晚餐、宵夜，供应范围为直接到食堂就餐的车辆段、站点的员工以及特殊工种如列车司机的膳食供应等。车辆段及站点员工的膳食供应，应根据车辆段各相关部门的定员计算供应量，按时段供应；特殊工种的员工膳食供应，应根据部门上报数量准备，菜式与品种按规定要求制作，并通过车辆运送到指定地点；验收及其他特殊用餐，由食堂临时安排。

新建食堂投入使用后膳食保障主要是做好日常保障工作。

三、后勤公寓保障筹备

1. 公寓保障的范围、程度、标准

公寓保障的范围、程度、标准，应在对一线员工今后工作站点及周边现场的调查的基础上确定。公寓保障范围一般是为了解决列车司机开行列车前后的休息问题，住宿人员主要是列车乘务人员。公寓保障程度是使列车乘务人员保持一个良好、清洁、整齐、舒适的休息环境，以保证列车乘务人员工作之余得到充分的休息，维护生产安全和提高工作效率。公寓保障标准原则上是按一房 3 人标准配置，配置厕所、淋浴、清洗设备，房内摆置 3 套床、

柜、桌、椅，配空调、蚊帐、纱窗等。

2. 公寓保障组织架构和人员配置

(1) 公寓组织架构。为了降低企业运作成本，公寓组织架构通常会与一些部门合并，以求取得人员调配使用上的互补，如与食堂的组织架构合并或与车务的组织架构合并，设立一个班组对公寓进行管理。

(2) 公寓人员配置。公寓的运作是 24 小时的连续工作，按年度合法有效工作时间计算，其人员配置的最低标准为 4.54 人。公寓管理部门依照各个公寓的入住情况与工作程度情况，可酌情调整公寓服务员的编制，以保证使用部门的正常入住和各项工作顺利开展。根据床位的多少，人员可酌情增配，一般来说，60 个床位以下，配置最低员工数 4 人，以后每增加 30 个床位增配 1 人。

3. 公寓保障制度

运营筹备期间，后勤公寓筹备要尽早建章立制，主要是要尽早制定公寓管理制度，以便试运营开通前后公寓管理有章可循。

(1) 公寓服务员管理制度。建立健全保证服务、卫生、叫班质量的基本制度和岗位责任制，做到管理有规定、工作有标准、质量有考核；加强对公寓服务员的培训，提高服务质量。

(2) 住宿管理制度。住宿人员要自觉遵守公寓的各项制度，爱护公共财物，不得私自拆卸、挪用室内家具或设备。

(3) 卫生管理制度。严格按《公共场所卫生管理条例》执行，房间、走廊、楼梯保持清洁，床上用品定期洗涤，厕所、浴室定期洗刷，为住宿员工创造一个整齐、清洁、舒适的住宿环境。

(4) 安全管理制度。公寓用电一定要按低压用电安全规定严格执行；公寓管理员应确保消防器材配置齐全，并经常检查确保完整有效；经常检查疏散导向装置，并确保各安全出口、疏散通道畅通。

4. 公寓设备设施的设计规划

公寓设计阶段，公寓使用部门应把详细的需求情况报公寓负责部门，再由公寓负责部门报公寓设计单位，以便设计单位掌握准确、有效的数据，设计合理。公寓使用部门应尽可能将数据确定，公寓床位数量计算标准一般按以下两种情况考虑。

车辆段公寓床位数公式：

初期司机公寓床位数＝$(n_1+n_2+n_3+n_4+2)\times 2+n_5+n_6+n_7+n_8+n_9+n_{10}$

远期司机公寓床位数＝$n_1+n_2+n_3+n_4+2+n_5+n_6+n_7+n_8+n_9+n_{10}$

n_1——早高峰上线列车数，考虑配属列车全部上线；

n_2——早高峰正线两端终点站折返机班数（如果线路较长，列车单向运行超过了 1 小时，还应考虑司机在线路中间换班休息）；

n_3——晚、中低峰期回厂列车数；

n_4——晚、中低峰期正线两端终点站折返机班数；

$+2$——晚、中低峰期备用列车数；

$\times 2$——线路开通初期每列车需要配备屏蔽门操作员人数；

n_5——早班及夜班轮值班组长人数，一般取 6 人；

n_6——调试及调车司机人数，一般取 5 人；

n_7——OCC 调度休息人数，一般取 8～10 人/线×n 线，仅 OCC 位于车辆段附近时才增加此项；

n_8——早班食堂厨师人数，一般取 6 人；

n_9——其他值班人员人数，一般取 10 人；

n_{10}——车站员工因上早晚班需在车辆段内留宿的床位数，每站 4 人。

分别按照开通初期配置屏蔽门操作员、远期不配置屏蔽门操作员这两种情况计算，取其中的较大值，即为公寓床位数的计算值。

部分郊区、偏远的城市轨道交通线路，车辆段公寓也宜考虑部分在车站及车辆段维修工作人员的轮班公寓，以缩短员工上下班时间及加快故障抢修处理的反应速度。

5. 公寓设备设施的验收与接管

公寓设备设施验收建成后，使用单位应对其进行验收接管，主要验收以下方面：

(1) 施工单位是否按使用单位提供的图纸和要求施工。

(2) 公寓的设备设施是否符合国家的质量标准。

(3) 公寓的设备设施是否在保质期内。

(4) 公寓的设备设施是否是使用单位指定的品牌。

(5) 消防设施是否配套、可靠。

对于不符合验收标准的设备设施要不断与建筑单位沟通协调，在接管公寓前要尽快办好相关手续，做好公寓投入使用前的相关工作。

6. 试运营开通前的公寓保障

城市轨道交通管理单位的新建车辆段一般在郊区或比较偏远的地方，因此，在新线试运营开通前后一段时间，因工作原因要求在公寓住宿的人员比较多，公寓保障任务比较重，需要合理组织。

因各车辆段行车公寓是为夜班及候班的电客车司机提供休息的场所，因此，公寓保障首先要满足正常电客车司机住宿需求，其次在有空缺的情况下才可安排调度及调试等人员住宿。公寓管理员原则上根据电客车司机的班次安排住宿；公司员工申请入住的，由申请部门向相应公寓管理员提出，由公寓管理员安排入住；外单位员工申请入住应由公寓管理员向其主管领导申请同意后方可安排入住。公司员工需凭工作证登记后入住；外单位人员由接待部门人员带至行车公寓，并凭接待部门员工工作证登记入住。公寓管理员应对入住情况做好登记，以便合理使用公寓资源。

四、办公内部环境保障筹备

办公内部环境保障主要是为公司各部门提供办公设备设施、办公低值易耗物品保障，包括为各部门提供办公用房、通信、复印机等办公固定资产的保障和生产、科研、办公用品、办公设备、办公家具、制服、工器具等低值易耗物资的保障等。办公内部环境保障工作较繁杂琐碎，本章主要介绍办公用房的设计规划，办公用房的验收接管后的分配和调整，办公家具、办公设备的布置、分配和调整。

1. 办公用房设计规划

办公用房设计前期，办公用房管理部门应组织使用部门讨论办公用房设计方案，尽可能把详细具体的需求情况报设计单位。办公用房设计方案应充分考虑以后用于办公及生产厂房的面积及布局，根据量入为出的原则，在节约建设成本的前提下，提出合理设计办公用房及生产用房的建议。

（1）办公用房面积的设计。通常情况下，每一工作位置需要的面积主要包括家具所占的面积、工作需要的面积、个人私密需要的面积、有关的档案储存面积和内部交通面积等。办公面积的一般设计原则如下：普通员工 6 m^2，部门领导 17.2 m^2，单位领导 31 m^2。

（2）办公用房布置类型的选择。办公室的平面布置一般有三种类型，它们各有优势和劣势，运营筹备期间，后勤筹备部门可根据需要提出合理化建议。

1）小间办公室。每个员工分别被安排在单独的小房间内办公。这种布局条件比统间式好，但工作之间的联系不够方便，也不利于工作人员之间相互了解、相互交流、相互配合。

2）统间式办公室。多位职员被安排在同一个大房间内办公，其办公桌一般按行列式排列，而高级职员和经理等一般被安排在四周带窗的小房间内办公。这种布置有利于主管、经理等对职员工作情况一目了然，也有利于职员之间交流合作。不过，这种布置由于人多而应特别注意办公室的采光、通风、噪声等问题。

3）景观办公室。景观办公室的布局是根据当代办公室内管理程序日趋复杂多变的要求而产生的，它运用隔断、家具、绿化进行分隔和联系，采用模数的、可拆卸的家具和有模数的平面，为最大限度地满足办公活动的变更而经常调整布局。景观办公室一般面积较大，工作人员较多，采用的色彩较柔和，摆放的动植物有美化环境之功能，陈设家具较灵活，有利于提高办公效率。

2. 办公用房验收接管后的分配、调整原则

办公用房的分配、调整以设计为原则，在保证满足各部门人员使用的情况下不作大的调整，在实际情况与设计有差异时，寻求二者的平衡点来调整。

3. 办公家具、办公设备的布置、分配和调整

（1）办公用房室内布置的原则。为保证办公室环境适合于员工办公，布置办公室时应遵循下列原则：办公桌应按照直线对称的原则和工作线的顺序排列，其流径以最接近直线为佳，防止逆流与交叉现象。同一办公室员工应朝同一方向办公，不宜面面相对，以免相互干扰和闲谈；各座位间通道要适宜，应以事就人，不以人就事，以免往返浪费时间；领导座位应安排于办公室后方，既便于监督，又不因领导接洽工作时分散员工的注意力；光线应来自左方，以保护视力；常用设备应布置于靠近使用者的位置；电话最好按 5 m^2 一部设置，以免接电话离座位太远，既容易错过重要电话，又容易分散精力。

（2）办公用房自动化设备布置的原则。现代企业中，办公自动化设备已相当普及，因此办公自动化设备的设置也应讲究合理，以免影响环境进而影响员工办公效率与身体健康。防止电脑阴极射线管的眩光；配线设置不可外露于脚下，配线应有足够的配电容量与通信容量，配线的更换、增设应简便

易行；办公桌上阴极射线管画面的高度与角度、键盘的高度应可以按照工作人员的具体情况而调整，用以放置文件、资料等的桌面空间应保证足够大，桌上桌下都应保留一定的自由空间；办公椅不宜固定，而应能够自由移动；办公室内应保证有磁盘及供给品的收放场所，应考虑印刷完的文件的收放、垃圾的区分放置等。

（3）办公家具、办公设备的配置原则。办公设备包括复印机、投影仪、照相机、传真机、碎纸机、过塑机、保险柜、冰箱、微波炉等，配置的标准可根据企业的投资情况而定，原则上可参考以下标准配置：每栋办公楼配置复印机 1 台，每个部门配置照相机、传真机、碎纸机、过塑机各 1 台，每个生产部门配置投影仪 1 台，财务部门、物资部门、各车站配置保险柜 1 台，各车站及控制中心配置冰箱、微波炉各 1 台。

办公家具包括木办公桌（椅）、铁文件柜、铁四门衣帽柜、铁半玻璃文件柜、椭圆形会议桌、会议椅、木班组桌（椅）、铁班组桌（椅）、铁办公桌（椅）、铁单人椅等。地面可配置木制品家具，车站配置防火铁制品家具，原则上可参考以下标准配置：管理人员每人配置木办公桌（椅）1 套、铁文件柜 1 套，生产岗位员工每人配置木制组桌（椅）1 套（地下车站生产岗员工均配置铁班组桌或椅）、1/4 个铁四门衣帽柜，站务员不配置班组桌/椅，只配置 1/4 个铁四门衣帽柜；各部门会议室配置会议桌 1 张、会议椅 30～50 张；每个车站配置铁单人椅 15～20 张供员工值班及车站会议室使用。

4. 办公内部环境的其他筹备工作

除以上各方面外，办公内部环境的筹备工作中还包括办公室通信电话的安装、办公室人员生活饮水、生活电器、员工制服的配置等。

办公室通信电话的安装在办公人员进驻前必须安装完成，否则影响办公效率。在各办公地点必须配置生活饮水设备，供员工日常饮用，还要根据需要配置一定数量的冰箱、微波炉、热水器等生活设施，做好员工的生活保障。员工服装的配置的也应提前制定标准、拟定计划、联系厂家，做好相应准备工作，以便新线试运营开通后，及时做好新员工的服装保障。

五、办公外部环境保障筹备

办公外部环境保障主要是为公司各部门提供办公环境卫生、办公环境绿化保障等，办公外部环境筹备的好坏直接影响企业员工办公效率，而且也会影响企业形象。因此，加强办公外部环境筹备是一项不可或缺的工作，应予以足够重视。

办公外部环境保障筹备主要对与城市轨道交通运营单位办公生产密切相关的各类公共建筑、公用设施、绿化、院落、室外场地等进行筹备，人手不够的单位可将此项工作委外管理。

1. 绿化方面

(1) 车辆段办公绿化筹备总体规划设计原则。车辆段办公绿化筹备部门在设计初期，必须对其进行总体规划设计，这样才能达到良好的办公区域绿化效果。规划设计时须遵循应以下基本原则：

1) 通盘考虑。绿地总体规划设计时应结合城市轨道运营单位的生产经营特点进行综合考虑，不仅要考虑景色美观，还要保证生产系统的安全运行，也要考虑原料、产品运输的便捷及各种管道的畅通。若不这样通盘考虑，则绿化后有可能埋下安全隐患。

2) 植物配置合理。一般情况下，可粗放管理的树种、草皮应占绝大多数，以此构成全企业办公区域的底色和背景；价值较高，管理精细、存活率低及珍贵的植物品种不宜多种植，尽量用较少的费用达到较良好的绿化效果。植物配置也应考虑企业所在地的环境、土地条件、植物的生物学特性和经济上的可行性等合理配置，以达到经济和实用的平衡。

3) 配合相应功能。企业办公区域绿地的首要目的毫无疑问是改善和净化环境，在改善与净化环境的前提下，在进行绿化总体规划设计时还应考虑其他相应的功能，比如，办公区绿地应尽量满足美化和艺术上的要求，车间绿地要能适应工作间休息的需要。

4）形成绿地系统。城市轨道交通运营单位办公区域绿地通常由许多规模不同、形成各异的各种绿地组成，这些绿地往往各具特色，通过道路绿化及防护林带将各片绿地串联起来，形成有分隔、有联系，点（独立小绿地、花坛等）、线（道路绿化、林带等）、面（小公园、花园、大片绿地等）结合的大环境绿化系统，使整个企业办公区域形成一个绿树成阴、繁花似锦、优美清洁的绿色“天堂”。

5）统一中蕴有特色。城市轨道交通运营单位整个办公区域的绿地风格是有联系、相统一的，但同时，总体规划设计也应根据企业局部地形、地貌进行布置，要有主景、配景之分，这样才能使各景色间既有分隔又相互渗透，总体统一中又蕴含有特色。

6）依地造景。城市轨道交通运营单位环境的主体部分是各种建筑物。在进行总体设计时，可以巧借其中造型美观、独特的部分，对其进行精心修饰处理，使绿化植物与其有机组合，形成独特的办公区域绿地景观。为提高企业办公区域绿地观赏效果，设计者应仔细观察企业建筑等的特点，充分利用一切可利用的地形等巧妙地处理，使绿化后的景观透有灵性。比如，可用绿化植物将杂乱无章的建筑物、噪声源、原料堆等隐蔽封挡等。

（2）车辆段办公绿化保障制度。车辆段办公绿化养护管理可根据城市轨道交通运营单位自身的特点，选择自己经营养护管理的模式或选择委外养护管理的方式。无论选择哪种模式，都应健全绿化管理制度，绿化管理制度主要包含以下几个方面：

1）计划管理制度。城市轨道交通运营单位要分析绿化现状、设想绿化远景，据此决策与规划总体绿化蓝图，确定分阶段实施的绿化目标，制作近期绿化计划，做到企业环境绿化与企业生产经营活动协调发展。

2）统计管理制度。城市轨道交通运营单位绿化方面的数量、质量、结构、速度、比例等数据，需要搜集、整理与分析，绿化工作的决策与规划往往就以此分析统计结果为依据。同时，在企业绿化管理的监督过程中，经过搜集、整理、分析统计来的真实准确的数据也具有重要意义。

3）技术管理制度。城市轨道交通运营单位绿化技术管理的内容有：合理组织绿化技术工作，搞好选种、育苗、栽培、管护等技术管理；开展绿化科学研究和技术开发；推广并交流绿化技术与经验，制定植物栽培和管护规程等。

4）质量管理制度。由于城市轨道交通运营单位绿化工作很多时候属于群众性工作，其质量保证的难度就较大。为有效地保证企业绿化质量，应开展经常性的质量调查、分析与研究，各绿化环节要按质量标准进行检查、验收和考核评比。

5）物资管理制度。树木、花草、种子、苗木、肥料、杀虫药剂和运输车辆、绿化机具等都是绿化物资。每一项物资都直接影响着绿化的质量，因此，不可忽视绿化物资管理，务必要保质保量。

（3）车辆段办公绿化保障人员配置。车辆段办公绿化保障人员的配置分两类情况考虑：

1）采用自身养护及管理模式下的人员配置。采用自身养护及管理模式的企业，绿化养护普通工作人员的配置标准为养护绿地 3 000 m^2 配置 1 人；站口绿化带由于分散、受客流影响大，经常被人为踩踏破坏、垃圾较多，因此站口绿化养护定员原则是 1 000 m^2 草地配 1 人，灌木为 1 000 棵/人，每人最多不超过 3 个站；管理人员按管理工人 20 人以内配置 1 名的标准配置。

2）采用委外养护管理模式下的人员配置。采用委外养护管理模式的企业，只配置管理人员即可，按一条线路 1 名管理人员的标准配置。

2. 保洁方面

（1）车站、车辆段保洁工作管理原则。筹备部门在城市轨道交通保洁系统设计初期，必须对其进行总体规划设计，这样环境卫生才能达到良好效果。规划设计时须遵循应以下基本原则：

1）整体考虑。总体规划设计时应结合城市轨道运营单位的生产经营特点进行综合考虑，不仅要设施设备、场所便于清洁，还要保证生产系统的安全运行，也要考虑原料、产品运输、保管的便捷，并在施工过程中确保各种管道的畅通，若不这样通盘考虑，则有可能埋下安全隐患。

2）配备相应的硬件。在进行总体规划设计时还应考虑配备相应保洁人员的工作室、工具间，提供开展保洁工作基本的水源和电源。为降低劳动成本，提高工作效率和质量，在设计设施设备、相关场所方面应考虑到保洁工作的快捷、便捷性。

(2) 车站、车辆段保洁工作管理制度。城市轨道交通保洁管理可根据城市轨道交通运营单位自身的特点，选择自己经营管理的模式或选择委外养护管理的方式。无论选择哪种模式，都应健全保洁管理制度。保洁管理制度主要包含以下几个方面：

1）计划管理制度。城市轨道交通运营单位要分析保洁管理工作现状、设想保洁管理工作远景，据此决策与规划总体保洁蓝图，确定分阶段实施的管理目标，制定近期保洁管理计划，做到保洁管理与企业生产经营活动协调发展。

2）技术管理制度。城市轨道交通运营单位保洁技术管理的内容有：合理组建保洁组织架构，设施设备使用及维保制度；开展保洁科学研究和技术开发；推广并交流保洁技术与经验，制定保洁管理和操作管护规程等。

3）质量管理制度。由于城市轨道交通运营单位保洁工作很多时候属于群众性工作，其质量保证的难度就较大。为有效地保证企业保洁质量，应开展经常性的质量调查、分析与研究，各保洁工作环节要按质量标准进行检查、验收和考核评比。

4）物资管理制度。保洁工器具及各种清洁物料等都是保洁物资，每一项物资都直接影响着保洁的质量，因此，不可忽视保洁物资管理，务必要保质保量。

(3) 车站、车辆段保洁的保洁标准

1）地铁车站保洁标准

地面：有较好的保养，无明显水渍、污渍，保持干爽，有光泽。

墙壁：无明显蛛网，无灰尘、污渍、斑点，保持干净。

天花板：无明显污渍、霉点、水渍、蛛网。

梯级：无明显污渍、杂物、水渍，扶手无明显尘痕，保持干净。

各类镜面：洁净、光亮。

不锈钢器具：无明显污渍，有光泽，表面膜保持良好状态。

玻璃门窗：透明、洁净，无明显水斑渍、污点、油污，无明显手印。

消防设备：表面干净、整洁，无明显污痕，有光泽，表面膜保持良好状态。

垃圾桶：外表清洁，无虫蚊等，无特别气味。

卫生间：无明显污渍，无明显积水，无臭味，定期消毒。

空调系统：出风口无明显灰尘、油渍、污渍，保持干净。

隧道：钢轨扣件无明显灰尘、铁屑、毛丝状杂物等；轨道两旁水沟彻底清理沟底碳酸钙、垃圾杂物等，冲洗验收时无沉淀物。

屏蔽门：无明显灰尘、手印、保持明亮。

公共区灯具：无明显灰尘、油渍、污渍，保持干净。

风亭：百叶无明显灰尘、油渍、污渍，周边保持干净。

通风系统：定期清洗，保持空气新鲜。

车库地板、地沟、门窗、检修平台：无油迹、灰尘、垃圾，不堵塞。

非付费区卫生间：无污渍、积水、臭味，保持清洁干净，定期消毒。

站外导向设施：无明显灰尘、污渍、胶渍。

2）地铁列车保洁标准

车头：无明显污垢、水渍、灰尘，洁净光亮。

驾驶室：无明显污垢、水渍、灰尘，洁净光亮。

车顶：无明显油垢、灰尘，洁净。

受电弓：无明显油污、油垢。

车厢：无蟑螂、蚊蝇等害虫，无明显污垢、杂物、沙尘、水渍，保持干爽洁净。

车身：无明显污垢、水渍、明显灰尘，洁净光亮。

通风系统：定期清洗，保持空气新鲜。

3）车辆段保洁标准

车场道路：无明显杂物、积水、灰尘。

车间：无易清除的油污，无垃圾、积水、明显尘土。

庭院：无明显垃圾、尘土、积水、杂草。

办公场所：无明显垃圾、灰尘，地板光亮、明洁，走廊扶手无积尘。

会议室：桌椅、茶几无明显灰尘，光亮明净，地板光亮。

空调系统：出风口无明显污渍、油渍、灰尘。

灯具：无明显污垢、油渍，表面光亮。

垃圾收集站：定期收集、清运垃圾，保持垃圾收集点四周干净，无明显异味。

其他公共设施：无明显污物、水渍、灰尘。

4）车站、车辆段保洁保障人员配置。车辆段办公保洁保障人员的配置分两类情况考虑：

①采用自我管理模式下的人员配置。保洁普通工作人员的配置标准为 800 m^2 配置 1 人，列车清洁可按一列车 2 人的标准配置，管理人员按管理工人 8 人以内配置 1 名的标准配置，可视现场保洁内容及环境因素影响等情况增加保洁配置标准。

②采用委外养护管理模式下的人员配置。采用委外养护管理模式的企业，只配置管理人员即可，按一条线路 1 名管理人员的标准配置，对委外项目进行监督和考核。

六、保卫综治管理筹备

1. 保卫工作目标

（1）确保保卫人员按时上岗执勤。

（2）确保接管筹备和开通运营安全，不发生治安案件和刑事案件。

2. 重点综治保卫措施

（1）与公安部门做好沟通协调，充分利用支援做好综治内保工作。

(2) 走访轨道交通沿线公安派出所，共同做好周边治安管理工作。

(3) 各有关运作部门做好隐患排查，加强安全隐患和保卫、综治、维稳隐患状况的监督管理，防止和减少事（件）故的发生。

(4) 安全保卫运作部门做好设备设施的防盗和防破坏，做好车辆段/停车场、隧道口、控制中心、主变电站（所)、冷站及高架、地面段等重点部位的守护，及时整改存在的隐患。

3. 车站、车辆段接管至开通运营的保卫综治工作

(1) 车站保卫综治工作

1) 车务运作部门在接管至开通运营期间，留一个常用出入口，作为人员出入通道，车站安排员工 24 小时守护，严格人员、物品出入登记，防止违章人员进出。

2) 设备维修部门按属地管理原则，做好设备设施的维护和状态的巡视和确认，发现可疑人员或隐患问题、被盗案件，及时处理和报告，并定期对安防报警系统进行测试，确保设备正常。

3) 车务运作部门建立综治工作小组，落实保卫责任制，编制车站保卫应急预案，建立保卫综治档案资料。

4) 车务运作部门按属地管理原则，加强施工保卫综治管理，对车站施工单位及人员进行作业前、中、后的监督管理，严格人员、物品出入登记;各设备管理部门要做好施工过程综治管理，对施工作业现场实行全过程监控，对进出物品进行确认，防止施工人员偷盗、损坏设备设施。

(2) 车辆段/停车场、控制中心的保卫工作

1) 车辆、设备维修部门按属地管理原则，做好设备设施的维护和状态的巡视和确认，发现可疑人员或隐患问题、被盗案件，及时处理和报告，并定期对安防报警系统进行测试，确保设备正常。

2) 安全保卫运作部门在车辆段/停车场大门、控制中心大门等重要部位安排护卫守护，车辆段内安排护卫巡逻，做好车辆段保卫工作。

3) 安全保卫运作部门按照《保卫综治管理办法》有关规定，严格车辆

段/停车场、控制中心大门进出人员、物品、车辆的检查、验证、登记，防止违章人员、物品、车辆出入。

4）安全保卫运作部门建立相应的综治工作小组，落实综治责任制。

第八章

运营技术与管理筹备

第一节　规章编制

企业的规章制度是企业管理的重要组成部分，是企业与员工在工作中必须遵守的劳动行为规范的总和。其作用是规范企业所有员工的行为，维护生产经营的正常秩序，并向相关方证明企业的管理能力。规章既保障企业的利益，也保障职工的利益。

建立科学合理的规章体系，是企业组织生产，实现企业科学管理的重要手段和必要条件，是提高产品质量、保障安全的技术保证，是降低消耗、增加效益的重要手段，是推广新工艺、新技术、新科研成果等的桥梁，对促进技术进步、合理配置资源、组织高效率生产起着十分重要的作用。

城市轨道交通行业属于技术密集型和资金密集型行业，其运营筹备过程涉及人员培训与管理、新线接管、调试演练、安全管理以及开通试运营后的行车组织、客运服务、设备操作、设备维护维修、故障处理等一系列技术和管理等广泛领域，整个过程中任何一个环节出现偏差，都会影响最终产品——运营服务的质量。因此，在整个运营筹备过程中，建立适宜、有效、充分的规章体系，确保线路的开通运营的工期目标顺利实现和提供满足符合外部要求及其对外承诺质量标准的运营服务，是十分必要和迫切的。

同时，运营筹备过程中存在人员新、设备新、组织新的特点，人员的业务水平存在一定的差异，对工作环境、设备状况及性能的认知程度存在差异，而对设备、组织的熟悉均需要一定的过程，如何在现有条件下使规章编制工作有序、可控地进行，达到并满足线路正式投入运营的质量要求，是运营筹备中规章制度建设必须面对的问题。

分析整个运营筹备期建章立制的过程，通常把它概括为规章体系的建立、规章编制计划的制定、规章的编制、规章的实施、规章的修订五个环节。

一、规章体系的建立

在规章编制之前，首先应对规章体系进行合理的规划，对在运营筹备期间需编制的文件进行合理的分类。规章体系规划应具有前瞻性，既要囊括现有规章，也要包含企业迅速发展后的规章蓝图，以便日后运营里程（线路）增加、企业规模扩大的过程中规章的扩展，也可以为企业贯彻实施管理体系标准打下良好的基础。

企业的规章体系并没有统一的模式可循，在具体操作上应从实际出发，使其更具可操作性和实用性。企业的规章体系应完整（基本涵盖企业主要技术、管理或工作事项）、齐全（满足企业生产、经营服务的需要），同时还要体现过程控制和持续改进。

城市轨道交通运营单位在筹备期设计规章体系时，应涵盖以下几个方面内容：

1. 管理制度

管理制度是指企业针对需要协调统一的管理事项所制定的制度。实践证明："管理出质量""管理出效益"，而管理制度是管理的基础，是管理现代化的重要手段和方法，是建立现代企业制度的基础工作。管理制度的对象主要是指在营销、设计、采购、工艺、生产、检验、安全、卫生等管理中的管理事项，但又不是一切管理事项，而是需要协调统一的重复性事务。管理事项的变化既与企业内部条件有关，又与社会环境有关，必然受社会环境的制约，因此管理制度的内容也必受到社会环境的制约，并应随其变化而调整。

城市轨道交通运营单位的管理事项包括但不限于服务营销、物资、运输、安全、卫生、技术、人力、生产等方面，其管理制度的构成如图 8—1 所示。

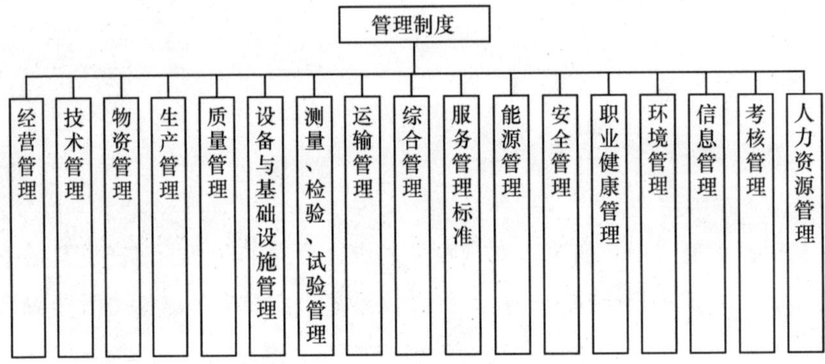

图 8—1 管理制度的构成

2. 技术标准与作业规程

技术标准与作业规程是针对需协调统一的技术事项所制定的规章。凡是企业内部需要协调统一的技术要求都应制定相应规范，其表现形式有标准、规范、规程、守则、作业指导书等。技术标准与作业规程按其内在联系形成科学的有机整体，是企业规章体系的组成部分。

城市轨道交通运营单位的技术标准和作业规程涉及较多专业，包括线路、房建、供电、机电、自动化、售检票、行车组织等，其相互之间的内在联系复杂。技术标准与作业规程体系如图 8—2 所示。

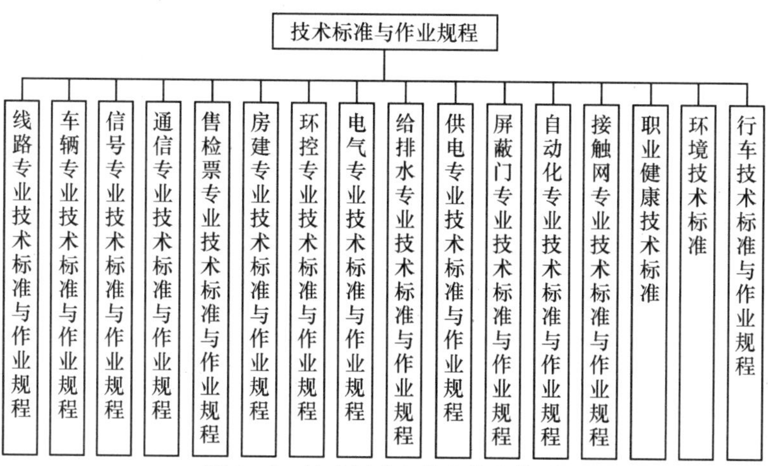

图 8—2　技术标准与作业规程体系

3. 岗位作业规范及考核准则

岗位作业规范及考核准则内容通常包括：岗位的基本资格要求、职责权限、岗位工作要求和检查考核，是针对需要统一协调的工作事项而制定的。如果说管理制度是针对事（事项）的规章，技术标准和作业规程是针对“物（设备设施）”的规章，那么作业规范和考核准则就是针对“人（岗位）”的规章。许多企业的实践证明工作标准对强化企业管理、提高企业素质等起着积极的作用，已成为企业管理科学化、现代化的重要内容。

岗位作业规范及考核准则的构成如图 8—3 所示。

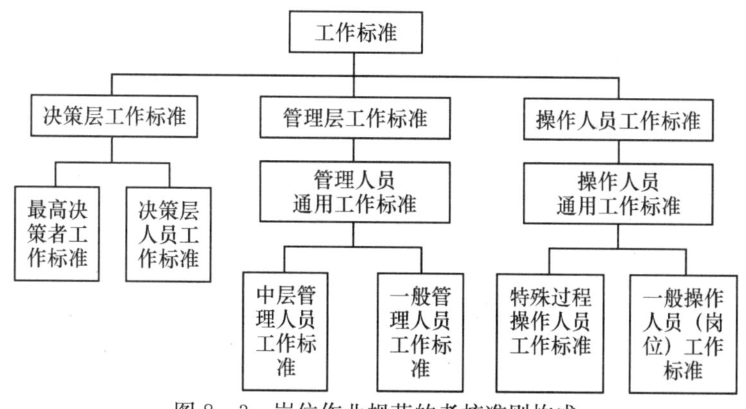

图 8—3　岗位作业规范的考核准则构成

二、规章编制计划的制定

规章体系建立后，在运营筹备期组织规章编制时，应突出保障“按计划接管、保证运营质量”这一指导思想，注意与相关法律、法规保持一致，重点编制保证顺利接管和开通运营的相关规章。因此，编制运营筹备期所需规章时，必须要制定科学、有效、合理的编制计划。

1. 规章编制计划的编制原则

（1）应综合考虑外部环境相关要求、本单位管理现状和运营筹备期风险识别、评价结果三方面，也就是说文件的编制应当分步、分批进行，确立不同阶段的优先项。例如，在文件编写之初，应先确定编写格式、内容要求、规章编制流程等；在运营筹备初期，应首先明确筹备组织的运作方式、内外沟通的方法等；在筹备过程中，应着重制定验收接管和开通试运营所需规章。

（2）应考虑以最少的规章去覆盖最大的范围，减少不必要的重复或多样化，内容应具有指导性、可操作性、普遍性、全面性和原则性特点。规章之间应相互匹配、不矛盾，并尽可能不重复，即在编制计划的制定过程中应考虑同类规章之间的整合，避免重复劳动，提高编制的效率。这点在运营时间紧、任务重的筹备期显得尤为重要。

特别需要指出的是，在已有线路运营的条件下开展新线筹备的规章编制工作，应先评估现有规章的适用性，并根据评估结果制定编制计划，以利于提高规章编制工作的效率和效果。

（3）规章编制计划应切实可行，并且与运营筹备计划匹配。所谓可行，是指规章编制的实际进展应当与计划保持一致，能保证在发布和实施之间预留充分的时间进行培训、演练等。

2. 规章编制计划的内容

一般包含：规章名称，规章的适用范围，时间表（启动日期和完成期限，包括各阶段的目标），规定的责任单位、负责人、配合部门，监督检查单位、检查时间。

规章编制计划制定的过程中，应先组织有关部门进行讨论，并在时间上进行统筹安排，以利于更好地发挥规章在组织生产过程中的指导作用，避免出现运作上的制度“真空”。讨论后最终形成切实可行的计划，在计划的实施过程中，监督检查单位按照计划确定的检查时间监视其实施进度和完成情况。

三、规章的编制

规章的编制是指企业对所需规章进行编写的过程，包括前期的资料收集、文件编写、讨论、报批、发布等过程。在整个运营筹备过程中，遵守外部法规要求的同时，制定出先进合理的规章，是轨道交通运营单位建立最佳秩序、获得最佳社会效益和经济效益的前提条件。

1. 规章编制的原则

（1）规章编制应以贯彻国家和地方有关方针、政策、法律、法规、规章和强制性标准为根本。规章是在单位内具有约束力的文件，因此应充分体现国家的技术经济政策，对国家各项法律、法规，如环境保护法、安全生产法，以及有关强制性标准和地方行政法规、规章都必须认真贯彻执行，不得发生抵触。

（2）技术规程的编制要以各系统的设计标准和设备技术参数以及新线开通时各系统设备实际能够达到的标准和参数为依据，并鼓励积极采用推荐性国家标准、行业标准。同时，在运营筹备期的各项工作有可能是同步进行的，因此应坚持边安装调试、边培训、边完善教材文本和手册的“三边”

原则。

(3) 对于关键性技术专题研究，应将研究成果指导规章编制，使规章的内容能体现研究成果。如开展行车组织与调度模式研究专题，其研究成果应在行车组织的相关规章中体现；在编制票务管理类的规章应在编制时应充分考虑票务运作模式研究成果。

(4) 在规章编制过程中应进行充分地讨论和审核，确保规章与规章之间的内容不冲突。

2. 规章编制的一般程序

为了充分总结吸收已有成果和成熟经验，保证规章的科学性、经济性和合理性，必须按程序来制定规章，在编制过程中可依据具体规章的复杂程度，对规章编制做适当调整。

(1) 调查研究，收集资料。搞好调查研究是制定好规章的关键环节，而技术资料及其他有关资料则是起草规章的依据，资料充分与否直接影响到规章的质量。一般应收集以下资料：

1) 国际标准、国外先进标准、技术法规、国内相关标准、适用的国家法律法规等资料。收集此类资料，以便获得大量的信息和数据，作为规章编制分析、对比、参考和借鉴之用。

近年，随着轨道交通行业的迅猛发展，相关法律法规、标准都正在不断完善和优化中，因此运营单位对需遵循的外部要求的变化应及时准确地应对，必要时应体现在规章内容当中。

2) 运营筹备单位应提早介入工程建设中，及时掌握各系统设备的性能、结构、特性，同时收集由其他单位向运营单位移交的设计资料、技术资料、设备资料、培训资料等。这些资料是规章特别是技术类规章编制的基础，因此在制定规章前要对此类基础资料做充分的收集和准备。

3) 生产和实际工作中积累的技术数据、统计资料、专题研究分析的结果等资料。此类资料，对于确定规章中的技术指标具有十分重要的意义。

4) 国内外轨道交通运营单位的相关资料、轨道交通运营现状及发展方向等资料。这些资料的收集能保证在制定规章时做到心中有数，确保规章的先进性。

5）风险识别、控制措施制定的结果。这些资料的收集，能使规章制度的编制更加符合企业的管理实际，更有针对性。

(2) 起草草案（征求意见稿)。起草单位对收集到的资料进行整理、分析、对比、优选，必要时进行试验验证，最后起草规章草案（征求意见稿）和编制说明。

规章中的参数、指标的确定，是一个十分复杂的问题，有时要通过试验验证来找出各因素之间的内在联系，从而判定所选择的技术内容是否得当。规章的编制过程中需要对采用国际标准和国外先进标准的情况进行对比分析，注意与现行法律、法规、规章和强制性标准的关系。

(3) 征求意见，形成送审稿。规章草案编制完成后，应向内部相关部门征求意见，必要时可送建设单位、设计单位核对，并对收到的意见分析研究，决定取舍后形成送审稿。在此期间，不同规章的编制小组也应加强沟通，协调规章草案之间的冲突，必要时可组织专题讨论。

(4) 审核规章，形成报批稿。根据规章的复杂程度、涉及面大小，可采取会议审查或函审，报批稿在报批前应由有经验的工程技术人员、管理人员(也可组成专门的审核机构）进行审查。

(5) 规章的批准、发布。规章由主管部门批准，并编号发布。

3. 规章编制的其他注意事项

适用的国家和地方有关方针、政策、法律、法规、规章和强制性标准、外单位移交的基础资料，可以作为外来文件直接使用，但有时为了方便员工直接使用某些内容，也可以根据实际需要，转化为内部规章或制定简化规定，但只能在内部使用。

四、规章的实施

规章发布后，编制部门需要及时组织适用人员进行必要的宣传、讲解和培训，必要时还可制作一些挂图，张贴在使用地点，使相关人员熟悉、理解规章。各类规章的实施有其不同的特点，因此各部门应分别在各个环节上组织实施有关规章。

在规章实施后，应对其实施情况进行全面总结，特别是对存在问题采取的措施和取得的效果进行分析和评价，以便进一步完善规章。例如：预案类规章实施后应有针对性地安排演练，检验其有效性和可操作性；管理制度可以通过实际运作流程再梳理、审视，检验其适宜性，根据评价结果考虑对规章进行修改的必要性。

在城市轨道交通运营筹备期，影响规章实施效果的因素有工程进度、硬件设施的完善程度、客流预测的准确性等。轨道交通运营过往的实践经验不多，可供参考的资源较之其他企业少之又少，因此在规章实施初期，需要及时对规章进行评估和调整，在实施过程中也应建立定期的评估制度，以确保规章的符合性和充分性、必要性。

五、规章的修订

对规章进行评估后，需确定是否需要对规章进行修订。规章修订的流程应与规章编制的流程基本一致。在规章的修订完成并发布后，应注意对文件的版本进行有效的控制，确保使用的文件为最新版本，防止作废文件的非正常使用。

规章的评估及修订并不单是运营筹备期的任务，而是一项长期的任务。规章制度的不断完善，体现了管理体系的持续改进，将为轨道交通运营单位的筹备和运作提供宝贵的经验和坚实的基础。

第二节　专题研究

一、专题研究的目的

城市轨道交通运载系统是一个多系统联动的高科技系统，是一个运量大、集成度高的智能交通工具，其安全性和可靠性要求非常高。近几年来，我国城市轨道交通发展迅猛，目前已经有十几个城市拥有并正在建设城市轨道交通，还有很多城市正在申报建设城市轨道交通。虽然国际、国内城市轨道交通的新线运营筹备已积累了大量的成功经验，但具体到某个城市的某条线路，应用的具体系统及该条线路客运服务的需求，可能存在一些特殊因素。这些因素包括：

- 当地的地理环境、气候的特点；
- 当地的城市布局和规划；
- 线路的走向，与公交、铁路、航运的换乘；
- 新技术、新工艺、新设备、新材料、新功能的应用；
- 国家、省、市政府部门相关新政策；
- 行业的新标准和新规定。

对这些特殊因素在开通试运营前进行专题研究，将研究的成果运用到运营管理中，形成各项规章制度，并及时对运营人员进行培训，可以直接提高运营管理效率和运营安全，并可以最大限度地降低开通运营初期的风险，保证新线开通的有序、平稳。

二、开展专题研究的步骤

开展专题研究首先应确定拟开展研究的项目。可由运营技术部门牵头，相关业务部门配合，在全面研究分析国内外城市轨道交通运营管理的共性和拟开通运营线路具体个性的基础上确立研究项目，具体专题研究项目可由业务部门负责。根据专题涉及的专业，组成研究项目小组，必要时可通过立项实施，在自身力量不足的情况下，可寻找合作单位，在充分调研、分析论证的基础上形成专题研究成果，并将研究成果运用到各项运营管理文件之中。因此，专题研究工作总体上分以下三个步骤：

（1）确立专题研究项目。

（2）调研、分析形成专题研究成果。

（3）将专题研究成果运用到运营管理文件中。

三、专题研究项目

根据已开通运营线路经验，专题研究的项目一般包含以下八方面内容：

- 轨道交通管理条例研究专题；
- 轨道交通公交接驳方案研究专题；
- 轨道交通票务政策研究专题；
- 行车组织与调度模式研究专题；
- 票务运作模式研究专题；
- 新技术、新工艺、新设备、新材料、新功能应用专题；
- 运营维修模式研究专题。

1. 轨道交通管理条例研究专题

为了规范城市轨道交通管理，保障城市轨道交通的安全运营，确保城市轨道交通设施设备及其附属设施的安全，使轨道交通运营管理有章可循，并具有法律效力，城市轨道交通运营单位需要依据有关法律、法规，制定相应的轨道交通管理条例。轨道交通管理条例研究专题可由法律部门负责，其他相关业务部门如运营安全管理、票务稽查执法、轨道交通设施保护、经营服务、运营设备设施维护等部门成员共同参与，组成研究小组，条例的编制及实施颁布均需与市政府相关部门沟通，提交地方人大审议通过后作为城市法规来发布。轨道交通管理条例与运营相关的内容应包含设施保护、运营管理、安全与应急管理、违反条例规定的法律责任等相关内容。

（1）设施保护

1）明确城市轨道交通设施范围。为了适应城市轨道交通建设与发展的实际需要，条例需要明确城市轨道交通设施的范围。城市轨道交通设施包括城市轨道交通的路基、轨道、隧道、高架道路（含桥梁）、车站（含出入口、通道）、通风亭、车辆段及控制中心、站场、车辆、机电设备、供电系统、通信信号系统及其附属设施等。

2）划定城市轨道交通控制保护区。为了确保城市轨道交通设施设备及其附属设施的安全，城市轨道交通沿线设立城市轨道交通控制保护区，其范围一般包括：

①地下车站与隧道结构外边线外侧 50 m 内。

②地面和高架车站以及线路轨道结构外边线外侧 30 m 内。

③出入口、通风亭、车辆段、控制中心、变电站、集中供冷站等建（构）筑物结构外边线外侧 10 m 内。

④城市轨道交通过江隧道两侧各 100 m 范围内。

3）控制保护区内进行工程作业的限制性规定。控制保护区内进行工程作业可能会影响城市轨道交通安全，因此需要对在城市轨道交通控制保护区内的相关工程作业进行监督管理，这些作业包括建造、拆卸建（构）筑物、取土、地面堆载、基坑开挖、爆破、桩基础施工、顶进、灌浆、锚杆作业、修建塘堰、开挖河道水渠、采石挖砂、打井取水、敷设管线、设置跨线等架空作业以及在过江隧道段疏浚河道等有可能危害城市轨道交通设施的作业。对于不需要行政许可的，要求作业单位应在施工前书面告知城市轨道交通运营单位；若需要行政许可的，有关行政管理部门在依照法律、法规进行行政许可时应书面征求城市轨道交通运营单位的意见。

4）控制保护区内工程作业的安全监督。作业单位在城市轨道交通控制保护区内进行有可能危害城市轨道交通设施的作业时，应当会同城市轨道交通运营单位制定城市轨道交通设施保护方案。

城市轨道交通运营单位可以进入作业单位的施工现场察看，如果发现作业单位的施工活动危及或者可能危及城市轨道交通设施安全的，可以要求作业单位停止作业并采取相应安全措施。若作业单位拒不采纳，城市轨道交通运营单位应当报告市建设行政主管部门，市建设行政主管部门应当依法处理。

5）禁止损害、毁坏城市轨道交通设施。一切危害城市轨道交通设施的行为都是被禁止的，包括禁止损坏车辆、隧道、轨道、路基、车站等设施设备，禁止损坏机电设备、电缆、通信信号系统，禁止损毁安全、消防、疏散导向、站牌等标志，禁止损坏监视系统等设备。

对于危害城市轨道交通设施的，城市轨道交通运营单位有权对行为人进行劝阻和制止，还可以责令行为人离开城市轨道交通设施或者拒绝为其提供客运服务；若损坏行为构成治安违法的，公安部门将依照《中华人民共和国治安管理处罚法》的有关规定给予行政处罚；构成犯罪的，还要依法追究其刑事责任。

（2）运营管理。运营管理的目的是为规范城市轨道交通的运营秩序和乘车环境，制止各类违规违章行为，因此应对城市轨道交通运营单位及乘客提出规范要求，如轨道交通运营单位应当建立健全管理制度，做好城市轨道交通设施的检查维护工作，确保其正常运行和使用等具体要求；对乘客的要求包括应当持有效车票乘车，应当遵守城市轨道交通乘坐守则，禁止影响城市轨道交通运营秩序的行为及影响城市轨道交通公共场所容貌、环境卫生的行为等相关条款。

（3）安全与应急管理。安全与应急管理的目的是为保障乘客安全乘坐城市轨道交通而建立的安全管理规范，包括对城市轨道交通运营单位及乘客提出的规范要求，如城市轨道交通运营单位应当依法承担城市轨道交通运营安全生产责任，应当设立安全生产管理机构，配备专职安全生产管理人员，保证安全生产所必需的资金投入及为保障运营安全采取的一系列措施；对乘客的要求包括禁止危害城市轨道交通安全的行为，禁止携带易燃、易爆、有毒、放射性、腐蚀性等危险品进入城市轨道交通设施等。在紧急情况下，城市轨道交通运营单位应当制定运营突发事件先期应急处置方案，并建立应急救援组织，配备救援器材设备，定期组织演练。城市轨道交通运营单位制定的运营突发事件先期应急处置方案应当报市人民政府备案。市人民政府也应当制定轨道交通运营突发事件应急预案等。

（4）违反条例规定的法律责任。为了使条例充分发挥约束作用，对于违反条例规定的要进行相应的处罚，构成犯罪的，依法追究法律责任。条例具体处罚条款，可依据有关法律法规并结合轨道交通实际来制定。

2. 轨道交通—公交接驳方案研究专题

我国大多数城市的总体发展战略，基本上是以轨道交通系统为骨干、常规公交为主体搭建公共交通系统。如何有机协调两者的关系，发挥各自的优势，整合资源，实现两者的互补和共同发展，对城市公共交通的发展至关重要。轨道交通系统对城市公共交通的作用越来越大，在轨道交通系统出现中断时，将严重影响城市交通，根据市政府有关安全生产管理文件要求，需要制定轨道交通系统中断情况下的公交接驳方案。为此，在新线筹备时需要对公交接驳方案进行专题研究。由于涉及的问题颇为复杂，轨道交通—公交接驳方案研究需要在市政府相关部门组织下共同制定。对于轨道交通运营单位，专题研究具体可由运输调度部门负责，车务部门共同参与，研究方案提交市交通管理部门，由市交通管理部门协调公交部门一起审议后形成正式文件实施。轨道交通—公交接驳方案应包括组织机构、会议制度、信息沟通制度、应急接驳预案实施程序、费用结算等相关内容。

（1）组织机构。由于公交接驳涉及不同的单位、部门，需要有统一的组织协调机构。一般来说，该机构可由市交通委、市公安局交警支队、地铁公安分局、轨道交通运营等单位相关成员组成，负责轨道交通—公交接驳组织实施等相关工作。按各级职责划分，可分为领导小组、疏导小组、协调小组。

（2）会议制度。为了及时总结全年应急接驳预案实施的情况，协调处理实施过程中的重大问题，交流公交组织或轨道交通行车组织政策等信息，研究下一年度公交接驳对策，应定期召开总结会。

(3) 信息沟通制度。当轨道交通与公交重大运输组织办法变更或必要时，轨道交通运营单位与组织机构内的相关部门互相进行信息沟通，以便应对这些变化，避免对交通运输产生影响。

(4) 应急接驳预案实施程序。应急接驳预案实施程序是轨道交通一公交接驳方案的关键。首先，应明确应急接驳预案启动的条件，如在轨道交通同一区段双向行车可能中断 30 min 及以上时，具体启动条件可依据不同城市的服务要求与水平等具体情况确定；第二，确定应急接驳预案启动的报告程序，组织相关公交公司启动应急接驳预案；第三，应急接驳预案启动的报告内容，如发生中断的开始时间，影响区段、方向，预计影响的客运量，预计影响的时间，需公交接驳的车站站名、接驳方向；第四，应急接驳预案的具体组织实施。因为一个城市公交可能有多个公交公司分别负责不同区段，市交委应根据应急接驳预案启动的报告内容组织各公交公司负责相关区段的疏导，各公交公司组织车辆按一定的时间间隔、区段运送乘客；第五，应明确组织机构中各相关单位在应急接驳现场的组织及责任；第六，明确结束应急接驳的条件。

(5) 费用结算。费用结算方法可考虑直接由各公交公司收取乘客车费，或乘客向轨道交通公司购买车票、各公交公司不再收取乘客车费，由轨道交通公司根据与公交公司签订的协议按应急公交接驳数量一次性支付应急接驳费用等方式。

3. 轨道交通票务政策研究专题

票务政策是轨道交通票务系统的设计基础，决定了系统的功能、规模和技术水平。票务政策应该以“公益为先，兼顾效益”，正确处理乘客、企业和政府三者之间的关系，充分考虑乘客的承受能力、企业的经济效益、政府的调控能力，尽可能做到公民、投资方、政府三方都满意。所以，该政策的制定需要与市政府相关部门沟通，必要时可由市政府组织召开听证会。票务政策研究专题可由经营管理部门负责，行车运输、票务部门参与，组成研究小组共同完成，此项研究成果将作为制定票价的依据。

(1) 票务政策的原则和立足点。从市场供求关系的角度来讲，客流量与票价水平是相互影响的。从运营方面来说，客流量越大，则票价越有提升的空间；从乘客角度来讲，票价越高，客流量越有可能相应减少。因此，从票价与客流的关系来看，必然存在一个最佳平衡点，这个平衡点就是最优票价。

也就是说，票价的制定要注意以其他公共交通的票价为参考标准，立足于吸引乘客，同时，还要注重社会效益和经济效益的有效统一。

(2) 票务政策主要内容。票务政策主要包含票价结构、车票种类、票价水平三方面内容。

1) 国内外主要城市轨道交通票价结构。目前国际上流行的票价结构主要分为三种：单一票价结构、计程票价结构、分区票价结构。欧美国家多为福利性国家，通常采用相对简单的分区票价结构；而亚洲国家均从公平合理性出发，考虑社会效益和企业的经济效益，以计程制票价结构为首选；单一票价结构通常只作为部分车票产品的补充方式。

2) 车票种类。世界各国轨道交通的票种最常见的有单程票、储值票(多乘票)、定期票、旅游票、团体票等，而且储值票/定期票还有成人票、学生票、儿童票、老人票之分。一些国家地区除了考虑对通达机场采取特殊的票制或收费水平外，在票种设计上也采取了一些吸引客流的措施，例如团体票、送陪客票等。

3) 票价水平。影响选择出行方式的最重要因素之一是票价和便利性。票价水平的确定可通过对乘客进行调查分析，将对票价、在途时间和发车频率等服务属性的重视程度进行量化，推理得出所需的票价弹性估计值，开发“票价弹性模型”，计算出票价的变化对轨道交通的客流量所产生的相关的影响，通过票价与客流的关系，找到一个最佳平衡点，这个平衡点就是最优票价。

(3) 票务政策建议。依据以上专题研究，可以拟定适合当地实际情况的票务政策建议，而且该票务政策在实施一定时间后，还应该可以根据实施的实际效果，在政府管理部门的指引和主导下做适度的调整。

4. 行车组织与调度模式研究专题

（1）行车组织研究。行车组织是运营组织的中心工作，需要综合协调行车、调度、车辆、信号、通信等专业的相互配合运作，以保证乘客出行安全、准时、快捷。对行车组织的研究，一方面要充分收集、了解设计相关资料，早着手、早介入，另一方面要提前掌握设备功能的实际具备情况，并结合行车组织人员的业务水平，由行车调度部门负责、车务部门参与，组织研究小组，开展行车组织研究。行车组织应着重从以下几部分内容进行研究：

1）运营交路计划。运营交路是以运营组织条件为基础，在经过区域客流的综合分析后，以充分照顾乘客出行需要为原则，合理利用运能，取得企业经济效益和社会效益的双赢。常见的运营交路有：单一交路、大小交路套跑、Y 形线路双交路混跑等。由于运营交路对运营有着重要意义，后续运营工作都需要围绕交路而调整，因此，运营交路必须从乘客服务水平（行车间隔、直达性）、行车组织（难易程度、安全性）、客运组织、导向宣传、综合资源需求等方面着手研究，在新线路开通前半年基本确定。

2）运行图。列车运行图是每趟列车在各车站到达、出发（或通过）时刻的集合，涉及运营的业务部门必须根据列车运行图所规定的要求来安排本部门工作。运行图包括区间运行时间、停站时间、折返时间、出入车厂时间等参数，这些参数可以参考设计文件，并根据开通条件，初步编制演练运行图，组织行车各部门进行运行图演练，根据运行图演练的结果在开通前进行优化完善，最后确定开通时的运营图。

运行图应尽早确定，以有利于运营组织工作的深层次开展。

3）列车运行模式。列车运行模式一般是根据信号系统提供的条件来确定。如信号系统全部实现 ATC 系统功能，则可使用 ATO 模式驾驶；如只能实现 ATP 功能，则列车使用 ATP 保护下的人工驾驶。在故障、降级模式下，如仅具备联锁功能，则列车只能凭地面信号显示人工驾驶；如不具备联锁条件，只能通过人工办理进路（摇道岔）、闭塞组织行车。在不能实现ATP的情况下，行车的风险都非常大，必须制定相应的安全控制措施，如双人联控、乘（司机）站（站务）联控等，以确保行车组织安全进行。

4）行车规章。第一级行车规章为《行车组织规则》，所有运营组织部门、岗位必须按《行车组织规则》要求开展工作，并制定下一级规章，下级规章的制定不得与《行车组织规则》相违背。第二级的规章包括各工种（行调、环调、电调、维调、司机、车站、车长）操作手册以及各应急处理程序、故障处理指南（车辆、信号）等。

5）运能匹配。开通线路从对外试运营开始，就需载客运营，因此，应认真考虑线路的客流情况，对线路开通试运营时运输能力和面临的客流运输压力有充分预想。此外，如开通线路与既有线路形成换乘关系，则必须考虑既有线路换乘客流对开通线路的客流冲击，线路间的运输能力是否匹配，从设备正常、设备故障、突发客流等几方面进行相关研究。

（2）线网调度模式研究。调度是行车组织乃至运营组织的“龙头”，负责线网运营管理（当存在多条线路时），线网行车、供电、环控和维修管理，以及线网运营信息收发工作。线网调度组织的研究应包括以下方面内容：

1）线网调度控制中心确定。在线网运营条件下，控制中心的确定对日后线网调度管理、运营管理产生重大影响。研究控制中心的设置，需结合轨道交通网络规划的要求，从工程建设投资、选址方面考虑，同时对运营安全风险与互通性、协作性进行比较。根据控制范围的不同，通常分为集中式、分散式和区域式三种方式。

2）日常线网调度。正常运营情况下，控制中心调度通过中央监控功能，对行车、供电、FAS、BAS、AFC进行监视，进行运营调度；通过与邻线调度沟通联系，交换线间的运营信息；通过与当地市政各相关单位信息联网，及时了解天气、地震、地面交通等影响轨道交通运营的信息。

3）发生大客流的线网调度。城市轨道交通线路沿线通常途经人流较密集的地点，由于线网中新线路开通行车间隔较大，经常会造成客流较大、运输能力不足的情况。当发生大客流时，单条线路运营的调度可使用加开备用车、组织列车多停、组织列车均匀运行等调度手段，并通过车站控制客流等措施组织运营。

在线网运营条件下发生大客流时，线路调度之间必须加强沟通、协调，第一级控制为本线控制，即大客流发生线路的控制；第二级控制为线网联控，即在存在换乘关系的邻线调度组织列车减缓到达换乘站的措施，减少对大客流线路的冲击；第三级控制为停止换乘，邻线调度组织列车不停站通过换乘车站，使换乘客流不进入大客流的线路。

4）灾害情况的线网调度。在灾害天气、恐怖袭击、应急事件情况下，线网调度组织将发挥其统揽全局、统一指挥的作用。新线路开通必须提前考虑线路的应急预案，特别是线网运营条件下，明确应急情况下统一协调的指挥中心，制定停运应急指挥、应急公交接驳、线网调度协作流程和线网信息收发流程等。

5. 票务运作模式研究专题

票务运作是运营组织中收益安全与否的重要环节。新开通线路的票务运作模式根据票务政策要求，以开通线路的 AFC 系统功能具备情况为基础，由运营票务部门负责，车务、票务稽查部门参与，组织研究小组，按“安全、高效、便捷”的原则进行研究。

（1）票务运作架构。票务运作架构直接关系到收益安全以及运作效率，其研究的方向必须充分考虑票务运作的收益安全，同时又需权衡安全与效率、安全与人力资源等关系。如票务运作部门接口过多，则工作开展难度较大，效率较低；如票务运作部门接口太少，则可能会带来一定的票务收益安全风险。票务运作模块一般可分为票务执行（车站）、票务管理（规章、审核）、设备技术维修以及票务稽查部门四大部分。在确立票务运作模式时，可根据运作需要，分为两层架构，即将票务执行划分为一层，而其他 3 个模块划分为一层。如以票务稽查独立为主要考虑因素，则可将票务稽查单独划分，但是，这样一定程度上会造成人力资源浪费，容易产生职责不清、接口多等问题，不利于票务管理工作的开展。

（2）结算模式

1）当AFC系统投入使用时，根据AFC系统报表数据或供货商提供的结算数据，对售票员进行结算。结算方式可以借助计算机辅助系统实现。

2）当AFC系统不能投入使用时，车站客运值班员根据纸票的实际发售张数乘以票价对售票员进行结算，票务管理部门通过核对报表来复核车站结算结果的准确性。

（3）车票配送管理。凡是涉及车票（含代售车票）的运送、回收等工作，可考虑由票务管理部门配备人员进行配送，或采取全部外包的方式，由外包公司负责人员组织、培训及管理，并根据需要确定人员的办公场地，配置相应的工器具。票务管理部门负责提出车票加封、交接、保管、运送等工作和安全的要求。

（4）票务规章。票务规章制度分为两个层次，即原则层规章和操作层规章。原则层规章对票务各相关部门的票务管理、票务运作以及票务稽查的原则和要求进行规范。操作层规章由操作部门根据原则层规章，结合操作层的实际情况对部门内部票务管理、票务运作以及各种作业程序进行细化规定。

（5）应急程序。为应对AFC系统大面积故障，或因轨道交通其他系统故障导致乘客退票等异常情况，需考虑列车严重晚点、列车故障、列车越站、车站出现火灾等紧急情况下的票务运作应急处理程序，以乘客利益为重，兼顾考虑收益安全。

（6）其他。如备用金运作模式等方面的研究。

6. 新技术、新工艺、新设备、新材料、新功能应用专题

随着城市轨道交通的发展，新技术、新工艺、新设备、新材料也不断涌现，给城市轨道交通系统设备设施建设提供了更多的选择。

由于在新线的设计、建设阶段，为了提高经济效益、提高设备性能和质量、降低成本、节约能耗、加强资源综合利用和“三废”治理、劳保安全等，通常采用了大量异于老线路的新技术、新工艺、新设备、新材料，这些技术的创新或更新，要求运营管理部门在运营筹备阶段就研究相应的应对措

施，及时、渐进地了解、熟悉工程现场与设备安装状态，进而掌握新环境、新设备、新功能和新技术，从行车到维修施工等一系列管理工作上调整工作思路和方法，并予组织实施。

新技术、新工艺、新设备、新材料应用研究专题可由设备维修部门或运营组织部门负责，组成研究小组，形成的成果应用于设备维护维修及运营管理与组织工作中，可在相关规章制度及运营组织文件中体现。

对新技术、新工艺、新设备、新材料在轨道交通的应用，从运营筹备工作方面应考虑以下两个问题：

一是对设备调试验收标准及维修技术标准进行研究。例如，广州地铁 2 号线采用了代币式全非接触式 IC 卡设备，当时是国内首次使用的、具有世界首创性的新式设备。广州地铁运营单位认识到，新技术并不直接等同于新的功效，不仅要做到高水平接管开通，更重要的是要做到高水平的运营。他们组织了专门的新设备运营研究人员，在查阅新设备技术资料的同时，虚心向外国专家请教，并反复试验，查找在运行过程中可能出现的问题，以期完整掌握新设备的技术和运行特点，在较短时间内完成了演练、联调、维修技术标准编写等工作，为地铁运营管理的长运久安打下了坚实基础。

二是对因应用新技术、新工艺、新设备、新材料而对运营组织、客运组织的变化进行专题研究。例如，广州地铁 3 号线 Y 字形运营组织研究。广州地铁 3 号线线路为 Y 字形线路，主线广州东站至番禺广场（28.78 km），支线天河客运站至体育西路站（7.55 km），支线与主线于体育西路站接轨，在开通信号功能、供车条件不明朗、新系统应用多、员工缺乏 Y 形线交路运营经验的困难情况下，为提前研究 Y 形线运营组织难点，寻求最佳运营组织方案，并及时制定相关主要应对策略，确保 3 号线全线开通后运营稳定，安全、有序地为乘客服务，在开通运营前进行了 Y 形线路运营组织研究。研究内容包括有 3 号线 Y 字形线路运营组织主要难点、运营交路比选、方案具体实施难点及控制措施等，通过这项研究，有效保障了 3 号线的开通。在实际应用中，节约了上线用车需求，节省了运营成本，保障了广州地铁的良好社会效应，为 3 号线开通运营组织打下了良好基础。

7. 运营维修管理模式研究专题

设备设施的维修是轨道交通运营的重要组成部分，是设备设施处于良好工作状态的重要保证，维修水平的高低直接影响运营服务水平，因此运营维修也是新线筹备过程中需要重点研究的专题。

运营维修管理模式研究专题可由技术部门负责，设备设施维修部门、人力资源部门参与，组成研究小组，形成的成果应用于设备维护维修及运营管理工作中，可在相关规章制度及运营组织文件中体现。

运营维修管理的任务是通过的恰当的检查检测、维护保养、维修手段，运用合理的维修成本，保证设备以良好的运行状态持续运行，为乘客提供良好的服务产品。

运营维修管理模式研究主要内容包括设备分类管理、设备的维修政策等内容。

(1) 设备分类管理。将不同系统的设备，按其运行状况对运营安全的影响程度划分成不同的类别，分别对其采取不同的、合理的维修政策，明确恰当的检测周期和深度，并适时调整，是实现控制维修成本的根本手段。可按下述原则进行类别划分：

A 类设备：其运行精度、性能变化或故障停修时，对运营安全、服务水准、运营成本或行车组织秩序等方面产生重大影响。没有备用的设备。

B 类设备：其运行精度、性能变化或故障停修时，对运营安全、服务水准、运营成本或行车组织秩序等方面产生较大影响，但可以通过启动备用设备或降级运行来减轻、消除影响。

C 类设备：其运行精度、性能变化或故障停修时，对运营安全、服务水准、运营成本或行车组织秩序等方面影响不大，可以通过降级运行来消除或减轻影响。

D 类设备：其运行精度、性能变化或故障停修时，对运营安全、服务水准、运营成本或行车组织秩序等方面无直接影响。

(2) 设备的维修政策。设备的维修政策包括维修方式、维修类型、维修等级和实施策略。

1）维修方式。分为现场检测保养设备、更换损坏或磨损的零部件、基地或委托外单位修复损坏零部件等方式。

2）维修类型。分为保养维修和故障维修。

①保养维修。保养维修是在故障率没有超过事先确定的指标之前，为了限制故障的产生而对设备采取的维修措施。保养维修可以根据下列因素来确定：使用时间，车辆的走行千米数，对设备进行的检测。

保养维修的计划是根据设备制造者所提供的基础信息来确定的，同时必须与设备当时的运转情况相适应。如果系统的可靠性比较高，那么保养维修的周期可以相对延长，反之则要相对缩短维修周期。保养维修具体可以分为计划维修、状态维修、预防维修三种形式。

• 计划维修。根据事先确定的计划，当达到一个事先确定的时间周期时，对相关设备或系统进行的检查、处理或更换。

【优点】管理相对简单，计划性强，能保证设备运行良好状态，能确保运营要求。

【缺点】维修成本极高，维修周期与深度的合理性一时难以掌握。

【适用范围】无备份且运营要求非常严格的系统和设备，如道岔、转撤机、接触网（轨）等系统和设备。

• 状态维修。在对设备进行检测的基础上，一旦某一参数超过了事先确定的限定警戒值，则需要介入维修。

【优点】对症下药，故障设备修复周期短，能保证运营要求。

【缺点】检测工作量较大，检测周期和深度难确定。

［适应范围］与运营安全有密切关联的 A 类、B 类设备。

• 预防维修。根据参数的变化趋势情况对设备进行检修，同样也是以设备检测为基础。

【优点】将设备故障消除在发生之前，能确保运营要求，维修成本最少。

【缺点】检测工作量最大，要求的检测装备和水平最高，技术管理难度最大。

【适用范围】具有自动检测功能的、与运营安全密切关联的A类、B类系统设备。

②故障维修。故障维修是在某个部件出现故障之后所采取的维修方式。

【优点】平时维护工作量最少，维护成本最低。

【缺点】要考虑备用设备，故初投资较大，维修周期较长。

【适用范围】对行车、消防安全无直接联系、设备运行稳定且已考虑了足够备份的系统或设备，如房屋修缮、堵漏、车站一般照明灯具、车站排水、除防排烟以外的环控设备等。

故障维修的工作负荷一般是无法预计和评价的，由使用者（运营者）发现故障之后报告，维修就此展开。故障维修可以是彻底维修，也可以是临时性的维修，设备在临时维修之后仍然可以投入运营，并等待彻底维修。

在这些不同的维修程序结束之后，就应该认为设备恢复可使用状态，可以投入正常的运营。

3）维修等级。保养维修是建立在对设备的检查、检测的基础之上的，因此，检查、检测设备的频率和周期以及检测深度是否合理，对设备运行的好坏、运营企业的规模都至关紧要，应采取动态管理，视系统设备的稳定性适时进行调整。

保养维修的等级，按检测、保养周期可分为日常检查、周检、双周检、月检、季检和年检。按保养维修的深度划分可分为一级至五级维修保养。其中：

设备小修（一级、二级维修）是维持性修理，对设备进行局面性检查、清洗及调整，修复或更换磨损及不能维持使用到下次修理的零部件。

设备中修（三级、四级维修）是为消除各组成单元之间技术状态不平衡所进行的一种平衡性修理，以保证设备在大修间隔期内具有良好的技术状况和使用性能。

设备大修（五级维修）是恢复性修理，全面解体检查，修复和更换全部磨损的零部件。大修后的设备要全面恢复和达到出厂时的设备性能和标准。

4）实施策略。通过以上研究，再根据运营单位的维修能力和人员配置，确定运营设备维修的策略，明确委外维修和运营单位自己承担维修作业的范围和内容。

第九章

工程建设阶段的运营筹备

城市轨道交通线路的发展历程基本可分为三大时期：工程建设时期（包含规划决策、设计、施工、单位工程验收与移交、综合联调及演练、试运行)、试运营时期（包含开通试运营、项目竣工验收)、正式运营时期。

本章所指的运营筹备是指从线路建设起始到运营单位“三权”接管之前，在以工程建设为主导的各个阶段中，运营单位为顺利实现工程接管所进行的相关筹备工作。这一阶段新线筹备的工作除人、财、物、规章等基础进行不间断筹备外，重点还需要开展以下几方面的工作：

- 及时而又渐进地参与工程建设的各个阶段，了解、熟悉工程现场与设备安装状态，进而掌握新环境、新设备、新功能和新技术，以便在新线接管后有能力开展综合联调及演练工作，为确保开通试运营做好准备。
- 在参与工程建设各个阶段中，及时而又合理地将运营的需求、经验和教训表达到位，从运营角度及时发现并反馈工程存在的问题和需要完善的条件，并力争将其解决在工程的建设过程中。
- 在参与工程建设的设计和施工过程中，及时而又有效地整合运营单位的专业人力等资源，除了学习和了解新线外，还可以协助建设单位进行对工程建设的管理，以支持工程建设，确保工程进度和质量。

就其与运营筹备的相关性而言，该时期运营筹备工作依次可基本划为五个主要阶段：其一为新线工程用户需求形成与设计阶段，其二为新线工程设备招标与制造阶段，其三为新线施工现场安装调试与验收阶段，其四为开展综合联调及演练阶段，其五为新线试运行阶段。

第一节　工程建设阶段运营筹备的目标与原则

一、主要目标

工程建设时期持续的时间较长、范围大、阶段性明显，对运营筹备工作的展开而言，该时期很自然地就有较大的、可伸展的时间和空间纵深。因此，该时期运营筹备工作的主要目标，即通过组织、调动运营单位相关人力等资源，及时、主动、合理地介入、参与新线建设工作，贴近工程建设的各个阶段，使运营相关人员渐进地了解、熟悉进而掌握新线，全纵深、全方位、全角度地做好开通运营的充分准备，并在建设过程中充分、合理地体现运营需求，支持工程建设，以确保顺利进行“三权”接管。

二、工作原则

工程建设阶段，运营筹备首先应遵循“建设为运营、运营为经营、经营为效益”的原则，建立对建设和运营进行体制、机制及模式有机融合的组织管理观念，使建设单位与运营单位的最终目的和过程目标能达成科学、有效、合理的一致化与分工协作化，从工程前期的以设计、建设为主导，逐步过渡到后期的以试运营准备等相关筹备组织为主导，运营筹备的管理、组织与工作往工程设计、建设前期延伸，组织运营相关人员，渐进地了解、培训、熟悉和掌握新线的规划意图、站线走向、周边环境、技术路线、技术构成以及安装调试、运作需求、后勤保障等特性，进而随着工程各阶段进展，逐渐、有条不紊地展开运营筹备工作，渐进而有效地推动、完成运营筹备。

1. 总体原则

（1）目标统一性原则。无论在建设、运营一体化模式下，还是建设、运营分立模式下，工程建设时期的阶段目标都是建设单位将建设工程和相应设备设施移交给运营单位，所以建设和运营单位在该时期具有统一的目标，因此运营单位在工程建设时期的筹备主体任务就是要围绕阶段目标来开展相关筹备工作。针对已经初具线网规模的轨道交通企业，在建设阶段及运营筹备期，还应该集中建设单位和运营单位的技术力量，从线网的角度统筹考虑某条新线的建设及日后的开通运营对既有线的冲击和影响，提前开展相关专题研究工作；运营单位还应该提炼多年运营筹备需求，并反馈给设计单位和建设单位，使运营实际需求能在设计和建设阶段予以满足。

（2）项目管理制原则。由于工程建设时期的主体还是建设单位，运营单位在此时期主要是参与、介入、了解、熟悉新线，因此运营单位在工程建设时期的筹备工作中必须遵循项目管理制的原则，在行政管理组织基础上，根据各阶段筹备具体特点和需要，辅之以项目管理形式对各阶段筹备工作进行专业化、专业或业务合成化管理。

（3）制度规范性原则。工程建设时期运营单位的主要工作就是尽可能地参与设计、施工各阶段，配合相关工程验收并完成“三权”接管、组织（或参与）综合联调及演练、组织试运行工作，因此运营单位必须制定相应的规章制度来规范系列工作行为，确保运营人员参与设计、施工的行为有益于保证建设工期与质量，保障运营人员的安全，保证运营单位接管的工程与设备质量良好。

2. 工作要求

（1）无论是对设计、安装、调试，还是验收、接管、联调、演练、试运行，所有涉及运营筹备的活动的核心都是以如何确保今后运营行车安全、消防安全、人身安全、客运服务优质为基础，实现开通水平的最佳化，基本的规范性规则是：严格按运营需求跟踪落实设计方案，严格按设计要求跟踪落实招标，严格按设计及相关标准跟踪落实工厂制造、安装和调试、验收和接管、综合联调和演练，严格根据国家及地方标准开展试运行工作，严格按筹备计划及时落实运营准备。

(2) 在工程各阶段工作中，无论是在工厂、现场，还是在各种相关会议中，运营人员都要围绕既定设计方案，重点针对行车安全、消防安全、人身安全和运营水平满足将来运营需求，及时发现存在的问题。对发现的问题，首先应立即向建设单位、设计单位、承包商等相关人员及时对口提出；提出后无论是否得到解决，均应在规定的时间内按规范的格式汇集问题向建设单位等相关组织正式报出，力求解决和存档备案。

(3) 建立发现问题、汇集问题、整理问题、报出问题、备案问题的程序性渠道。规定运营筹备人员在发现问题上的职责；规定对各专业、各种问题主次的分类规则和报表格式；规定各类问题报出的有效程序；规定对问题归纳、分析、备案、存档的流程。

(4) 建立协调问题、解决问题的组织性机制。建立运营单位与建设单位之间多形式的问题解决渠道；对新线问题形成从执行层初步协调到部门进一步协调并力求解决，直至高层决策定论的定期和必要的非定期协调与沟通机制。

第二节　工程建设阶段运营筹备的组织

一、行政管理组织

在工程建设阶段，运营单位和建设单位虽然分工不同，但是要达成统一目的和分工协作，打破体制壁垒，以合理机制力防建设和运营人员各为其主、各行其是，防止出现建设只管建设而不顾运营需求的盲目情况和运营不管建设过程而坐视建设结果的被动局面。

建设、运营分立的管理模式需要政府相关部门牵头，设立建设与运营协调工作组织，明确该组织的功能和职责，制定建设与运营相关工作协调机制及运营参与新线建设过程的安全措施和约束条件。建设、运营一体化的管理模式则是在城市轨道交通企业内部，由建设单位和运营单位联合组成工作协调组织，并制定相关协调工作机制，形成运营参与新线建设的规章制度。具体包括以下几方面：

(1) 建立建设单位和运营单位之间的行政管理组织关系及既协作又相互约束的管理机制，使建设单位和运营单位各自经营、管理的利益和目标既统一而又相对有差异、既相对独立又相互制约。

(2) 建设单位、运营单位双方应以按时高质量顺利开通运营为最终目的，在建设过程中通力合作，其分工不同表现在：建设单位主要工作为确保工程建设进度、成本和质量，而运营单位主要工作是为运营开通进行相关的筹备。

(3) 建设单位和运营单位要合理界定各阶段各自对具体任务的责权主次。

(4) 鉴于以上机制与工作特性，运营单位需要确定一名高层行政管理人员，统一负责对运营新线筹备进行规划和管理。同时，运营单位还应组成精干的新线业务行政管理组织机构，对新线相关日常事务进行归口管理，并成为对应管理层强有力的参谋部进行对应的动态分析、策划、掌控和协调。该机构还需要建立在接管前的管理方式，以最直接的行政指令组织运营单位相关人员有计划、有组织、有目的、有考核地全过程合理参与和跟踪，并调配运营单位各种资源支持和参与建设，使运营人员在一个时间相对充裕的条件下渐进地了解并掌握将来的验收、接管、联调、演练和试运行。

二、项目管理组织

城市轨道交通是由多系统设备组成和多运作组织形成的大联动机，必须根据系统设备和运作特点建立相应项目管理组织，保障在工程建设时期对人、设备、环境资源，特别是对紧张资源的有效、优化整合与运用，保障运营筹备工作顺利进行。

应组建一个集成建设单位和运营单位核心业务的管理及决策领导层，以及高度统一的运营筹备最高项目管理组织。该最高项目管理组织在一个建设和运营的行政上级统一领导下，对运营筹备的管理总体负责；被赋予为围绕运营筹备可最大限度地合理调配运营单位相关人力、财力、设备、物资及环境资源的权利；协调建设和运营间关系；组织审定运营筹备方案并组织实施；对运营单位和建设单位相关人员的过程目标进行考核。

在运营筹备最高项目管理组织下，结合行政组织架构，建立涵盖建设和运营的、从相关职能口到执行层、垂直模块化的筹备专业性项目组织；同时，根据实际需要，建立必要的跨专业、跨业务的，纵横向合成、模块化的业务性项目组织。

以行政管理组织为基础，建立涵盖建设和运营各级的责任化、集成化、专业化、模块化和格式化的项目管理组织及相应工作程序，该项目管理组织在目标一致和矛盾清晰的前提下，既高度集中，又在可控基础上合理分级授权，并对紧张的资源组织集中调配与运用。

三、组织的人员要求

为有效地达成筹备目标，无论是对筹备的行政组织和项目组织各层级的管理人员，还是对其成员，都应相应地合理设定对应的资格、资质性的基本条件要求。明确对各种筹备项目组织管理负责人及其成员的相应管理、技术、技能最低资质或条件要求，以及不同层级人员的权责，以确保不同层面工作由相应资质、资格或级别的人管理和负责，避免多头指挥。

每个项目组只设有一个掌握本专业或本业务的总负责人，在相关工作中可由其任命 1 名副手实施现场指挥。考虑实际精力限制，每个人不能担任跨两条线以上同时实施的同专业和业务项目的总负责人，以确保责任到位、建设与运营相关资源整合到位。

项目组总负责人对本项目组组织的方案编制与审查、信息传递、指令下达、后勤保障、指挥协调和人员组织及其结果负总责。

四、组织管理的规章制度

工程建设时期的所有运营筹备，无论是对设计、安装、调试、验收等以建设为主导的筹备工作，还是接管、演练、试运行等以运营为主导的筹备工作，原则上都应预先制定相关规范性管理规则以及规章制度、组织程序、工作流程、工作方案或计划，即“新线筹备组织管理规则”，主要包括运营人员参与新线建设管理细则、新线验收与接管的管理细则，以及相关接管方案、联调演练实施细则、联调演练方案等。

以该规则作为一个唯一性根本大纲，对各阶段运营筹备组织与管理进行基本性规范；对规范进行充分宣传与培训，使其贯穿于整个新线筹备工作中，并严格按规范进行组织和管理；在新线筹备工作中及时检查、监督规范的执行情况，定期和不定期地总结完善规范，找出问题的成因和完善的举措，找出优势的原因和推广的举措，并及时组织落实，持之以恒，持续改进。

该规则还是对运营人员进行新线组织和实施控制的程序性规范，包括对涉及运营的用户需求形成、设计与设计联络、技术审查、技术澄清、资料收集、工厂监造、工厂验收、现场跟踪、安装调试、验收接管等相关活动组织和实施控制的程序性规范。

该规则还应包括建立在各阶段跟踪、参与工程建设的活动中，对所发现的问题进行汇集、报告、归纳、总结、存档的程序及其解决协调机制，建立对各阶段筹备工作进行科学、合理、及时地总结、调控、评估、考核的制度。

(1) 对涉及运营的用户需求形成、设计与设计联络、技术审查、技术澄清、资料收集、工厂监造、工厂验收、现场跟踪、安装调试、验收接管等相关活动，应有针对性地规范其控制程序、操作流程要求，主要体现在人员最低资质要求、最低验收前提条件、最低接管前提标准、最高工作原则、最高筹备原则。

(2) 对用户需求形成、设计与设计联络、技术审查、技术澄清、资料收集、工厂监造、工厂验收、现场跟踪、安装调试、验收接管等相关的技术性、管理性和技术管理综合性活动，应对参与相关不同层级工作的运营人员明确界定其技术、管理资质的最低要求，以确保不同层面工作有相应资质的人有效地参与和负责；设立对相关具体人员是否具备相关层级最低资质的提出、核查、认定程序和机构；设立安排相关组织、具体人员参加不同层级工作的提出、审查、审批程序。

(3) 对各专业设备、设施的验收，在遵循相关合同、验收规范基础上，运营单位应针对不同阶段验收的特点，事先明确界定能够进入、能够通过验收的最低技术、功能、状态条件要求，重点是事先具体明确对进入、通过验收的否决条件，以及可以先验收但须限期尽快完善的条件，以统一思想，避免个人理解差异，确保不同阶段的验收质量；确立对相关具体验收最低条件的提出、核查、认定程序和机构，设立安排相关组织、具体人员负责和参加具体不同阶段验收工作的办理流程。

第三节 工程建设阶段的运营筹备工作

一、用户需求形成与设计阶段的运营筹备

在用户需求形成与设计阶段，应使相关运营人员合理、有效、及时地介

入、参与各种设计、设计审查、设计联络工作，坚持建设为运营、运营为经营、经营为效益的原则，从运营角度、验收角度、维修角度、后勤保障角度，根据相互间关系，综合展开筹备。

运营单位在此阶段参与相关会议的主要工作流程为：安排相对固定的专业人员参加相关设计审查会或方案讨论会→运营人员提出相关意见并力求在会议上讨论并被采纳→运营人员将提出的问题以及会议采纳情况记录备案→运营单位安排相关部门定期跟踪会议采纳意见的落实情况。

（1）从筹备运营及以之相关设备设施维修、后勤保障等综合角度，根据实际运营经验和具体线路运作需要，会同建设人员，合理、及时地提出并形成能最大限度满足日后运营、维修、保障需要的用户需求，定位功能、技术、条件和设备设施。

（2）从筹备运营的角度，通过了解进而掌握具体线路设计的规划意图、走向特性、站点分布、周边环境、客流预测、线间关系、技术定位、系统功能、系统构成等要素，达到初步设定运营行车组织、客运组织、票务组织基本模式的目标。

（3）从筹划开通前验收的角度，通过了解进而掌握具体线路各系统设备设施的设计意图、技术定位、系统功能、系统构成、系统间关系、线间关系等要素，达到初步设定开通前验收、联调、演练基本内容及其标准的目标。

（4）从筹备开通后设备设施维修的角度，通过了解进而掌握具体线路各系统设备设施的设计意图、技术定位、系统功能、系统构成、系统特性、系统间关系、线间关系等要素，达到初步设定开通后设备设施维修、抢修、备件供应基本模式的目标。

运营人员参加相关会议应遵循城市规划与设计规范，从有利于运营安全与提高运输能力和服务质量角度提出相应意见。做好会议备忘录并跟踪相关意见的落实是非常重要和必要的，会议记录必须由运营单位统一留存并安排落实跟踪。会议备忘录的格式见表9—1。

表 9—1　　　　　技术审查、图纸会审等会议备忘录

<table>
<tr><td>编号</td><td>1（线别）—（年）—（序号）</td><td>会议时间</td><td></td><td>会议地点</td><td></td></tr>
<tr><td>会议名称</td><td colspan="5"></td></tr>
<tr><td>组织单位</td><td colspan="5"></td></tr>
<tr><td>参加部门、人员</td><td colspan="2"></td><td>联系电话</td><td colspan="2"></td></tr>
<tr><td>会议资料</td><td colspan="3"></td><td>份数</td><td></td></tr>
<tr><td colspan="6">会议内容：</td></tr>
<tr><td colspan="6">单位领导批示：</td></tr>
<tr><td colspan="6">跟踪情况：
签名：　　　　日期：</td></tr>
</table>

说明：1. 会议资料包括会议纪要、审查意见、答复意见等。
2. 会议内容重点记录运营单位在会上提出的意见，以及会议的采纳意见。
3. 会议备忘录在会议结束后 3 天内完成并交单位统一存档。
4. 同一线路同一专业的相关审查指派相对固定的人员参加。

二、设备招标与制造阶段的运营筹备

按照设计和用户需求，通过合理、有效、及时地介入、参与各种招标、合同谈判、合同澄清、工厂监造、出厂验收，从验收角度、维修角度、后勤保障、满足运营需求的角度，根据其相互间关系综合展开筹备。

(1) 从满足运营需求及与之相关的设备设施验收、维修、后勤备件保障等综合角度，根据实际运营经验和具体线路运作需要，会同建设人员，通过招标机制，选好供货商，形成完善的、性价比合理的合同；通过工厂制造过程监造和出厂检验，核查所定位设备设施的功能、技术条件、性能和质量，及时发现、提出并协调解决存在的问题，添置合同要求的能最大限度地满足今后运营、维修、保障需要的设备设施。

(2) 从维修角度，了解、掌握设备设施制造过程的拆装工艺、用材特性、分步和整体检验与校正方法及其工器具、备品备件构成，收集相关技术资料，达到初步编制维修规程、工艺、工器具配置，初步确定备品备件维修采购渠道等相关保障管理模式的基本目标。

(3) 从验收角度，按照合同和相关标准，通过制造过程阶段检验、验收以及产品出厂检验、验收，达到确保产品出厂性能和质量的基本目标。

由于此阶段主要是建设单位根据相应流程和特定组织进行，有严格的操作规定和要求，因此此阶段运营单位人员参与的主要工作是了解与学习设备技术特性、性能，提出合理性与完善性的意见并做好备忘记录，同时协助建设单位把好监造和验收关。

三、现场施工与调试、验收阶段的运营筹备

在设备设施现场施工与调试、验收阶段的运营筹备应按照设计方案、用户需求和合同，以满足运营需求为基准，通过合理、有效、及时地介入、参与各种施工、安装、单体调试、系统内调试、系统间联合调试、验收，从安装跟踪与监控角度、调试跟踪与参与角度、验收角度，根据各角度相互间关系综合展开筹备。

(1) 综合各角度相互间关系，根据设计方案、合同和相关标准，结合实际运营经验和具体线路运作需要，通过施工现场跟踪、监控机制，跟踪掌握现场施工进度，熟悉现场、熟悉设备设施，培训运营相关人员，为确保运营调试、验收、接管质量奠定基础，并据此完成维护、检修规程和调试工艺规程的编制。

(2) 从安装跟踪与监控角度，了解、掌握设备设施现场安装过程的安装工艺、检验方法及工器具，进一步收集相关安装技术资料，及时发现、提出并协调解决存在的问题，建议按表 9—2 的要求提报存在的问题以达成统一和规范，同时达到熟悉设备设施安装现场、掌握管线走向、掌握隐蔽工程，以及进一步完善所编制的维修安装性规程、工艺、工器具配置等相关目标。

表 9—2　　运营单位跟踪工程相关问题汇总表

总序号	分级序号	专业	系统/工程	线号	地点	问题描述	发现日期	发现人	问题性质	问题属性	问题跟踪检查情况	检查日期	检查人	提交日期	整改情况

填表说明：

1. “地点”与“问题描述”为发现问题的地点和对问题的详细阐述。

2. “问题性质”从对运营安全、运营管理等的影响程度分为行车安全、人身安全、消防安全和重要、一般来描述。

3. “问题属性”分为工程安装质量、设计缺陷、设备质量、其他。

4. “问题跟踪检查情况”为后续检查此问题时情况的详细阐述。

5. “分级序号”为提报问题清单的各专业部门的序号代码（简单可以该部门名称拼音缩写代表），例如车辆部门为 CL。

6. 整改情况，填 A、B、C，其中 A 为未整改，B 为正在整改，C 为已整改。

7. “专业”与“系统/工程”按照设计文件设定，可参考下表。

专业	系统/工程
接触网（轨）专业	接触网（轨）安装工程
供变电专业	变电所及环网电缆安装工程等
通信专业	传输系统、无线系统等
信号专业	
机电专业	给排水及消防、通风与空调工程等
主控专业	设备监控系统等
线路专业	正线及辅助线轨道、正线道岔工程等
房建专业	建筑工程（地面和地下）、装饰工程等
自动售检票专业	AFC 设备安装工程等
车辆专业	车辆、车辆段设备等

（3）从调试跟踪与参与角度，了解、掌握设备设施功能状况、调试方法及工器具，进一步收集相关调试技术资料，及时发现、提出并协调解决存在的问题，达到熟悉并掌握设备设施单体功能及其特性、系统功能及其特性、

掌握调试工艺和方法，以及进一步完善所编制的维修调试规程、工艺、工器具配置，在设备系统内调试阶段完成系统间功能联合调试方案的编制等相关基本目标。

（4）从验收角度，结合之前的安装、调试跟踪过程情况，核查、验证设备设施功能状况，及时发现、提出并协调解决存在的问题，确保达到所设计的设备设施性能与质量、系统功能与质量、运作条件等相关基本目标。

（5）组成运营单位验收组织。根据新线设计要求，成立对应专业验收组和业务验收组，明确单位验收组织的组成成员和相关职责，确定专业验收组和业务验收组的人员、验收要求。运营单位要根据工程工期安排在进行全面验收前编制并发布“新线验收管理规定”。

1）成立验收组织。运营单位要充分与建设单位协商，组成各专业、各业务验收组织。验收组织组长一般由建设单位分管领导担任，副组长由运营单位分管领导担任，组员由建设单位专业工程项目经理和运营对应专业筹备人员组成。根据城市轨道建设管理和运营管理特点，一般需要组成车辆系统专业验收组、轨道系统专业验收组、信号系统专业验收组、接触网（轨）系统专业验收组、自动化监控系统专业验收组、供变电系统专业验收组、通信系统专业验收组、机电系统专业验收组等，以及调度业务组、服务设施业务组等组织。

2）制定验收组织的工作职责和工作要求。管理规定中需要明确验收组的职责，主要是依据各系统设备的设计标准、验收规范及建设工期安排，组织对相应系统设备进行核查和验收。管理规定还必须明确验收工作的相关要求，首先是清楚验收标准，其次是现场认真核查，同时还需要做好记录并及时反馈，特别要关注设备功能测试与单系统调试情况，关注隐蔽工程的相关资料收集和必要的测试工作。

3）统一、明确并形成各系统设备验收的前提条件。管理规定中还需要依据设计标准和验收规范形成统一的验收前提条件，该条件应该结合建设特点，在设计标准和验收规范基础上进行细化并指导验收工作，但要注意不得违背设计规范要求。

第十章 运营接管

对整个工程而言，在新线竣工验收前工程性质还未改变的前提下，运营接管是将新线各站点的设备设施使用权、车站属地管理权、行车调度指挥权（简称“三权”）从工程建设单位移交到运营单位的过程。对运营单位而言，接管意味着离开通试运营仅有一步之隔，意味着接管前的前期所有筹备工作将要具体落地。

第一节 运营接管的基本原则和前提条件

新线接管是运营单位以开通试运营为目标，及时接管新线具体站点及其设备设施的管理权、指挥权、使用权，并立即按照设定的运营组织架构以及制定的相关规章制度主导新线运营管理，结合运营筹备计划组织运营调度、司机、站务、维修等人员，实际运用新线具体设备设施的功能、条件，展开开通前各种熟悉性、掌握性的行车、票务、服务、维修、应急、应变等演练和运作，是试运营开通前的最后冲刺。

一、运营接管的基本原则

新线接管的基本原则为：以所需接管的站点、区间和设备完成单位工程验收或特设的阶段验收为接管的前提；以运营相关阶段性筹备工作目标的完成为基本条件。

二、运营接管的主要前提条件

由于运营单位完成新线“三权”接管后即要使用相关设备设施开展系列运作和培训工作，因此运营单位对新线的“三权”接管工作具有一定的前提条件。

1. 车站与区间

(1) 所有工程和设备完成单位验收，重点是消防、装修工程与机电各专业设备、车站导向系统和配套服务设施，并经工程整改确认不存在对运营安全构成威胁的工程缺陷，各项设备设施达到设计功能，满足运营调试和运作条件。

(2) 车站机电系统设备完成单系统调试并具备设计功能，重点是消防自控系统、车站机电设备监控系统。

(3) 车站、区间给排水系统具备正常功能并与地面市政排水系统连接顺畅。

(4) 电扶梯通过市质量技术监督局的验收并取得市质量技术监督局颁发的检验合格证，满足消防迫降功能。

(5) 屏蔽门整体通过质检站的第三方检测，至少实现 PSL 控制功能。

(6) 车站公务电话、调度电话、无线手持台基本功能已实现。

(7) 轨行区线路、安全标志全部完成安装，轨行区安装的线缆、吊装设备设施必须安装牢固无松脱。

（8）轨行区施工作业基本完毕，轨面无障碍，区间无垃圾及其他遗留物；轨行区范围内的设备设施应经限界检查，满足相关要求，移交前完成热滑。

2. 控制中心

（1）所有工程和设备完成单位验收，并经工程整改确认不存在对运营安全构成威胁的工程缺陷，各项设备设施达到设计功能，满足运营调试和运作条件，重点是控制中心消防自控系统、全线行车调度系统、全线电力调度系统和全线机电设备监控系统。

（2）控制中心安全保卫措施完成并具备功能。

（3）电梯通过市质量技术监督局的验收并取得市质量技术监督局颁发的检验合格证，满足消防迫降功能。

3. 车辆段

（1）所有工程和设备完成单位验收，并经工程整改确认不存在对运营安全构成威胁的工程缺陷，各项设备设施达到设计功能，满足运营调试和运作条件。重点是车辆段轨道系统设备具备接车条件，试车线具备设计行车速度的行车条件，车辆段信号系统及其控制系统具备功能，车辆检修配套设施具备使用条件。

（2）设计要求运营能力所需车辆全部到位，完成相关测试（初验收）并具备上线运行条件。

（3）所有办公与生产场所相关设施具备人员进驻办公条件，特别是段内给排水系统具备功能并与市政给排水系统连接顺畅，段内通信系统具备相应功能，物资仓库与司乘人员休班公寓具备使用条件。

（4）电梯通过市质量技术监督局的验收并取得市质量技术监督局颁发的检验合格证，满足消防迫降功能。

4. 正线系统设备

所有正线系统设备完成单位验收，并经工程整改确认不存在对运营安全构成威胁的工程缺陷，各项设备设施达到设计功能，重点是轨道系统、信号系统（含车载）、接触网（轨）、供变电系统、通信系统（含车载）、正线与车辆段接口相关系统。

第二节　运营接管的工作流程

一、编制“三权”接管方案

“三权”接管是涉及运营和建设多单位、多专业、多部门、多人员、多站点的复杂系统工程，其组织与管理要求高，关键是针对所接管站点的具体特点，编制可控、有序、可操作的接管方案，按方案组织接管。

根据城市轨道交通小而全的特点，其新线工程“三权”接管主要分为车辆段、控制指挥中心、主变电站、车站与区间等工程的接管，针对上述不同的工程应该编制不同的“三权”接管方案。考虑到新线系统设备和车辆设备的接管特性，还需要编制系统设备与车辆设备接管方案。

虽然前面所述不同的工程接管组织方法与重点会有所不同，但是归结起来接管方案主要包含以下几方面的主要内容：

1. 方案编制依据

（1）新线相关设计文件。主要为接管中对接管设备所达到的功能和单系统调试情况进行核实，或对接管工程进行工程质量核实，以确认是否具备接管条件。

（2）新线工程建设工期策划。主要对系统设备或接管工程工期进行核查，确认是否完成相关验收程序以具备移交条件。

（3）运营筹备工作计划。主要检查运营单位相关部门是否按照设定的筹备计划完成阶段工作，满足新线工程和系统设备接管后能开展调试、运作及演练工作的要求。

2. 方案要点

（1）接管范围。包括开展接管工作的时间安排，进行系统设备移交和工程属地移交的地点，移交的工程范围和系统设备范围。

（2）接管前提条件。明确接管时各系统设备所需要达到的验收及功能状态。

（3）接管组织机构与人员安排。明确接管过程中建设与运营双方对应的组织机构、人员安排，除了设置领导小组进行全面组织和协调外，还需设置对应系统的专业接管组和以使用或管理部门为主的综合业务接管组，以满足不同专业和业务接管的要求。

（4）接管的主要内容。对所需接管的设备设施数量与位置进行清点、现场状态核实以及相关备品备件移交就位，建设与运营双方各接管组按规范要求进行凭证签证，主要移交凭证可参见表 10—1、表 10—2、表 10—3。

表 10—1　　设备移交表

系统名称：　　　　线别：

序号	合同单价号	合同编号	概算代码	供货渠道	名称	规格型号	计量单位	竣工数量	安装（存放）地点	接管部门复核		备注
										接收人	复核人	

承包商（或采购服务商）经办：　　驻地监理：　　项目部经理：　　接管负责人：

第____页，共____页

表 10—2　　　　　　　　房屋及建筑物移交表

工程类别：　　　　　　　　　　　　　　　　　　　　　　　　线别：

<table>
<tr><th rowspan="2">序号</th><th rowspan="2">概算代码</th><th rowspan="2">名称</th><th rowspan="2">计量单位</th><th rowspan="2">竣工工程规模</th><th colspan="2">接管部门复核</th><th rowspan="2">备注</th></tr>
<tr><th>接收人</th><th>复核人</th></tr>
<tr><td></td><td></td><td></td><td></td><td></td><td></td><td></td><td></td></tr>
<tr><td></td><td></td><td></td><td></td><td></td><td></td><td></td><td></td></tr>
</table>

承包商经办：　　驻地监理：　　项目部经理：　　接管负责人：

第____页，共____页

表 10—3　　　　　　　　专用工器具移交表

系统名称：　　　　　　　　　　　　　　　　　　　　　　　　线别：

<table>
<tr><th rowspan="2">序号</th><th rowspan="2">合同单价号</th><th rowspan="2">合同编号</th><th rowspan="2">概算代码</th><th rowspan="2">供货渠道</th><th rowspan="2">名称</th><th rowspan="2">规格型号</th><th rowspan="2">计量单位</th><th rowspan="2">竣工数量</th><th rowspan="2">存放地点</th><th colspan="2">接管部门复核</th><th rowspan="2">备注</th></tr>
<tr><th>接收人</th><th>复核人</th></tr>
<tr><td></td><td></td><td></td><td></td><td></td><td></td><td></td><td></td><td></td><td></td><td></td><td></td><td></td></tr>
<tr><td></td><td></td><td></td><td></td><td></td><td></td><td></td><td></td><td></td><td></td><td></td><td></td><td></td></tr>
</table>

承包商（或采购服务商）经办：　　驻地监理：　　项目部经理：　　接管负责人：

第____页，共____页

二、全面核查开通前验收情况

工程验收往往分为不同等级，如分项验收、分部验收、子单位验收、单位验收、竣工验收。无论采用何种划分方法，均应针对不同设施设备系统设定一个标志性验收级次，只有达到了这个标志性验收级次，才具备将新线移交运营的条件。

由于运营单位在“三权”接管后马上要进行系统设备的功能验证调试，并按设定的运行图进行行车演练以及相关安全性演练，所以运营接管前应核实各系统设备设施是否已经完成所有的施工、安装和单体调试、系统内调试、系统间联合调试，土建、桥隧类设施是否已经通过竣工验收前所有等级的验收，是否按照设计要求提供了足够数量的列车并完成初验收、经过所有测试具备上线运行条件，以及针对不同城市轨道交通设计标准进行相应的前提条件核查。

接管时运营单位应该有目的、有计划、有标准、有组织地对所有设备设施的验收情况进行全面、整体核查，核查其有否达到接管标志性验收等级，核查设备设施硬件（含车辆）是否已经完全具备一旦接管即可立即进行调度、行车、维修、站务等运营性实际运作的整体条件。

三、组织接管新线管理权、指挥权、使用权

“三权”接管的核心是按照接管方案有组织地逐点、逐步接管，实现最终全面不间断、有序、可控地交接，防止交接期间形成新线管理的“真空”和接管后的混乱。因此，运营单位“三权”接管要做好以下组织步骤:

(1) 按照运营新线筹备工作计划安排，对接管后即需运用的调度管理与运作、行车组织与运作、车站管理与运作、施工管理与运作、维修管理与运作、事故抢险与运作等相关主体规章制度、方案和预案等完成编制、发布，组织运营单位相关人员学习并掌握。

(2) 对接管后需要继续进入新线作业的相关施工商、临时管理人员、供货商等，提前组织完成相关培训，使其掌握运营有关规章制度并办理相关手续。

(3) 根据设定的组织架构和岗位设置，由运营单位负责配置的调度、行车、维修、站务、后勤与保卫等各种人员，在接管时同步到位、到站、到点，并开始值班与开展运作。

(4) 根据运营新线筹备相关子计划安排，由运营单位负责配置的各种物资、材料、工器具、备品备件等，在接管时同步到位、到站、到点。

(5) 由建设单位负责移交给运营单位的各系统设备、车辆设备、相关设施、建筑物房门钥匙、各种物资、材料、工器具、备品备件等，在接管时同步进行实物移交，按竣工验收的要求办完交接手续，接收到位、到站、到点。

(6) 按照编制的新线“三权”接管方案，在约定的时间无间隙地完成

“三权”接收手续并发布“三权”接管令，运营单位一旦接管新线，立即全面严格地按照运营相关规章制度进行新线管理与运作。

第三节 运营接管内容和管理措施

一、运营接管的内容

“三权”接管的主要内容有：对轨行区的行车调度指挥权；对全线供电系统和全线环控系统的监控权与指挥权；城市轨道交通所辖所有系统设备以及对设备的使用权；承担轨道交通运营所需区域的属地管理权。按照属地管理可分为车辆段、控制指挥中心、主变电站、车站与区间等工程交接，按照系统设备可分为土建设施、车辆和车辆段设备以及轨道、信号、接触网(轨)、供电、通信、自动化监控、自动售检票、屏蔽门（安全门)、电（扶）梯、大机电等系统设备交接。

二、运营接管的管理

无论哪项工程或设备接管，都需要加强以下几方面的管理：

(1) 编制的接管方案中确定一个行政或业务上级人员负责接管现场整体协调、联络、指挥。

(2) 以行政组织为基础，建立由主体专业或设备设施维修管理部门牵头负责、相关部门派人参加的专业性接管项目组织（如对房建设施接管，其维修部门牵头、用房部门参加)，辅之以建立主要功能用户部门牵头负责、相关部门派人参加的业务性接管项目组织（如对仓储、道路、绿化接管，由其今后使用管理部门牵头负责，仓储设备设施、道路维修等部门参加等)，同时授权项目组长在接管期间对所有成员的调配权，未经其同意任何部门不得调人、换人。

(3) 方案中明确运营单位具体接管项目组长与建设单位对口交接的负责人，控制指挥中心需要特别明确运营单位接管调度指挥的负责人，主变电站需要明确运营单位具体接管供变电专业的负责人，车站则要明确对应车站的站长为属地管理负责人。

(4) 提前将接管通知发至相关单位、部门，并在接管地显著地点张贴。

(5) 统一“三权”接收时间，严格按方案实施接管，对于控制指挥中心和区间接管特别重视对行车调度指挥权交接的时间，对于主变电站的接管则要重视对电力调度指挥权交接的时间，车站的接管则要重视属地管理权的交接时间。

(6) 注重对接管地和接管设备设施安全、消防、保卫的接管，同步落实安防措施、责任人和进驻时间。

(7) 实施接管前，运营单位应当与当地公安派出所取得联系，取得对城轨属地外围治安的联防共管。运营单位一旦接管新线，则立即对接管地全面、严格按照运营相关规章制度进行管理，防止交接阶段治安、消防事件以及设备事故的发生。

三、运营接管的具体措施

1. 车辆段接管

车辆段主要是城市轨道交通车辆等设备检修以及相关岗位人员工作的基地，涉及的专业设备设施多而全，几乎涵盖了轨道交通工程所有专业设备设施，如车辆及车辆段设备设施、轨道、接触网（轨）、(供) 变电、信号、通信、建筑与装修、给水、排水、照明、低压配电、电梯、消防、道路、屏蔽门、仓储、技防、后勤设施、检修专用设备设施等。因此，对车辆段的接管需要车辆维修、设备设施维修、调度、保卫、安全、后勤、仓管等不同的专业与岗位人员参与。

对车辆段的接管重点是做好组织工作，全面、合理地进行专业接管组与业务接管组的划分。

2. 控制指挥中心与主变电站接管

控制指挥中心是以调度指挥为中心的管理区域，主要涉及信号、环控与电力监控等专业设备，以及通信、建筑与装修、给水、排水、照明、低压配电、电梯、消防、道路、围蔽等后勤辅助设施。考虑到该中心功能的特性，其核心接管内容为调度指挥权的交接以及控制调度指挥相关专业的设备设施接管，而接管人员的组织应该考虑以调度指挥组织为基础，建立以主体设备设施维修管理部门牵头负责、相关部门派人参加的专业性接管项目组织。

主变电站是以供变电专业为主导的管理区域，主要涉及供变电等专业设备，以及通信、建筑与装修、给水、排水、照明、低压配电、消防、道路、围蔽等后勤辅助设施。接管人员的组织应该考虑以供变电专业组织为基础，建立以主体设备设施维修管理部门牵头负责、相关部门派人参加的专业性接管项目组织。

3. 车站、正线接管

车站与区间是轨道交通服务于乘客最直接的区域，主要涉及直接服务于乘客的建筑装修、导向与服务设施、通风空调、低压配电与事故照明、消防、电扶梯等专业，以及服务于运营的通信、信号、车站给排水、区间排水以及区间排风系统等。

考虑到车站主要承担服务乘客的任务，车站与区间的接管除了对相关专业进行正常接管外，还需要重视属地管理权的接管。

4. 系统设备和车辆设备接管

城市轨道交通系统设备主要有轨道、信号、接触网（轨）、通信、自动监控等，由于系统设备从布局和功能上具有不可分割的全线系统性特点，因此系统设备要单独组织进行交接，而不在车站等相关工程接管中进行。

由于运营单位在完成新线“三权”接管后要马上开展综合联调演练工作，系统设备的接管就要求在清点数量的同时对系统进行功能检测，只有在设备安装完成并通过调试达到系统功能和相关接口功能的条件下，才能进行该设备的“三权”接管工作。

车辆是城市轨道交通运营中乘客最直接面对的设备，车辆的安全运行是对其接管的最重要条件。每辆车在出厂验收（PSI）运到现场完成到货检查后需要开展系列功能调试和例行试验（包括车载信号、通信等相关功能试验），以及不少于 200 km 的运行考核试验，车辆完成以上调试和试验后才具备上线运行条件，运营单位对具备上线运行的车辆签发预验收证（PAC）并正式接管使用。

5. 特殊情况下的接管

我国城市轨道交通正在快速发展，因城市规划需要势必形成建设工期紧张的局面，而相关专业工程实际进度往往先后不一、动态变化，运营单位如果按照正常移交条件来对新线进行整体的“三权”接管，则可能造成接管后的筹备时间非常短，开通试运营前必须进行的综合联调演练、以行车带动的设备联调和人员实操培训不能按需要全面开展，使整体管理、掌控的幅度和难度更大、更集中，特别是同时整体验收、接管长而多的线路，矛盾更为突出。因此，运营单位可以考虑分段、分站点、分区域进行验收接管。其关键是运营单位与建设单位达成试运营开通目标的统一，协商建设工期安排，合理分段、分站点、分区域地验收和接管新线，以分解矛盾，缓解整体验收及接管的紧张状况。

所谓分段、分站点、分区域地验收和接管，即在线路部分区段、站点达到能对运营围绕整体开通试运营而开展区域性的联调演练前提下，分时间阶段验收和接管其操作使用权、调度指挥权、管理权。

其核心要点是：分时间阶段、分站点或分区域；对试运营开通准备切实有用，调度人员、车站人员、司乘人员、维修人员在先期接管的范围，能尽早开展实际运作和熟悉设备、环境，及时发现和解决问题；建设与运营间管理接口能清晰可控地明文界定。

第十一章

综合联调、演练及试运行

为保障乘客的舒适及安全，城市轨道交通内部设置了大量的设备设施系统，各设备设施系统都有各自的功能，同时各设备系统间又存在着大量的接口，以实现不同情况下的功能转换。例如：车站的通风空调系统在运营正常的情况下承担满足通风换气需要、为乘客提供舒适候车环境的功能，在车站出现火灾的情况下，则转变为排烟设备，发挥着排烟救灾、最大程度保障乘客安全的作用。为实现这种功能的迅速转换，城市轨道交通内设置了车站通风空调系统的自动监控系统，同时还设置了对车站火灾进行自动探测并报警的火灾自动报警系统，在车站出现火灾时，上述系统能协同动作，达到自动排烟救灾、保障乘客安全的目的。以上例子只是城市轨道交通内部设备系统的冰山一角。

运营筹备期的综合联调是在各设备系统完成内部调试的基础上，从满足运营开通使用的角度，完整、细致地测试城市轨道交通内部各系统正常及故障等情况下的接口功能和系统性能，以检验轨道交通内各系统按设计要求协同运作的能力。综合联调与各设备系统内部调试的区别，在于它主要关注系统间的接口及综合功能的实现。

运营筹备期的演练，是通过模拟运营过程中各种正常及可能出现的紧急情况下的运作，检验为开通试运营编制的各种运营组织方案和应急预案的科学性、合理性及可行性并加以改进，同时加强并改进各运作岗位、维修岗位人员对新线各设备设施系统正常及紧急情况下的应用能力。

第一节　综合联调、演练的目的及总体原则

城市轨道交通综合联调及演练是运营管理部门对新建城市轨道线路各设备设施系统进行全面检验的过程，是运营管理部门对各设备设施系统验收过程的重要组成部分。

一、综合联调、演练的目的

通过了解系统功能，熟悉轨道交通运营的专业技术人员编制、审核综合联调和演练方案，并控制实施，从而达到以下目的：

（1）全面、系统地检验各系统的实际功能是否达到开通运营的策划标准，系统间是否可按设计要求协同运作。

（2）及时对各系统的技术参数进行调整与修改，及时协调解决暴露出的问题，使其满足运营的实际需要。

（3）加强运营人员对新建城市轨道线路设备系统的了解和熟悉。

（4）提高运营人员在新建城市轨道线路正常运营和事故情况下的应急、协调能力。

（5）深化运营维修人员对新建城市轨道线路设备系统及应急抢修机具的应用，提高运营维修人员故障应急处理的能力。

（6）对各项开通运营组织方案及应急预案的有效性和完备性进行检验，并有针对性地确定新线开通时相对最优且可行的运营组织、运作模式，提高城市轨道交通保障运营安全和处置突发事件的能力。

(7) 最大程度地预防和减少突发事件及其造成的损害，保障乘客的生命财产及国家财产安全。

(8) 为空载试运行、开通前的安全评估及开通试运营等工作做好充分准备。

二、综合联调和演练的总体原则

各城市轨道交通运营单位在新线建设时因前期构建的组织架构、建设方式等的不同而有不同的特点，相应地在综合联调及演练过程中所遵循的原则也可能存在差异，在此略去差异之处，仅对综合联调和演练在方案编制、组织实施过程中均应遵循的总体原则进行介绍。

(1) 综合联调及演练是城市轨道交通内跨系统间接口功能的检验，应区别于设备的系统内部调试工作，并应于设备系统内部调试工作完成后实施。

(2) 应依据城市轨道交通设备系统设计文件进行方案编制，并对设备系统设计功能实现状况进行检验。

(3) 应于新线建设初期即对设备系统的综合联调及演练工作进行规划，并能在建设工期整体策划中体现。

(4) 应遵循先编制综合联调及演练方案，再拟定实施计划，后具体组织实施，最后进行总结评估和跟踪整改的工作程序。

(5) 应组织对专业系统设备及城市轨道交通运营均有深入了解的人员编制综合联调与演练方案并监督实施，对于初建城市轨道交通线路的城市可请拥有类似设备系统并有良好运营经验的企业协助。

(6) 应于各机电设备系统施工及供货合同中明确各施工单位、供货商配合综合联调及演练的责任。

(7) 应充分考虑运营开通的实际需要，编制满足要求的运营组织方案，通过演练检验和完善。

(8) 综合联调和演练方案应做到科学、完整、可行，兼顾所有设备系统间接口的测试、系统降级及故障情况下功能的检验，并尽可能通过接口设备模拟相关情况。

(9) 应从最大程度保障乘客的生命财产及国家财产安全的角度出发，充分预想运营开通初期可能发生的各种紧急情况，有针对性地编制应急预案，通过演练对应急预案的有效性和完备性进行验证。

三、综合联调和演练的组成

1. 综合联调

综合联调的组成由城市轨道交通内设备系统的配置及功能设置情况决定，需覆盖城市轨道交通内各存在接口关系的所有设备系统。根据目前国际国内城市轨道交通总体设备系统配置情况，城市轨道交通综合联调依其目的、性质主要分为以下两类:

(1) 接口功能测试类。主要对城市轨道交通内系统设备间接口内容进行测试，验证系统间接口功能的实现情况，包括:

1) 综合监控系统与机电设备监控系统的综合调试。

2) 综合监控系统与电力设备监控系统的综合调试。

3) 综合监控系统与通信系统（含广播、CCTV、主时钟等）的综合调试。

4) 综合监控系统与信号系统的综合调试。

5) 综合监控系统与自动售检票系统的综合调试。

6) 综合监控系统与屏蔽门系统的综合调试。

7) 综合监控系统与防淹门系统的综合调试。

8) 综合监控系统与乘客信息系统的综合调试。

9) 综合监控系统 IBP 盘与各集成或互连系统的综合调试。

10) 机电设备监控系统与车站机电设备的综合调试。

11) 信号功能综合调试。

12) 信号系统与防淹门系统综合调试。

13）信号系统与屏蔽门系统综合调试。

14）通信无线集群与信号、车辆间的综合调试。

15）通信时钟与相关系统综合调试。

16）通信传输系统与相关系统综合调试等。

（2）系统能力测试类。主要对城市轨道交通内重要设备系统的极限能力进行测试，验证设备系统实现设计要求的极限能力的状况，包括：

1）弱电系统抗干扰综合测试。

2）供电系统满负荷测试。

3）牵引供电系统各种运行模式测试。

4）综合监控系统“雪崩”功能测试。

5）列车高密度运行能力综合测试等。

2. 演练

城市轨道交通运营筹备期的演练应结合新线设备设施系统设置情况，兼顾运营筹备期设备系统安装调试完成情况安排。根据目前国际国内城市轨道交通设备系统整体配置情况，演练依其目的及性质主要分为以下三类：

（1）运营组织方案演练类。主要对为开通运营编制的各种运营组织方案进行演练，检验运营组织方案的可行性、科学性及合理性，包括：

1）运营时刻表演练。

2）票务联合演练。

3）信号故障降级运营演练等。

（2）应急预案演练类。主要对为开通运营编制的各种应急预案进行演练，检验应急预案的合理性、科学性及实效性，包括：

1）大客流演练。

2）公交接驳演练。

3）车站火灾演练。

4）区间列车爆炸（火灾）演练。

5）大面积停电演练。

6）屏蔽门故障演练。

7）防淹门故障演练。

8）列车在区间故障救援演练。

9）水淹道床应急演练。

10）接触网（轨）有异物的应急处理演练等。

（3）重要设备设施故障抢修演练类。主要对重要设备设施故障抢修预案进行演练，验证重要设备设施故障抢修预案的合理性、科学性及实效性，包括：

1）接触网事故演练。

2）供电系统故障演练。

3）牵引供电故障实施跨区供电演练。

4）钢轨伤损及折断处理演练。

5）线路挤岔事故演练。

6）地面无缝线路高温涨轨处理演练。

7）道床起拱事故演练。

8）车辆故障处理演练等。

演练的安排应根据运营筹备期设备设施系统功能的实现状况，运营运作人员、维修人员对设备设施系统以及对运营管理工作的熟悉情况来具体安排。对于大多数城市轨道交通运营单位而言，在新线开通运营筹备期，抢修机具配备及人员培训等均未达到满足部分大型设备故障抢修演练的要求，因此，在新线开通运营初期也可考虑借助供应商和施工单位的力量对设备设施系统进行维护管理，对城市轨道交通相关人员进行带教培训，但相关事故预想及方案演练建议在运营筹备期内编制，必要时可请求有运营经验的同行辅助。

第二节　综合联调、演练开展的时机及组织

一、综合联调和演练开展的时机

不论城市轨道交通经营管理模式如何，综合联调和演练均应于新线建设初期进行规划，整体体现在建设工期整体策划中，且一般在设备系统安装、内部调试完成后、新线开通前完成。

考虑到各城市轨道交通整体建设工期安排及实际设备安装调试进度的不同，为确保开通目标的实现，综合联调的开始时间可根据设备系统实际完成情况动态调整，可于“三权”接管前也可于“三权”接管后实施，但需安排在演练开始前总体完成。

根据城市轨道交通运营筹备期演练的目的及性质，演练的开始时间应安排在“三权”接管后，并且大部分项目，尤其是运营组织方案演练类及应急预案演练类中可能对乘客服务产生较大影响的项目，应在开通试运营前完成，设备故障抢修类演练项目可具体根据设备系统完善情况、检修机具的到位情况、检修人员成熟情况以及综合联调、演练策划时间等情况，安排在开通试运营前或开通后试运营期进行。

二、综合联调和演练的组织

人类有组织的活动大体分为两类：一类是连续不断、周而复始、标准化的运作，如城市轨道交通的运营管理；另一类是一次性、临时性活动，称为“项目”，如城市轨道交通的建设项目及新线运营筹备项目。综合联调和演练是城市轨道交通新线筹备工作中的重要组成部分，是运营筹备大项目中的一

个子项目，其本身由许多单一的联调、演练项目组成，其管理过程是典型的项目管理的过程。

项目管理就是通过一个临时性的柔性组织，对项目进行组织、计划、实施和控制，以实现项目的预期目标。项目管理的精髓包括两方面：一是全方位、整体规划，二是全过程动态监控。与传统的部门管理相比，项目管理的最大特点是注重综合与系统管理，组织是实现项目管理目标的关键点和决定因素。因此，构建一套系统的、完整的、职责明确、流程清晰的管理组织机构，是城市轨道交通综合联调和演练顺利进行的重要基础。

1. 综合联调和演练的组织结构

虽然城市轨道交通经营管理模式可能不同，但由于综合联调和演练在运营筹备期特殊的功能定位，均应由城市轨道交通运营单位牵头组织，建设单位、各系统设计和施工单位、各系统设备供货商和集成商等共同参与配合实施。

具体执行过程中采用项目负责制管理，统一指挥，分级管理，有组织、有计划地开展各项工作。成立联调和演练的临时专项工作组织，组织采用矩阵（matrix type organization of project management）结构形式（见图 11—1），由纵、横两套管理系统组成，最高指令层为联调演练领导组，下设工作组及策划调度组，横向由运营单位、建设单位、设计单位、施工单位以及各系统设备供货商、集成商等管理单位组成，纵向由各综合联调演练项目组构成。项目成员由运营单位、建设单位、各系统设计和施工单位、各系统设备供货商和集成商等有关单位人员组成，接受由运营单位授权的项目经理的直接领导。在项目中，不同的参与人扮演不同的角色，从不同的角度对项目进行管理。

由于城市轨道交通各专业系统通常都由控制中心设备、各车站及区间设备等部分组成，存在着设备地点分散、设备种类繁多、设备系统间接口关系复杂、设备监控管理呈多层次关系的特点，为确保每一个综合联调和演练项目如期完成、达到目标要求，其组织建立同样重要。

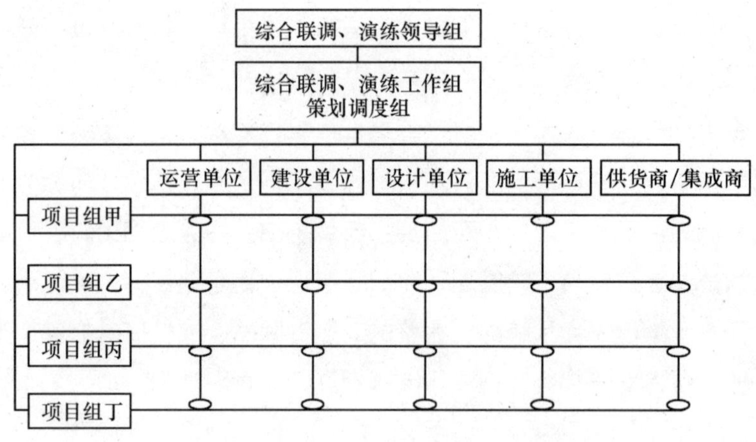

图 11—1 综合联调及演练组织架构图

单一联调和演练项目组织结构同样是矩阵式结构形式，最高指令层为单一联调演练项目的总指挥；在项目较大、需要协调管理的单位或内容较多时，可为项目总指挥配置一名项目副总指挥，协助项目总指挥的工作；在项目总指挥或副总指挥下设现场总指挥。

对于单一联调项目，根据综合联调的实际需要，结合轨道交通内设备系统地点分布较广、各站点设备系统功能及配置类似的特点，如车站机电设备监控系统与车站机电设备的联调，通常在各个站点设置现场调试组，并根据实际联调的内容要求设置控制中心现场调试组。各现场调试组由对设备系统及运营运作都较熟悉、参与编制或对联调方案熟悉的技术管理人员担任组长，组员分别由运营单位的设备管理、维修、操作人员、后勤保障人员，与建设单位人员、设计及施工单位人员、设备系统集成商及供货商人员组成，其组织结构图如图 11—2 所示。

对于演练项目，组织结构形式与综合联调基本相同，只是在矩阵横向各站点现场组的基础上根据实际需要增加专业组，且各专业组牵头负责及主要实施的人员与综合联调项目略有不同。根据前述演练的分类情况，运营组织方案演练类及应急演练类项目总指挥、现场总指挥及各现场组组长通常都由参与相关方案编制或对方案熟悉的有经验的运营运作人员担任，由运营运作

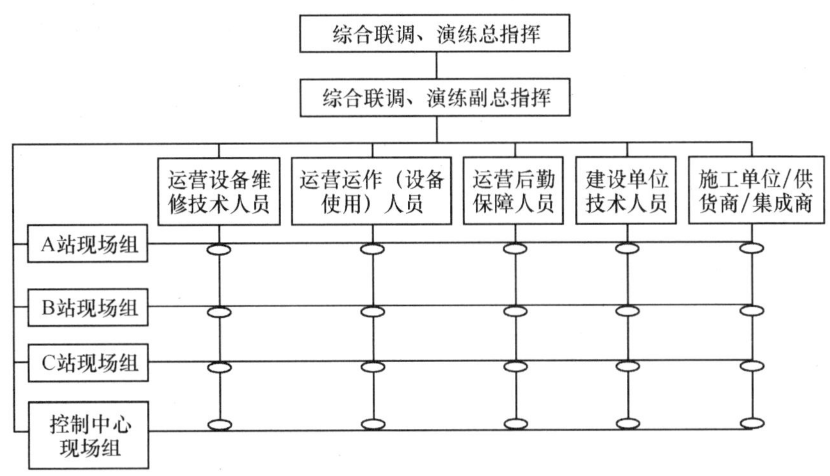

图11—2　单一联调、演练项目组织架构

管理岗位、生产岗位人员具体实施，运营维修技术人员、运营后勤保障人员、建设单位人员、设计单位人员、施工单位人员、系统集成商及供应商提供技术支持，并对设备系统实际运作情况进行检查，对演练过程中设备系统暴露的问题进行跟进整改。设备故障应急抢修演练类项目则主要由运营维修技术人员牵头负责，通常选取的地点较为明确和集中，并且对建设单位人员、设计单位人员、施工单位人员、系统集成商及供货商参与的要求不如综合联调项目、运营组织方案演练类及应急演练类项目高，若因时间及维修机具准备等原因在运营开通后进行，通常由运营单位人员自行组织及完成，所以其组织结构形式较为简单，可参考前述单一项目组织结构图，结合实际情况安排，在此不再赘述。

2. 参与综合联调、演练的单位及各重要岗位的职责和人员组成

（1）运营单位。负责牵头组织编制综合联调及演练方案；牵头组织并作为实施主体开展综合联调和演练各项工作。

（2）建设单位。组织完成综合联调和演练前各系统设备设施的安装及调试工作，使各设备系统状态及功能满足综合联调和演练开展的前提条件要

求；参加并负责组织各施工单位、设计单位、供货商、系统集成商参加各系统综合联调和演练工作，并按现场实际情况及时协调供货商、集成商及设计单位解决综合联调和演练中发现的问题；参加各综合联调和演练项目组组织的总结评估工作；参加综合联调和演练工作组组织的各新线总结评估工作。

(3) 各系统设备设计单位、供货商、集成商、施工单位。根据合同条款要求，作为综合联调和演练项目组成员参加各系统综合联调和演练工作，及时解决发现的相关问题，参加项目组组织的总结评估工作。

(4) 综合联调及演练领导组。负责综合联调和演练方案的确定和审批，重点工作的部署和跟进，综合联调和演练实施计划的检查和督导，重要阶段成果的审批，实施过程中相关工作的协调等。根据其职责定位，综合联调和演练领导组组长通常应由有权利调动建设、运营、技术管理决策等各方面资源，在城市轨道交通企业中具体分管运营筹备业务的副总经理担任，组员则由建设、运营、设计及技术管理单位的一把手组成，以满足综合联调和演练过程中重大问题快速协调决策的要求。

(5) 综合联调及演练工作组。在综合联调和演练领导组的领导下组织开展各项综合联调和演练工作；组织编制、审定综合联调和演练方案及计划；组织实施各项综合联调和演练工作；协调轨道交通企业属下各单位之间有关综合联调和演练工作事宜；组织各项目组进行新线综合联调和演练总结评估。根据其职责定位，综合联调和演练工作组组长通常应由运营单位具体分管设备系统维修及管理工作的副总经理担任，组员则应由建设单位分管设备系统管理的副总经理、运营单位分管运营运作的副总经理组成，根据各城市轨道交通企业的组织架构情况及具体的需要还可安排设计单位主管机电设备系统的副总经理和企业技术管理决策、安全管理部门的负责人参与。

(6) 策划调度组。在综合联调和演练工作组的领导下具体组织开展各项工作；具体策划各新线综合联调和演练方案和计划；具体协调各综合联调和演练方案的实施；具体负责综合联调和演练期间的人员、时间、空间及车辆等资源的总体调配工作；负责发布综合联调和演练实施命令；负责监督落实综合联调及演练的总结评估工作。策划调度组成员通常来自由城市轨道交通企业为新线筹备工作专设的管理组织。根据各企业新线建设规划规模的不同，为新线筹备工作专设的管理组织可设置为临时性的组织或较为长久的组织形式。

(7) 后勤组。负责综合联调及演练期间的后勤保障；按策划调度组的要求统一调度汽车，按时接送综合联调和演练人员；按综合联调和演练项目组的要求提供膳食及公寓保障。后勤组通常由城市轨道交通企业的综合部门或运营单位的综合部门人员组成，具体根据各城市轨道交通企业组织架构设置的差异略有不同。

(8) 综合联调及演练项目组总指挥。全面负责所辖综合联调及演练项目管理，包括实施前的准备、实施过程组织、综合联调和演练令的转达以及后勤保障的协调等，具体负责所辖综合联调和演练项目的总体指挥、调度和管理，下达综合联调及演练开始、中止、结束命令。综合联调及演练项目组总指挥通常应由城市轨道交通企业运营单位中具备设备系统综合联调和演练经验，并对运营运作较为熟悉，对综合联调和演练项目内容熟悉，对相关设备系统了解，并在运营单位内担任部门经理及类似职务的人员担任，以方便进行综合联调和演练涉及的各相关事务的协调。

(9) 综合联调及演练项目组副总指挥。负责协助、配合总指挥进行各项工作，及时协调解决综合联调和演练中发现的各种问题。综合联调和演练项目组副总指挥根据综合联调和演练项目实际需要设置，可选择运营及建设单位内担任部门副经理及类似职务的人员担任，其他要求及条件同综合联调和演练项目组总指挥。

(10) 综合联调和演练项目组现场指挥。在项目总指挥、副总指挥的领导下，负责所辖综合联调和演练方案实施过程中的现场指挥、调度、协调和组织管理，并在综合联调和演练结束后，牵头组织项目工作组组员对方案执行情况进行总结和评估。综合联调和演练项目组现场指挥通常由城市轨道交通企业运营单位中具备设备系统综合联调和演练经验，对运营运作较为熟悉，对综合联调和演练项目内容熟悉，对相关设备系统及设备系统现场情况最为了解的专业技术骨干担任。

(11) 综合联调和演练项目组组员。负责按照经综合联调及演练领导组审定的综合联调和演练方案内容及步骤要求，在现场指挥的直接指挥下参加所辖综合联调和演练方案的具体实施、总结评估工作，记录、汇总、分析综合联调和演练测试数据，协助解决在综合联调及演练中发现的问题。综合联调和演练项目组成员通常由运营单位设备系统维修技术人员、维修生产岗位人员、运营运作管理人员、运作生产岗位人员、建设单位设备系统管理技术人员、设计人员、施工单位人员及供货商、设备系统集成商组成。

第三节　综合联调和演练方案的编制

综合联调和演练方案是指导综合联调和演练工作的纲领性文件，一般包括总体组织方案和各综合联调、演练子方案。

为保证方案的指导性、实用性、可操作性，在编制方案前应针对线路的技术功能和运营组织模式特点进行相关专题研究，同时借鉴建设单位的设备系统单体调试经验，以项目组为单位编制综合联调和演练方案，其编审过程至少需经过项目组编制、运营单位内审、建设—运营—设计等单位联合会审三个重要阶段。

一、总体组织方案编制要点

总体组织方案是从建设、运营、施工联合体的角度，对整个综合联调和演练工作进行宏观、总体、全方位的策划，方案重点阐明综合联调和演练的领导组、各参与单位、各子方案中关键岗位人员的职责以及实施计划的总体安排。方案要点一般包括：

1. 工程概况

概要性地阐述此项综合联调和演练工作对应的新线工程范围（如线路总

长、车站及控制中心、车辆段、主变电站等线路重要设备设施设置情况等），工程系统设备总体配置情况，工程“三权”接管时间等与计划安排有重要联系的工期关键点等内容，以规范、指引综合联调及演练相关工作。

2. 综合联调和演练的目的

阐述综合联调和演练的目的，在思想上统一参与综合联调和演练各单位人员的认识，形成合力，步调一致地将综合联调和演练工作做好。

3. 编制的依据

阐述综合联调和演练总体组织方案编制的依据，主要包括相关开通策划及工期安排、工程实际进度等。

4. 综合联调和演练的前提条件

（1）“三权”移交。如前所述，“三权”移交是运营单位与建设单位间对新线设备设施的管理权、指挥权、调度权的全面移交，“三权”移交后运营单位也就进入了开通试运营准备的实质性阶段。在工程条件允许的情况下，综合联调和演练项目通常都应安排在“三权”移交后至开通试运营前进行，“三权”移交时间的确定及稳定将直接影响综合联调和演练各项计划的编制及正常实施。因此，应在综合联调和演练总体方案前提条件部分根据新线总体工期策划，由建设单位依据工程进度并与运营单位达成共识，清晰注明“三权”移交的时间，若存在分段开通的情况，还应分段注明。

（2）车辆需求。综合联调和演练阶段大部分的运营组织方案中演练类及应急预案演练类项目、部分综调项目，如运营时刻演练信号功能综合调试、列车高密度运行能力综合测试等项目都涉及城市轨道车辆的使用，因此，在“三权”移交后，经过调试验收可提供进行综合联调及演练使用的城市轨道车辆的移交情况（含移交车辆时间、车辆列数、车辆功能实现情况等），也会直接影响综合联调和演练项目计划的编制及实施。建设单位与运营单位应根据车辆供货、调试实际进度及计划情况对车辆需求形成一致意见，并在综合联调及演练总体方案前提条件部分给予明确。

(3) 各设备系统功能。综合联调和演练项目主要是对设备系统功能及设备系统间接口功能进行全面的检查和测试，综合联调和演练期间设备系统功能的实现状况将直接影响综合联调和演练方案中相关内容的实施。因此，建设单位与运营单位应就各设备系统实际安装调试进度及计划情况对进入综合联调和演练期的设备系统功能状况（含设备系统各组成部分功能完成情况、完成时间等）进行沟通确认，并在综合联调和演练总体方案前提条件部分清晰描述。

5. 综合联调和演练组织及职责

明确综合联调和演练、后勤保障各级组织及主要负责人员，阐述各单位的职责，详细内容及要求参见本章第二节。

6. 综合联调和演练内容

罗列整个综合联调及演练项目清单，以及对各子方案编制的总体要求。

7. 综合联调和演练总体实施计划

介绍综合联调和演练的总体实施计划，主要列明综合联调及演练工作关键控制点的时间和安排，综合联调和演练实施细化计划在此总体实施计划指导下编制。

8. 评估及总结

阐述在各子方案实施及整个线路的综合联调及演练工作中发现的问题以及整改计划的安排，并对各子方案的评估与总结工作提出要求。

二、各综合联调和演练子方案编制要点

子方案侧重阐述综合联调和演练的具体内容、实施步骤和事故或紧急情

况下的处理措施以及问题整改措施，其内容至少包括以下几点：

1. 综合联调和演练的目的

同总体方案的要求，但侧重阐明各子方案的目的，相对总体方案更有针对性，也更具体。

2. 前提条件

详细阐述保证子方案顺利实施对设备系统功能实现状况及城市轨道车辆数量、功能等方面提出的要求。

3. 组织及人员安排

阐述子方案各岗位设置、后勤保障人员要求及各岗位人员的职责，明确各级负责人、参与人员安排，详细内容及要求参见本章第二节。

4. 时间安排

明确子方案实施的时间要求，包括方案中各组成部分实施预计时耗、建议开始时间等。

5. 综合联调和演练用具配置要求

在综合联调和演练过程中，需要对测试的结果及时准确地核对，因此，通信用具的准备和配置将直接影响综合联调和演练的正常实施。另外，应在综合联调和演练方案中对相关用具配置要求周全考虑并详细描述，如涉及消防自控系统综调项目需要的烟枪等特殊测试工具。

6. 综合联调和演练内容及步骤

详述综合联调和演练内容及步骤，并设计相对应的记录表格以记录相关内容及步骤的测试结果。

7. 故障及事故处理

主要对综合联调和演练过程中可能出现的异常情况下的管理活动进行规约，统一思想，使综合联调和演练过程中发生紧急情况时，整个团队能目标一致、快速反应。

8. 评估与总结

每日综合联调及演练结束后由项目负责人组织项目组（含建设单位、设计单位、监理单位、供货商、集成商、施工单位等）对当日的联调及演练情况进行评估，填写评估表格并签名确认。建议对演练质量及参与演练人员进行评估打分，并根据评估打分情况决定是否需要重新组织进行演练。

综合联调及演练总结，主要阐述综合联调和演练工作的完成情况、系统设备的表现情况、综合联调和演练工作中存在的不足之处和整改措施，并对综合联调和演练结果及改进计划进行多方的确认。

三、典型综合联调和演练方案

为使读者对综合联调和演练方案的内容有更深入的了解，本书结合广州地铁3号线设备系统配置，在接口功能测试类中选取了综合监控系统（MCS）IBP盘综合调试方案作为实例供参考，见本书附录。

第四节　综合联调和演练的实施

综合联调和演练的实施是综合联调和演练工作举足轻重的一环。目前，综合联调和演练的实施已朝着“全面详细计划、严格按计划实施、及时反馈更新、严密跟踪对比”的现代工程项目模式进行，主要由综合联调和演练计划编制、执行及管控三部分组成。

一、综合联调和演练计划编制

“用兵之道，以计为首”。计划在项目管理中占有最重要的地位，是整个项目管理的龙头，计划工作的好坏直接影响到项目能否顺利实施。由于项目的其他管理工作都是围绕着如何实现项目总进度计划所制定目标而展开的，因此，是否有一个全面、优质的进度计划成为项目成功的关键。

编制出一个计划也许并不难，但要编制出一个切实可行、科学合理的、详尽的计划并非易事。运营单位应在综合联调和演练工作组下设专门的组织机构，如前述策划调度组，进行综合联调和演练计划的编制及计划的跟踪、实施、审查与更新控制，综合联调和演练工作组的负责人应直接参与综合联调和演练计划的编制过程，并最终对计划审核把关。

综合联调和演练计划编制人员在计划编制过程中，首先应结合综合联调及演练子方案中的前提条件、时间要求及调试内容等进行编制，并随时与子方案编制单位进行沟通协调，以弥补计划编制人员在专业知识方面的欠缺。因此，综合联调及演练计划的编制绝不是企业个别部门或几个计划人员的事。当然，随着计算机及网络技术的发展，计划编制软件如 Microsoft 公司的 Project 软件的出现使编制计划及计划调整变得方便快捷，给编制详尽科学的综合联调及演练计划带来便利。

编制的综合联调和演练计划只有全面、详尽、可行，才能具有很好的指导意义。计划编制过程可以看作是“纸上谈兵”，也可以说是项目的一次模拟演练，详细的计划可以让综合联调及演练工作组比较早地考虑项目方方面面的情况，在技术、方法、手段方面提前运筹帷幄，不至于顾此失彼。另外，一个好的计划，能够最大限度地调动企业内部的各种资源，并且使这些资源通常保持在均衡使用的水平下。在城市轨道新线开通任务较重、综合联调和演练时间非常紧时，计划的作用将更加明显。

城市轨道综合联调和演练计划在编制过程中应遵循如下原则:

• 整合资源、统筹规划、灵活合理地安排各项综合联调和演练计划。

• 依据运营单位与建设单位确定的“三权”接管时间以及各系统设备现状功能条件，按分期、分段、分批、分级形式编制计划。

• 根据实际工作需要制定制度，以不大于周的周期作为计划的更新周期。

• 遵从“先综调，后演练”的总体原则。

• 为保证影响开通运营的问题能在开通运营前及时发现并得到整改，综合联调和演练在条件允许的前提下，应尽早开展，以争取整改调整的时间，保证新线高水平的开通。

• 在开通任务较重，综合联调和演练时间较紧的情况下，为提高时间、空间及人力等资源的利用率，可以线路和车站两大调试区域为主线，将综合联调及演练项目分为需电客车配合及不需电客车配合两大类，根据项目之间的相关性采用多项目、同一时间平行作业模式编制综合联调和演练计划。

• 鉴于目前国家相关标准规定试运营时间不少于 3 个月，应考虑预留 3 个月试运行演练时间。

二、综合联调和演练计划的执行及管控

综合联调和演练计划的执行是过程管理理论 PDCA（计划、执行、检查、处理）循环动态控制原理中的执行部分。

为了保证执行的切实高效，应注意以下两个方面：一是项目管理者自身重视执行，二是项目成员正确理解执行。这两个方面相辅相成，缺一不可。具体在综合联调和演练执行工作中，应注意在执行前、中、后期的严格管理和控制。

• 执行前，由各综合联调和演练子项目总指挥牵头组织项目组成员进行方案学习、动员，做好技术交底工作，将方案要求、操作步骤和安全事项灌输到每个参与人员的行为意识中，保证综合联调和演练工作高标准起步、高质量推进。

• 执行过程中，项目总指挥亲临现场，进行全过程、全方位的督导指

挥，协调解决问题，努力形成自上到下、自建设到运营、齐心协力、步调一致、协调运作的整体，保证各项目工作高效、有序地开展。

• 执行后，系统总结跟踪问题整改。按照方案要求，综合联调或演练结束后，由总指挥召集项目工作组组员对方案执行情况进行总结评估，分析问题原因，提出整改措施及计划，跟踪整改结果，根据问题整改计划和结果及时组织安排进一步的补充测试。

执行其实是一个人与人之间相互沟通协作的复杂的处理过程。为了确保工作的正确落实，不偏离、不变形，需要项目成员的及时反馈和管理者的跟进监督，并随时根据实际情况的变化进行调整，才能保证执行的有效性。

跟进是执行的核心所在，所有善于执行的项目管理者都会带着满腔的热情来跟进自己所制定的计划。跟进能够确保项目成员按照预定的时间表执行自己的预定任务，能够暴露出规划和实际行动之间的差距，并迫使管理者采取相应的行动来协调整个项目的工作进展。如果情况发生变化以至于使项目成员不能按照预定计划开展工作，项目管理者的跟进就可以确保执行成员及时得到新的指令，并根据环境的变化采取相应的行动，确保尽可能达到项目预期目标。

在城市轨道交通综合联调和演练项目执行过程中，沟通就是控制，应特别注意在子项目负责人与项目组成员间、子项目组与子项目组之间、子项目组与大项目组间建立实时的、畅通的沟通渠道，保证子项目执行情况可及时反馈到计划编制调整部门，计划编制调整部门可及时检查计划与实际进度之间的偏差，快速调整计划以适应实际执行情况的变化，各项目负责人的实时跟进，保证相关调整信息及指令可快速、准确地到达所有项目组成员。对于开通任务重的城市轨道交通企业，综合联调和演练期按多项目、同一时间平行作业模式规划执行，执行前、中、后的管理措施落实到位，各方的沟通到位，正常及异常情况下管控措施到位，最终实现所有综合联调和演练任务安全准时顺利地完成，更是反映城市轨道交通企业整体人员素质及综合管理能力的重要标志。

第五节　综合联调和演练的总结

综合联调和演练既是城市轨道交通工程建设的一次系统归整，同时也是对运营的人员、设备系统、工具、管理规章、应急准备等筹备整体工作在开通运营前的一次全面检阅，其目的归根结底是提早发现问题、分析问题并及时协调解决问题，确保新线的顺利开通和开通后的安全、优质、高效试运营，因此各综合联调和演练项目结束后的总结、分析、评估及问题的整改跟踪尤其显得重要。

综合联调及演练项目总结所需的信息应该来自参与项目的各个方面，其中包括综合联调和演练方案编制部门、直接参与综合联调和演练的运营单位维修及运作部门的人员、设备系统集成商和供货商、建设单位人员、设计人员、后勤保障部门、技术决策单位人员等。同时，运用这些信息以前，应确保收集这些信息的系统、组织和流程能够正常运行，并且建立项目信息的收集、发布、存储、更新及检索系统，确保有效地利用项目中的各种信息资源。

从管理的观点来说，项目生命周期的每个阶段（或者称之为里程碑），都应该进行评估总结，以确定是否实现了此阶段的目标、项目是否可以正式开展下一个阶段工作，只不过总结的形式、内容、编写者和阅读对象等侧重点可以不同。对于综合联调和演练工作，实际上从最早的建设工期策划中综合联调和演练时间的安排，到建设单位与运营单位根据实际工程进度结合综合联调和演练实际需要对综合联调及演练时间的调整，到综合联调和演练方案的编制、审定、修订、综合联调和演练计划的编制、综合联调和演练计划根据实际执行情况的调整等，每一个环节都是在不断地总结调整中前进。下面，我们主要针对各综合联调和演练子项目完成后的总结及综合联调和演练工作完成后的整体总结评估进行论述。

一、综合联调及演练子项目总结框架

综合联调和演练子项目的总结是综合联调和演练过程中有针对性地、专业地、具体地对每一项子项目实施情况的总结和评估，是综合联调和演练总项目总结评估的基础，其内容框架主要由以下部分组成：

1. 项目概况、范围及完成情况简述

既然叫项目，就有其独有性、时间性，为明确总结的对象，使总结的内容更具有针对性、时效性和持续改进的意义，因此，应在项目总结时首先简述项目概况、范围及完成情况。

2. 项目进度

按照项目整体计划或项目滚动计划编写的计划工期与实际工期之间的差距和原因来分析，例如：其间有哪些变化、原因是什么、对工作量的估计如何等，以便积累经验数据，提高下次计划的准确性。

3. 项目资源

项目资源不但包括人力资源情况，而且还包括设备、材料、后勤保障等其他资源的合理使用情况，对于城市轨道交通综合联调和演练项目还有线路空间及时间这一较特殊资源的合理利用、开发情况等，应在项目结束后进行分析和评价，以便更加有效地开发和利用，为开通运营后的相关工作开展奠定基础，同时为其他新线的综合联调和演练工作积累经验。

4. 项目风险

就风险识别、风险分析和风险应对中的经验和教训进行总结，包括项目中事先识别的风险和没有预料到而发生的风险等风险的应对措施的分析和总结，也可以包括项目中发生问题的分析统计的总结。

5. 项目沟通

可以说沟通是项目人员、技术、信息之间的关键纽带。在项目总结时，可以就项目过程中的内部、外部沟通交流是否充分，以及因为沟通而对项目产生的影响等方面进行总结。

6. 项目文档

文档是过程的踪迹，它提供项目执行过程的客观证据，同时也是对项目有效实施的真实记录。此外，项目文档还是项目实施和管理的工具，用来理清工作条理、检查工作完成情况，提高项目工作效率。对于城市轨道交通综合联调和演练子项目，项目文档应还记录项目实施前系统设备的状态、项目实施的轨迹，承载项目实施及更改过程，并为新线设备系统验收与将来系统设备的维护提供便利。所以每个综合联调和演练项目都应建立文档管理体系，并及时收集、整理、控制和移交，以便统一归档保存和进一步开发利用。同时文档信息要真实有效，文档格式和填写必须规范，符合标准。

7. 遗留亟待解决问题

应对综合联调和演练项目遗留亟待解决的问题列出清单，并针对每一个问题进行深入分析，明确责任，提出解决方案及完成时限。

8. 经验教训及建议

总结项目中的技术经验、管理经验以及教训等，并形成项目组的建议，达到发挥企业广大员工的聪明才智、积累企业财富的目的。

二、综合联调及演练项目总结框架

综合联调及演练项目是建立在各综合联调和演练子项目基础上的总的管理项目，在其总结中可参照综合联调和演练子项目总结框架，对比子项目总结，着眼点放在各子项目的协调管理及总项目整体管理运作方面，具体体现为对项目整体状况、项目进度总体管理、资源综合运用、整体风险分析、文档统筹管理、问题整改规划及经验教训总结等方面进行总结。

总之，项目总结是企业内提高项目管理绩效的简单易行、立竿见影的有效方法。项目总结不能报喜不报忧，特别是对于城市轨道交通综合联调和演练项目而言，其本身就是对设备系统进行全面检查、对编制的应急预案进行核对的过程，也是发现问题、积累经验的过程，因此，更要本着发现问题、解决问题的原则，实事求是，这样项目总结才能够顺利开展，并对日后工作有深刻的指导意义。

第六节　空载试运行

空载试运行，是城市轨道交通主体工程完工后，按照运营模式进行系统试运转、安全测试的非载客运行。关于试运行，《城市轨道交通技术规范》(GB 50490—2009) 要求城市轨道交通建成后具备不载客试运行的时间不少于 3 个月的条件方可投入载客运营；《城市轨道交通建设项目管理规范》(GB 50722—2011) 规定政府主管部门应在试运行结束后组织评估，确认具备基本运营条件，方可进行试运营。

一、试运行的定义

城市轨道交通工程系统联调结束，冷热滑试验成功，具备开通基本条件后，由建设单位组织对设备、设施进行安全测试和调试的不载客的列车运行活动，称之为试运行。

二、试运行的前提条件

试运行是按照运营模式进行系统试运转及安全测试的非载客运行，在开展前应具备以下前提条件：

1. 建设方面

城市轨道交通工程完成单系统安装调试、系统间综合联调，土建系统、机电设备、车辆具备开通基本条件。

2. 运营方面

城市轨道交通工程完成“三权”接管，完成组织机构设立和人员配置，行车组织、备品备件、技术资料、试运行规章制度及应急预案准备齐全。

三、试运行的任务

试运行期的运营管理主要任务是验证系统功能，见证综合联调结果，进入以动车调试为主线的不载客试运行阶段，车站管理、调度管理、设备系统巡检维护保养几大板块同时联动运转，进入实际操作演练状态。

试运行是对运营人员和部门设置是否科学合理，各种规章制度的针对性和可操作性是否很强，作业流程是否正确完善，部门间协作配合是否顺畅，调度指挥系统是否运转正常的大检验。该阶段管理上形成以调度为中心的生产指挥体系，行车按时刻表进行演练，各维修生产部门设备巡检维护班组到位，巡检维护工作任务划分明确。车站管理、票务演练进入模拟化运行状态，设备维修班制正常化，车站设备操作接管，熟练掌握各项应急处置方法。考核评价体系运行、三级安全管理体系进入常态化，运营管理实现统一指挥、步调一致，协作、配合、大联动。更加注重掌握各级管理干部和生产技术人员解决现场问题的能力，掌握设备系统是否满足试运营的要求，安全意识、安全管理是否到位，从而为载客试运营奠定基础。

四、试运行管理要求

(1) 试运行前，应建立相应管理体制、机构及各项规章制度。

(2) 试运行期间可由建设单位和运营单位共同组成试运行管理领导机构。

(3) 试运行期间，建设单位、施工单位和设备供货（含集成）商应建立必要的保障、抢修体系。

(4) 试运行期间，试运行管理领导机构应负责保障列车运行调试的环境、试运行调试计划和施工计划的统筹安排，对多专业交叉工作进行组织、协调，对突发事件的处理进行调度、指挥，保证行车安全。

(5) 试运行列车按照计划运行图运行前，建设单位应将指挥权、管理权、使用权向运营单位进行移交。运营单位接收设备后，调度指挥、综控员、列车司机、专业维护和客运人员应按正式运营规定到岗，负责设备操控及值守。

(6) 运营单位应负责编制计划运行图。

(7) 试运行期间，当与列车相关的系统联调趋于稳定后，列车宜按照计划运行图运行。行车运行时间宜由短到长，间隔由疏到密，最终达到试运营要求。

(8) 试运行结束后，试运行单位应编制试运行总结报告，包括试运行工作组织、方案、试运行情况等内容。

第十二章

开通前评估

第一节　开通前评估的总体原则与内容

开通前评估的目的是为了对即将开通的线路设备和运营准备情况进行全面、客观地评估，通过与设计的功能指标和有关标准进行比较，确定相关系统设备是否安全可靠运行，是否具备开通运营的条件，同时根据实际情况提出相应的整改意见，最终完善整个系统在开通前的各项准备工作。

一、开通前评估的总体原则

开通前评估的总体原则是在所有评估活动中都应当遵循的规则和准则。开通前评估主要应遵循如下几个原则:

1. 真实性原则

真实性原则是要求运营评估的当事人应当以真实的资料、文件和数据，本着认真负责的态度进行评估，最后得出的结论应当能够反映真实情况。

2. 合法性原则

合法性原则是指运营评估委托人、运营评估机构的工作人员等应当按照与运营评估有关的政策、法律、法规的规定开展运营评估活动。具体来说就是指：

(1) 主体合法。即作为受托方当事人的运营评估机构和评估参与人，必须具有法定能力与评估资格。

(2) 程序合法。即无论是委托方还是评估机构，都应当及时申报、立项，严格按照有关法律、法规所规定的评估程序、条件进行评估。

(3) 行为合法。指委托方和受托方都应当按照法律、行政法规等规范性文件的规定，约束和规范自己的行为，不能违反法律的强制性规范。

(4) 文书合法。主要指评估申请、评估报告等文件和文书应当符合法定的程式、结构以及内容。

合法性原则在开通前评估中是极其重要的，违法操作的评估行为及其结果，不具有法律效力；做出违法行为的当事人应当承担行政法律责任；情节特别严重、构成犯罪的，应承担刑事责任。

3. 可行性原则

可行性原则是指评估当事人，尤其是评估机构在评估过程中，应当采取科学可行的评估方法、评估手段、评估方案等，以保证评估能够得以顺利完成。评估人应当根据委托方提供的数据、资料以及设备等的实际情况，制定科学可行的评估方案，力求评估方案、方法等符合实际情况，得出符合真实状况的结果。

4. 客观性原则

客观性原则是指运营评估应当严格按照评估目的、评估程序以及事先设计的评估方案进行，不能任意偏离或者变更；同时，应当以委托方提供的相关数据、文件、资料等作为评估的客观依据，不能以主观判断代替客观评估行为。另外，评估人在评估过程中应当尽可能地排除自己主观上的偏见，更不能凭一己之见预设结论，影响评估的真实性。

5. 独立性原则

独立性原则是指评估机构以及具体操作评估事务的评估人员应当凭借自己的评估技术、知识，独立地进行评估，不受外界影响，尤其是不应当受到聘请或委托进行评估的当事人的不正当影响。例如：评估人不应接受委托方酬金之外的其他不法“馈赠”；评估人不应不加分析地以委托方所提供的资料、数据、文件等为标准进行评估，而不将资料与实际情况相对照或比较；评估人不应因外界的威胁、利诱或上级行政部门的命令等而丧失独立的立场，做虚假评估等。

二、开通前评估的内容

开通前运营的评估至少应包括以下内容：建筑和结构；线路状况（限界、轨道）；车站状况；设备状况（主控、信号、AFC、供电、通信、PIDS系统、防灾报警、车站设备等）；车辆状况；客运组织（运营演练、区间疏散、客流疏导及换乘）；行车组织（调度指挥、运营前的准备、运营系统人员组织及培训的准备情况）；劳动安全与卫生等。

1. 建筑和结构评估

包括评估车站主体结构和相连接的区间隧道、联络通道、折返线隧道的建筑结构和防水工程质量是否符合设计要求，土建工程是否竣工验收合格，建筑结构是否具备开通试运营条件。

2. 线路状况（限界、轨道）评估

包括限界、轨道是否符合设计要求，是否竣工验收合格，是否具备开通试运营条件。

3. 车站基本情况评估

至少应包括各车站是否已基本具备了开通试运营的条件，如车站装修是否完成，车站售票设备、进出站闸机等是否布置到位，车站电梯能否正常运转，车站导向标志是否完全布置到位，如未布置到位，是否有临时导向措施合理组织客流等。

4. 设备状况以及设备的调试情况评估

(1) 供电：主变、牵降变安装和调试情况，接触网的安装、调试和冷滑、热滑情况。

(2) 信号：ATC 系统设备的安装和调试情况。

(3) 通信：各子系统设备的安装和调试情况。

(4) 主控：系统设备的安装和调试情况，与其他系统的接口功能实现情况。

(5) 防灾报警：系统设备的安装和调试情况。

(6) 自动售检票：系统设备的安装和调试情况。

(7) 车辆：车辆的到位和调试情况。

(8) 乘客信息系统：系统设备的安装和调试情况，与其他系统的接口功能实现情况。

(9) 车站设备：车站自动扶梯、垂直电梯、屏蔽门、防淹门等系统设备的安装和调试情况，与其他系统的接口功能实现情况。

5. 规章文本的编制情况评估

包括规章制度、运营方案、人员招聘及培训计划、演练方案、物资到货计划。

6. 开通前的运营演练情况评估

包括运营演练方案的编制情况，运营演练的执行情况。

7. 开通前人员组织及培训评估

包括开通运营所需资金、物资到位情况，人员招聘及培训计划的编制情况，人员的到位情况，各岗位人员的培训情况和后勤保障情况等。

8. 劳动安全与卫生评估

包括评估各车站的平面布置、设备设施布置、通风空调、照明、防噪、减振、防坠落、防触电等措施，是否符合国家有关职业安全卫生标准的要求，是否达到了开通试运营的条件。

第二节　开通前评估程序与评估报告

一、评估准备

需要进行运营开通前评估的单位，应当向相关管理部门申报立项，经过管理部门的审批后才能选择评估机构进行评估。

开通前的评估应当选择符合法律规定、具有法定资格的开通前评估机构，并委托其进行开通前的评估。按照法律规定，开通前的评估机构至少应当符合以下条件：

• 必须是经过政府主管部门批准，并经过工商行政管理部门核准注册登记的具有法人资格的组织。

• 必须拥有相当数量的能够胜任评估工作的各类专业人员。

• 在取得开通前的评估资格之前，必须经过若干次试评估，并从试评估中取得经验，熟悉评估操作规程、操作程序，具备一定的评估经验是开通前的评估的重要条件之一。

选定开通前的评估机构之后，双方应当签订开通前的评估合同，并进行公证。合同的基本内容包括委托方、受托方及其法定代表人，评估的目的，委托评估的内容，评估收费标准，要求完成评估的时间，双方的责任和义务，违约责任等。

二、评估程序

通常情况下，评估程序如下：明确评估基本事项→签订评估合同→编制评估计划→现场考察→收集资料→评定分析→编制和提交报告→工作底稿归档。

1. 明确评估基本事项

评估机构在承接评估业务时，应当通过与委托方沟通、查阅资料或初步调查等方式，与委托方明确下列评估业务基本事项：委托方和评估报告使用者等相关当事方的基本情况及其相互关系；了解与评估业务相关的经济行为，明确评估目的及评估报告使用方式；了解评估对象基本情况，明确评估范围、恰当的评估基准日和时间；明确可能会影响评估业务和评估结论的评估假设和限制条件；根据评估业务的具体情况，明确时间安排、费用安排、工作配合事项等其他相关重要事项。

2. 签订评估合同

在明确评估业务基本事项、确定承接评估业务后，评估机构与委托方签订评估合同。评估合同应当明确评估机构和委托方的权利、义务和其他重要事项，并符合国家法律、法规和评估行业管理规范的相关规定。

3. 编制评估计划

评估机构在评估合同签订后编制评估计划，根据评估业务性质和复杂程度确定评估计划的繁简程度。评估计划应当涵盖评估业务全过程，并根据评估业务性质和复杂程度、委托方和相关当事方的要求合理考虑评估进度、人员安排和费用预算等。

评估机构在编制评估计划时，应当根据评估业务的具体情况，考虑是否需要专家或其他评估机构的帮助，并就有关事项同专家或其他评估机构提前沟通。

评估机构在执行评估业务时应当遵守评估计划，并根据执行业务过程中的情况变化对评估计划进行必要的调整。

4. 现场考察

根据评估业务的具体情况，评估机构对评估对象进行必要的现场考察，了解评估对象的基本情况。在进行现场考察前，评估机构应当与委托方进行沟通，根据评估对象的特点约定适当的勘察时间和方式。

5. 收集资料

评估机构根据工作计划，充分、独立地收集与评估业务相关的信息资料，并确认资料内容的合理性、相关性和完整性以及资料来源的可靠性。

在资料的收集过程中，评估机构可根据评估业务的需要，要求委托方提供所需的评估资料，但要对委托方等相关当事方提供的评估资料进行必要的查验。

6. 评定分析

通过现场勘察和收集资料以后，评估机构对影响评估对象的因素进行综合分析和判断，形成可信的评估结论。

7. 编制和提交评估报告

评估机构在执行必要的评估程序后，根据国家法律、法规和评估准则的要求编制评估报告。评估报告应包括必要的信息，使评估报告使用者能够正确理解评估结论。

评估机构可以根据评估业务性质、委托方和评估报告使用者的要求，选择恰当的评估报告类型。在提交正式评估报告前，应当与委托方和相关当事方就评估报告的有关内容进行必要沟通，然后根据评估合同的要求，以恰当的方式向委托方提交评估报告。

8. 工作底稿归档

提交评估报告后，评估机构按照国家法律、法规和评估准则的要求对评估工作底稿进行分类整理，形成评估档案并及时归档。

三、评估报告

评估报告应包括必要信息，但不得存在歧义或引起误导，应使评估报告使用者能够正确理解评估结论。评估机构可以根据评估业务性质、委托方和评估报告使用者的要求，选择恰当的评估报告类型。

当评估机构根据评估业务需要采用不同于评估要求规定的评估程序和方法时，应当在评估报告中明确说明；执行评估业务受到限制无法实施完整的评估程序时，应当在评估报告中明确披露受到的限制、无法履行的评估程序和采取的替代措施。

除国家法律、法规另有规定外，任何未经评估机构和委托方确认的机构或个人不能由于得到评估报告而成为评估报告使用者。

评估报告一般包括以下基本内容：评估报告类型；委托方及其他评估报告使用者；评估范围和评估对象基本情况；评估目的；评估基准日；评估假设和限制条件；评估依据；评估程序实施过程和情况；评估结论；声明；评估报告日；评估人和评估机构签章；附件。评估报告内容简要说明如下：

(1) 在评估报告中应明确说明评估报告的类型，评估报告的类型一般分为完整评估报告和简明评估报告两种。

(2) 在完整评估报告或简明评估报告中说明委托方和其他评估报告使用者的名称或类型，并说明其相互关系。

(3) 在完整评估报告中应当详细说明评估范围和评估对象的基本情况，

在简明评估报告中简要说明评估范围和评估对象的基本情况。

(4) 在完整评估报告或简明评估报告中应当说明评估目的及与评估业务相关的经济行为。评估目的的表述应当清晰、具体，不得引起误导。

(5) 评估的基准日。

(6) 在完整评估报告或简明评估报告中应当披露影响评估分析、判断和结论的评估假设和限制条件，并说明其对评估结论的影响。

(7) 在完整评估报告或简明评估报告中应当说明执行评估业务过程中遵循的法律、法规和取价标准等评估依据。

(8) 在简明评估报告中应简要说明评估程序实施过程和情况；在完整评估报告中应详细说明评估程序实施过程和情况，重点要说明以下几点：

1) 评估业务承接过程和情况。

2) 进行现场考察、收集评估资料的过程和情况。

3) 分析、整理评估资料的过程和情况。

4) 选择评估方法的过程和依据、评估方法的基本原理、相关参数的选取和运用评估方法进行计算、分析、判断的过程。

5) 初步评估结论进行综合分析，形成最终评估结论的过程。

(9) 在完整评估报告或简明评估报告中应当说明评估结论。评估结论可以文字或列表方式进行表述。

(10) 评估机构在完整评估报告或简明评估报告中应就以下内容进行声明：

1) 评估报告中陈述的事实是客观的。

2) 评估机构与相关各方没有个人利益关系或偏见。

3) 评估报告的分析和结论是在恪守独立、客观和公正原则基础上形成的，仅在评估报告设定的评估假设和限制条件下成立。

4) 评估结论仅在评估报告中载明的评估基准日有效，只能用于载明的评估目的。

5) 遵守相关法律、法规和评估准则，对评估对象价值进行分析并发表专业意见是评估机构的责任；提供必要的资料并保证所提供资料的真实性、合法性和完整性，恰当使用评估报告是委托方和相关当事方的责任。

6）评估机构对评估对象的法律权属状况给予了必要的关注，但不对评估对象的法律权属作任何形式的保证。

7）利用了专家的工作，并对专家工作结果负责（如果没有利用专家工作，则不用声明）。

8）其他需要声明的事项。

（11）评估报告产生的日期。

（12）评估报告至少应由两名评估人签名、盖章，并加盖评估机构公章。

（13）根据评估业务具体情况，在完整评估报告或简明评估报告中应该包括必要的附件。

1）评估报告附件一般包括以下内容：

①委托方营业执照等相关证件的复印件。

②委托方的承诺函。

③评估人资格证明和签字，评估人资格证明的复印件。

④评估机构营业执照复印件。

⑤其他相关资料。

2）完整评估报告中应增加下列附件：

①评估明细表。

②重要作价依据。

③其他重要的评估过程说明资料。

第三篇

试运营与验收

第十三章　开通试运营

第十四章　安全事故预防及应急管理

第十五章　竣工验收

第十六章　运营筹备后评价

第十三章　开通试运营

第一节　开通试运营组织方案编制

开通试运营组织方案是城市轨道新线全线开通运营组织工作的基本办法，旨在保障新线开通筹备工作稳定、有序推进，确保新线开通后运营安全有序、优质、高效地为乘客服务。

开通试运营组织方案主要以乘客需求和运营管理为中心，依据工程设计、建设文件以及筹备前期针对开通试运营组织所开展的一些专题研究成果，在总体原则的指导下，从行车组织、客运组织、票务组织、维修组织、车辆组织、安全管理等方面对开通日和开通后的试运营进行全面、系统、科学地筹划安排，指导、规范运营人员的组织、管理及操作行为，确保运营服务质量。

一、编制开通试运营组织方案的依据

依法依规是建设和管理城市轨道交通的基本要求。

1. 设计文件

设计文件主要包括《工程可行性报告》和《初步设计》。

参考这两份文件主要起三方面作用：一是使开通试运营组织方案整体上符合设计文件的理念、基本要求；二是使开通试运营组织方案中该线路的运营功能定位与设计文件保持一致性；三是便于检查建设（开通）策划文件与设计文件中运营服务设施、各设备系统在开通时所具备的功能上的差别。

2. 工程建设、开通的策划文件

工程建设、开通的策划文件主要包括《××线路工程建设策划报告》和《××线路开通策划报告》。

参考《××线路工程建设策划报告》的作用主要有：一是让运营筹备策划者具体了解该线路工程建设的工期策划，使运营筹备部门合理地安排管理人员、技术人员及早地跟进土建、设备安装及调试、验收等各环节；二是让运营筹备策划者清晰地了解该线路工程建设上的难点，让运营筹备人员重点关注其进展，及早考虑接管时存在问题的应对方案。

参考《××线路开通策划报告》的作用主要有：一是让运营筹备策划者从总体上了解该线路开通的范围、服务水平，它是编制开通试运营组织原则的前提；二是让运营筹备策划者具体了解各系统设备在开通运营时所具备的功能，这是编制开通试运营组织方案中开通试运营条件的重要参考依据；三是有助于运营筹备人员确立各项专题研究课题，对开通线路的新设备、新问题的运营应对方案进行立项。

3. 运营管理需求的相关文件

运营管理需求的相关文件主要包括《××线路开通运输组织原则》和《城市轨道交通运输规划》等。

参考《××线路开通运输组织原则》的作用主要有：在明确的运输组织原则的基础上，指导新线运营组织方案的编制，使方案能紧密围绕组织原则进行展开，层层分解，明确行车组织、票务组织、客运服务、设备保障和安全管理等运营组织主要环节的组织方案。

参考《城市轨道交通运输规划》的作用主要有：使新开通的线路的运营服务时间、行车间隔等主要运营服务水平指标符合线网运输规划的总体要求，并结合设备不断完善的计划，稳步提升新线开通的运营服务水平。如开通线路为城市首条轨道交通线路，可以依据国家相关规定、参考邻近城市的标准来确定运营服务水平。

二、编制开通试运营组织方案的总体原则

开通试运营组织方案的编制，一方面受新接管开通线路的设备功能的制约，另一方面受政府、乘客对新开通线路运营服务水平期望的影响和其他线路运营服务水平的影响。因此，编制该方案时，必须综合考虑上述诸因素，使之更加科学合理，为接管开通后的运营组织管理提供支持。编写开通试运营组织方案必须遵循的主要原则有：

（1）依法依规原则。以遵守国家、地方人民政府的法律、法规为前提。

（2）基于设计和建设的原则。以设计文件，建设、开通策划文件为依据。

（3）科学合理原则。以安全、有序、可控运送乘客为宗旨，在政府的开通目标指导下，寻求相对合理的运营组织方案。

（4）两面性原则。运营组织方案既要考虑正常情况下的组织，又要考虑设备故障或功能不完善时的后备组织方案。

（5）动态管理原则。新线开通的运营组织方案没有最好，只有更合适。根据设备功能的变化方案将有可能进行调整，即使方案通过评审，也不是一成不变的。

三、开通试运营组织方案的主要内容

开通试运营组织方案主要以运营管理需求为中心，对运营管理的对象进行逐一描述，主要包括：方案概述、编制依据、开通试运营条件、组织原则，行车、客运、票务、施工及维修组织方案，运营安全管理方案等。

运营各部门必须严格按照集中领导、统一指挥的原则，紧密配合、协调动作，按照本方案相关的组织要求，结合新线线路、设备等实际技术特点，进行深入研究，制定各专业、各工种的运作手册和实施保障措施，确保新线各项运营组织工作顺利进行。

1. 方案概述

作为方案的文头，在方案的开头对开通试运营组织方案内容进行总体概念性描述。

2. 编制依据

列出编制时引用的各类依据，并明确其版本号或文号，使编制小组、评审专家和使用者清楚本方案的背景和要求。

3. 开通试运营条件

编写开通试运营组织方案时，首先需明确所开通线路的基础设备设施的基本情况和开通时各系统设备所达到的基本功能，并结合运营服务水平的需要，进一步提出开通时系统设备争取达到的条件。

（1）线路概况。主要描述提供运营的线路基本情况，包括：线路长度、走向，各车站名称站位设置（分别是地下站、地面站或高架站），最小曲线半径、线路允许速度，线路站场布置及主要特点，线路、信号布置示意图。

（2）开通试运营必须达到的基本条件

1）线路各车站、区间及各系统完成由轨道交通企业验交委员会组织的满足策划开通条件的阶段验收，工程的“三权”移交运营部门。开通前通过市政府各有关部门的验收。

2）线路通过政府有关部门的卫生、防疫以及消防验收。

3）新开通的线路、变电站、接触网/轨、信号、通信、低压配电、给排水、消防和 FAS、EMCS、气体灭火、环控系统、扶梯及液压电梯、屏蔽门等行车技术设备功能正常，能投入使用。

4）车辆、车辆段/停车场及控制中心正式投用。

5）运营人员招聘、培训工作全部结束，各岗位人员全部到位，相关规章完成编制、下发和学习。

（3）新线开通系统设备争取达到的条件。为提高新线开通的运营服务水平，扩大运输能力，对行车关键设备，如运营客车供车数、信号、供电和机电设备的自动控制功能提出争取达到的“最高”条件，希望建设单位和供货商通过努力实现。

（4）开通线路运营服务水平的确定。结合开通试运营时各系统设备所提供的基本功能条件、客流预测和市政府对新线开通试运营的要求，依照国家有关城市轨道交通试运营基本条件的相关标准规定、对新开通线路运营服务水平的指引，通过组织对各种可能的方案比选，确定开通运营服务的水平，主要包括运营服务时间、行车间隔和运输能力等。

4. 运营组织原则

在明确开通的基本条件和运营服务水平的情况下，需要确定运营组织原则，达到为乘客提供安全、准点、舒适、便利的交通的运营目标。

运营组织原则主要包括行车组织原则、调度指挥原则、列车运行模式和行车主要技术设备使用管理原则等，该组织原则是明确运营组织管理的基本原则，是指导编制《行车组织规则》和开通后开展运营工作管理的依据。

（1）行车组织原则。主要包括以下内容：

1）运营行车组织工作，必须坚持安全生产的方针，贯彻高度集中、统一指挥、逐级负责的原则。

2）《运营时刻表》是行车组织工作的基础，凡与列车运行有关的各部门都必须根据《运营时刻表》的规定组织本部门的工作。

3）运营行车组织采用双线单方向运行、右侧行车。在一条线路上，往北（两个终点站的比较）为上行、反之为下行，环线按右侧行车外环为上行、内环为下行，城际地铁/轻轨以开往市中心方向为上行、反之为下行。

4）行车组织指挥在正常情况下以中央自动监控为主，故障情况下由中央调度员下放控制权到车站，实行站级控制。

5）明确开通试运营的正点率、运行图兑现率指标，以高标准、高要求不断提升运营服务水平。

6）客车、工程车原则上停放在车辆段/停车场，运营客车均从车辆段/停车场进出。

（2）调度指挥原则。主要包括以下内容：

1）明确运营调度指挥机构。

2）确定运营调度指挥层级及主要流程。

3）对调度指挥原则进行规定，如调度首、末班车，列车运行调整，加开、停运车次和组织降级运营等工作作出具体规定。

（3）列车运行模式。主要包括以下内容：

1）列车车次的规定。对客车、救援列车和工程车及调试列车的车次进行明确，其中客车车次要与信号系统的车次保持一致性。

2）列车运行模式。客车按正方向双线单向右侧行车，当开通单线运营时，则为××站～××站双线单向运行，往××站方向为上行，反之为下行。

3）客车驾驶模式。客车驾驶模式有非限制人工驾驶、限制人工驾驶和自动驾驶三种。正常情况下正线客车均采用自动驾驶模式，明确司机使用各种驾驶模式的授权要求。

4）明确客车停站的规定和首、尾班车管理的要求。

（4）行车主要技术设备使用管理原则。在方案中需要对信号、通信、供电、环控、屏蔽门等主要行车技术设备的使用管理原则进行明确，主要包括技术设备正常、故障和应急等不同情况下的使用管理原则。

5. 行车组织方案

行车组织方案不但是运营组织方案的主要组成部分，而且在运营组织方案中起到龙头作用，即：保障乘车服务的载体——列车的安全、有序运行，同时还约束相关行车技术设备和运营人员必须围绕行车组织开展一环扣一环的工作，发挥运输联动机的作用。

行车组织方案主要包括：列车运行图技术参数、正常情况下运行组织和非正常情况下的列车运行组织安排等方面。

(1) 列车运行图技术参数。主要由以下参数组成：

1) 区间运行时间，根据既定的运行速度计算区间运行时间的最小值。

2) 折返时间，指列车在折返线路运行和司机换端操作的时间。

3) 停站时间。

4) 不能同时发接列车的间隔时间。

5) 最小运行周期。

6) 旅行速度和技术速度。

1) ~4) 项的参数值要考虑留有10%的余量。

(2) 正常情况下运行组织。主要包括以下内容：

1) 运营交路安排。综合线路条件和供车条件，通过对不同运营交路方案的比选，确定开通初期行车组织交路设置。对于新开通运营的线路，宜采用简单、有效的运营交路。

2) 运营服务时间安排。开通试运营初期，运营服务时间为××：00—××：00；磨合期过后，运营服务时间将尽可能考虑与线网运营所匹配。

3) 车辆供车计划及交车安排。提供状态良好、符合上线条件的客车数量。

4) 运营前设备检查、人员准备的相关规定。

5)《运营时刻表》安排。明确采用的《运营时刻表》(版本号) 和运输能力。

6）司机的作业规定。如：驾驶模式，停站、折返及进、出车辆段/停车场的要求。

7）备用车停放位置及数量。

8）运营客车晚点的调整及报点的规定。

(3）非正常情况下运行组织。主要包括以下内容：

1）明确非正常情况下运行组织处理原则。如：必须贯彻“先通后复”的故障处理原则，在保证安全的前提下，尽可能地维持最大限度的运营服务。

2）信号故障降级运行模式。如：行车组织办法、运行速度等规定。

3）车辆故障救援组织。编写《×号线列车故障处理指南》，指导司机排除列车故障，当司机（包括经车辆检修调度电话指导司机）处理后仍无法恢复运行时，需实施列车救援的组织办法。

4）供电、通信、线路、屏蔽门等主要行车相关设备故障处理方案。

(4）主要行车指标。各城市轨道交通运营单位要对主要行车指标运行图兑现率、列车正点率进行统计分析，落实整改，并在试运行最后1个月满足国家相关试运营基本条件评审的指标要求。

6. 工程车运输组织方案

工程车主要承担的任务是为维修施工运输设备、材料，在接管后或开通前，还可以协助运送接管物资。为规范工程车的行车管理，更好地为设备设施的检修施工服务，必须编制工程车运输组织方案。工程车运输组织方案主要包括：

(1）工程车开行计划的规定。

(2）工程车运行组织，如在车辆段/停车场、正线的运行规定。

(3）工程车作业规定。

(4）工程车装卸及运行要求。

7. 行车设备维修施工组织方案

城市轨道交通运营组织的特点是：运营服务时间所有设备、工作人员必须全力确保运营的安全、有序，设备的维修保养时间只能安排在晚上非运营时间进行，通过晚上有限的维修保养时间为运营服务提供可靠的设备质量，这也是运营管理的难点。加上新线开通初期，系统设备还存在整改、尾工和功能调试完善等工作量较大的现象，施工需求与施工时间、空间的矛盾更显突出，更需要安全、科学、高效的施工组织管理方案，建立、完善行车设备维修施工管理体系。

行车设备维修施工组织方案主要包括：

(1) 施工管理架构、施工计划管理、施工进场作业令、施工组织等管理规定。

(2) 施工作业时间的规定。

(3) 施工安全管理。

(4) 列车、信号调试或试验要求。

(5) 运营时间内特殊情况的施工规定。

(6) 巡道方案，明确正线、车辆段/停车场线路的巡道安排。

8. 客运组织方案

客运组织是运营服务的关键所在，它直接影响到运营服务水平。车站是提供运营服务的另一重要载体，为确保客运服务水平，就要先从明确车站的组织管理着手，对车站范围内主要为乘客服务的场所，如站厅（台）和出入口通道等明确管理标准，同时为有效地指导车站，需要对典型车站及换乘站的客运组织方案进行专项研究，确定其正常和大客流及特殊情况下的客运组织方案。

客运组织方案主要包括：车站运作、客运组织、站厅（台）和出入口管理、典型车站及换乘组织方案。

(1) 车站运作。确定车站的管理架构、岗位设置及定员。

(2) 客运组织。明确车站客运组织原则，客流组织及特殊情况下的客运组织。

(3) 站厅（台）和出入口及通道管理。明确车站出入口及通道管理原则，如开、关站时间，明确车站紧急出入口。

(4) 典型车站及换乘站客运组织方案。根据车站结构特点和客流分布情况分别编写典型车站客流组织方案、换乘站的换乘组织方案。

9. 乘务组织方案

要确保列车安全、有序运行，必须依靠有效的乘务组织作保障，通过乘务组织方案规范客车和工程车司机的管理，如乘务机班的安排，客车出(入）车辆段/停车场、正线运行模式、站台作业、折返作业相关规定，工程车运行相关规定和车辆段/停车场行车运作的规定。

乘务组织方案主要包括：客车运行、工程车运行和车辆段/停车场运作的定岗定员和组织管理。

10. 票务组织方案

票务组织同样是运营组织的主要组成部分，它不但直接关系到乘客服务质量，而且还影响到运营票务收益安全。在政府明确票务政策后，就必须研究和制定车票管理、票务收入结算模式和审核方案，以及特殊情况下的票务应急处理方案和票务收益安全管理等内容，为下一步编制票务管理手册及早明确原则和思路。

票务组织方案主要包括：票务政策、正常情况下的票务组织方案、特殊情况下的票务应急处理方案及票务收益安全管理。

(1) 票务政策。票价遵照市政府批准的票价政策执行，明确车票使用和乘客事务的相关原则。

(2) 正常情况下的票务组织方案。主要有车票管理、车站票务运作（票务服务、乘客事务的处理、钱箱清点模式、车站兑零模式)、车站售票员的结算模式、车站票款的解行方式及备用金运作方式，明确车站票务管理原则和工作流程，直接指导和管理车站票务工作。

（3）特殊情况下的票务应急处理方案。列车故障、信号故障或突发事件影响列车服务时的票务应急处理规定，使其在发生故障而延误的情况下，指导车站票务工作，有效降低由于设备设施故障或突发事件发生对乘客服务带来的影响。

（4）票务收益安全管理。票务收益安全管理模式，如日常票务审核及特殊票务事件处理。

11. 维修组织方案

明确维修组织原则，针对新开线路的设备特点，严格落实“三定、四化、记名修”的作业检修规定，规范管理，服从大局，重视技术研究，不断提高管理水平、技术水平，最终达到确保行车安全、设备安全、人身安全的目的。维修组织方案主要包括：维修组织原则、维修模式、维修管理、设备运行值班与巡检及设备抢修组织五方面。

（1）维修组织原则。以牢固树立“安全第一、质量为本”为维修组织指导思想，一手狠抓安全管理，一手狠抓设备质量。

（2）维修模式。明确维修组织架构和维修组织方式、设备日常维护和检修规程以及设备故障处理和抢修程序等，从维修组织调度、技术、安全和综合（物资、后勤）四方面进行明确。

研究自我维修和委外维修的划分原则，在保质期到来之前明确轨道交通各系统设备设施的维修组织方案。对关键设备的核心部分应考虑培养自我维修的力量，如直接影响到轨道交通行车安全的核心设备；而社会维修力量强、竞争环境成熟的设备、部件的维修模式，可以考虑实施委外维修。委外维修管理的关键是设备主管部门如何实施对委外维修的设备修程、设备运行质量表现等关键环节进行有效地监管，因此，在确定需要实施委外维修的同时，需要同步开展对委外维修进行管理的专题研究，避免“以包代管”现象的发生。

（3）维修管理。包括：维修计划组织、施工作业的组织管理、设备故障情况的管理、日常生产管理，“三定、四化、记名修”的作业检修规定。

(4) 设备运行值班与巡检。明确采用驻守值班还是巡检制或采用两者相结合的形式。

(5) 设备抢修组织。包括：根据线路、设备的实际情况编写各专业设备抢修预案（含抢修工具的配备标准和放置地点），明确各专业的应急抢修点；全线开通前组织抢修应急演练；抢修物料管理。

(6) 明确设备运行质量指标。试运行最后1个月，各城市轨道交通运营单位要对主要系统设备可靠性指标进行统计，包括对车辆、信号、供电、屏蔽门等系统故障进行统计分析，及时完成整改，以满足国家相关试运营基本条件评审的指标要求。

12. 车辆组织方案

车辆组织方案紧密围绕“保供车、供好车”的方针，加强与车辆供货商的沟通联系，积极参与车辆的监造工作，配合对到货列车的接车、调试、验收，加强检修管理，完善应急预案，确保到位列车在全线开通时能正常上线运营。车辆组织方案主要包括车辆的保障、检修管理和应急预案三方面。

(1) 车辆的保障。配合对到货列车的接车、调试、验收，确保到位列车在全线开通时能保质、保量上线运营。

(2) 检修管理。完成车辆相关检修技术标准或文件的修订、补充、完善，对有关维修班组进行检修技能提升培训；根据实际的供车情况，及时调整生产计划，在全线开通前完成达到修程的车辆年检任务，确保交付运用的列车质量状态良好。

(3) 应急预案。针对各自不同的车型、地理环境和不同的救援器材，完成对新开通线路安全预案的编写、修订、完善，并于开通前组织实施应急演练，确保救援人员熟练操作救援器材，掌握安全预案实施流程。

(4) 明确车辆设备运行质量指标。试运行最后1个月，车辆故障率应低于1.2次/万列千米。

13. 运营安全管理方案

城市轨道交通是一台超级联动机，其行业特点是安全风险高，尤其是新线开通运营的初期，要确保开通后安全运营，就必须建立健全安全生产管理机制，制定行车、客运、消防和综治等安全生产措施，明确安全培训、教育制度，制定安全应急预案并实施演练，才能夯实安全基础工作。

运营安全管理方案主要包括：安全工作要点，运营接管、开通各阶段安全工作措施，安全应急预案和保卫综治方案四方面。

（1）运营安全管理工作要点

1）切实落实安全生产责任制，强化各部门责任人的岗位意识、责任意识、纪律意识，并采取签订责任状等形式，将安全责任层层分解，落实到部门、落实到班组、落实到每个员工。

2）突出抓好重点，新线安全以行车安全为核心，以设备安全为保障，以电气防火为基础，突出抓好车辆、接触网/轨、信号等设备的巡视、检测，针对新线新设备的投入使用，加强设备自检、互检、他检，提供良好的设备保障。

3）抓紧建章立制，狠抓规章制度的落实和持续改进，提高规范化、制度化、专业化管理水平。

4）积极开展安全生产宣传、教育，重点进行全员安全生产思想教育、安全知识教育、安全技能教育，加强一线作业人员的安全教育培训。

5）结合现场深入开展有针对性的专业技能培训，抓好员工“应知应会”培训，重点是操作能力。

6）结合新线实际情况，制定《××线开通运营安全要点》，从验收质量与安全关、交接与运营接管后的安全关、设备调试关、开通前安全评估的质量关、投入运行前的检查关、运营中的安全关这六大安全关键环节即“六关”入手，来编制安全要点。

7）利用职业健康安全管理体系的管理思路和方法，在新线范围内进行危险源识别、风险评价与控制工作。

(2) 各阶段重点安全措施。明确现场跟踪、设备验收、设备交接、设备调试与演练、开通前安全评估和开通运营等不同阶段的安全管理措施。

(3) 完善安全应急预案。结合新开通线路和技术设备的特点，必要时需补充完善应急预案，并组织好全员培训，安全应急演练。

(4) 保卫综治方案

1) 采取驻站守护和巡查相结合的方式，组织做好新开通线路车站设备设施及附属设备设施的安全守护和综合治理安全保卫工作。

2) 按“属地管理，分级负责”的原则，共同做好保卫综治工作。

3) 技术防范措施。针对新开通线路各车站的情况，采用现代管理手段，如采用视频监控方案，从技术上做好安全防范工作。

4) 利用社会力量，与当地派出所和居（村）委会开展联防群治的综合治理工作。定期与当地派出所、居（村）委会沟通联系，了解治安情况和当地综治工作动向，共同做好沿线的保卫综治工作。

四、开通试运营组织方案编审程序

开通试运营组织是复杂的系统工程，从上一节对方案的编写依据、原则和主要内容来看，涵盖了运营管理的方方面面，要通过本方案把运营的行车组织、客运组织、票务组织、维修组织、安全管理等各专业、系统的运作统一协调到以安全优质运送乘客的目标上来，因此方案的编写和审核的要求难度较大。这里主要介绍其编审程序和实施要求。

1. 编审程序

组织实施开通试运营组织方案的编审程序主要分为四个步骤，如图13—1所示。

2. 编审要求

运营组织方案编写的重点和难点在于对设备功能的认识和理解，开通时

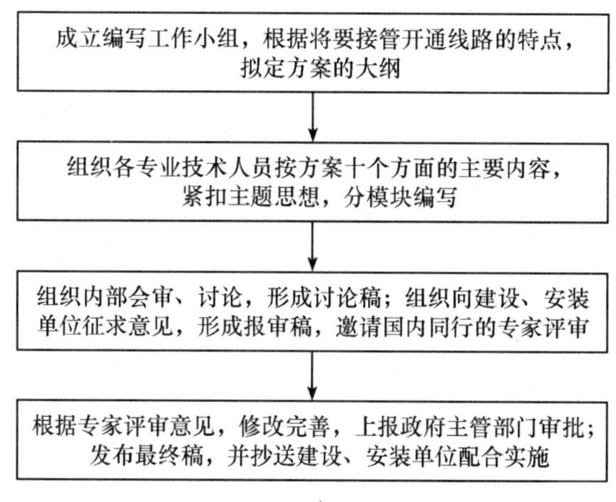

图 13—1　运营组织方案的编审程序

各系统设备设施的现状功能，是编写本方案的基础和前提。在确定设备功能的基础上，组织一批有经验的运营管理人员对运营组织的十大要素逐一进行分解、研究，并统一编写的思路和要求，提高编写质量。

在编写运营组织方案时，应在编制总体原则的指导下，结合新开通线路的特点和运营管理要求，紧扣主题，围绕如何组织好该新线的运营组织工作，由浅入深，逐一明确运营服务水平、组织原则和各专业模块的工作方案。

在各模块编写的基础上，通过编写工作小组进行汇编，统筹各模块之间的匹配问题，形成方案的初稿。编写工作小组组织运营各部门的主要负责人、管理人员和专业技术人员进行讨论、修改，形成讨论稿。

在完成方案的讨论稿后，征求建设单位和系统设备安装调试单位的意见，打开思路、集思广益，补充、完善方案，形成报审稿。

为确保开通试运营组织方案的科学、合理，运营单位需要邀请国内同行的专家评审，虚心听取专家们的意见，根据专家的评审意见进行修改完善，形成报批稿，形成公文上报政府主管部门审批，使政府主管部门理解、认同和支持本方案。最后，发布方案的最终稿，并抄送建设单位、安装单位，以便配合实施。

五、开通日运营组织工作方案

为确保开通日的运营有序、可控，需要编制新线开通当天的运营组织方案，主要从人员、列车和服务安排上进行描述，把运营服务的各环节和运营筹备工作的文本、方案或预案有机连接起来，本方案涉及运营各岗位的技术管理和运作的具体要求，会引用企业发布的规章文本、方案或预案内容。

1. 开通日运营组织工作方案的作用

通过对开通日运营组织中人员、行车和服务进行提前部署安排，把运营服务的各环节和运营管理的文本、方案或预案有机连接起来，从而保证开通及运营组织工作安全、有序、可控。

2. 开通日运营组织工作方案的主要内容

(1) 方案概述。对开通日运营组织方案的要点进行提炼。

(2) 组织领导。明确开通日运营领导小组名单，各部门和关键岗位的值班人员。

(3) 客流预测。科学合理地对开通日的进站、换乘客流进行预测，为当天的行车组织、运力安排、票务及人员准备等提供决策依据。

(4) 行车组织。结合客流预测，合理安排行车时间和运力投入计划，确保开通日的运营服务工作安全、有序。主要从行车设施、备品准备，列车出厂安排和投入服务安排，列车运营组织，列车回车厂组织四方面进行描述。

(5) 客运组织安排。结合客流预测和行车组织及车站服务设备设施的情况，合理做好客运组织安排和人员准备。主要从客运服务设施的准备、重点（换乘）车站的客运组织安排、其他新开通车站的客运组织安排三方面进行描述。

(6) 票务组织安排。结合客流预测和售检票系统的功能情况，提出票务组织方案。主要从车票配送、售检票系统升级（如新线开通影响到既有线路的售检票系统或其他与之衔接线路的无障碍换乘等需要升级时）两方面进行描述。

（7）设备保障。为确保开通日运营服务的安全、快捷，对运营行车设备、服务设备设施的维修保障提出具体要求。主要从车辆与供电、信号、售检票、屏蔽门等机电设备安全运行保障和抢修抢险准备两方面进行描述。

（8）安全保卫。主要对运营安全管理、消防保卫工作提出具体要求，从行车、消防安全管理，车站、车辆段/停车场保卫和乘客安全服务保障工作等方面进行描述。

（9）如开通当天安排有开通典礼仪式，还必须编写开通接待工作方案的章节，以明确接待等级、行车安排、服务标准、安全保卫和综合后勤保障等工作的要求。

（10）涉及运营各岗位的技术管理和运作的具体要求，按运营单位发布的规章、方案或预案的具体要求执行。

第二节　试运营管理

新线开通试运营筹备到位，且通过开通前评估后，运营单位就可以按照开通的服务水平组织对外试运营服务。

线路一旦对外开通试运营服务，城市轨道交通的经营管理就开始向百年商业运营延伸，这就意味着运营单位的管理工作开始了日复一日永没有停止的运作。要保证为乘客提供快速、安全、准时、舒适、便利的服务和维持设备安全、可靠地运行，运营单位任重道远。因此，所有的工作都必须紧紧围绕着服务乘客这一宗旨，重点抓好建章立制、员工队伍建设、设备质量和运营服务水平的提升等方面工作。

一、试运营组织管理

按照本章第一节对开通试运营组织方案的要求，在试运营管理全过程中，贯彻运营组织原则，认真组织实施行车、客运、票务、施工及维修组织方案、运营安全管理等内容，试运组织营管理工作就可以做到安全、有序、可控。

开通试运营组织方案包括了日常运营管理的方方面面，在具体工作中，贯彻管理者的领导思想，紧密围绕运营工作目标，实现轨道交通运营服务承诺。通过逐一落实试运营组织方案，通过安全、高效的行车组织、客运和票务组织，为乘客提供安全、优质的轨道交通运营服务；通过对各系统设备有效的维修组织管理、全员安全和质量管理，为乘客服务提供支持与保障；通过培育一支思想过硬、作风过硬、技术过硬的员工队伍，为轨道交通运营管理提供人力资源保障。

运输计划是轨道交通试运营组织管理的龙头，前瞻性地制定运输计划能有效地指导试运营组织管理工作的开展。通过运输计划明确每季（阶段）的运营服务时间、行车间隔、上线及备用车数，客运组织、票务组织措施，维修配套策略、安全保卫配套策略和人力资源配套策略，把运营的大联动机有机地组织协调并有规律地运行，促使试运营管理早日走上正轨。

轨道交通试运营期间的管理，在按照新线开通试运营组织方案实施的基础上，还要注意设备功能整治、运营管理优化及试运营工作分析总结等方面的组织管理工作。

二、设备整治及设备质量评估

前面提到，设备质量是运营服务优质、可靠的根本，而设备功能和安全可靠是通过高水平的安装、调试和维护保养实现的，由于轨道交通建设通常受拆迁、地质条件和施工环境的影响，政府和市民对轨道交通早日建成开通的热切期望，各系统设备的安装、调试周期往往不足，这给运营管理部门接管后带来更多的是设备的问题。因此，设备接管后，运营部门首先要组织运营维修技术人员，必要时可以借助供货商的技术力量，全面开展设备功能普查及存在问题的整治工作。

1. 设备功能普查及问题整治的目的

全面开展设备功能普查及存在问题的整治，其目的一是使运营设备维修人员全面掌握设备现状，加深对设备结构、功能的了解；二是使设备维修人员积累更多的现场工作经验，更好地培养技术、检修人员；三是及时发现供货商和设备安装调试单位的“隐蔽工程”，尽早提出整改要求。

2. 全面开展查线核图工作

全面开展查线核图工作，能使设备维修人员对设备做到心中有数，为确保设备安全可靠地运行打下坚实基础；能有效地使设备维修人员加深对设备结构、功能的了解，达到培养技术、检修人员的目的；能发现潜在问题、安全隐患，通过查核、整治把事故苗头消灭在萌芽状态。查线核图的主要内容包括对主次回路的隐患检查和设备的稳固、清洁等工作。具体做法是：对照施工图、系统结构图，进行逐线、逐段查核，从内至外，从子模块、子系统向总承、总系统查核，看其线路、图纸是否按施工图完成。

要编制《查线核图工作方案》，明确组织架构、查核内容、时间安排和总结及存在问题的跟进等方面的安排和要求。例如：

通信、信号系统的查核内容主要包括：查现场各机柜型号、安装位置、配线是否与设计图纸相符；核对电源系统设备型号、现场安装位置、编号等是否与设计图纸相符、供电现场接线是否与图纸相符。

变电系统的查核内容主要包括：核对变压器、整流机组、直流开关柜、GIS 开关柜等设备（含二次）现场安装位置等是否与竣工图一致，接线是否正确；断路器、隔离开关、母线、进（馈）线、联络开关等编号是否与供电主接线图相符；相关设备、部件的型号、技术参数是否与竣工图一致，控制范围、保护设置、各联锁条件等是否正确。

FAS 系统的查核内容主要包括：核对 FAS 系统设备型号、现场安装位置、编号及系统设备接线等是否与设计图纸相符，技术参数是否满足规范及标准要求；现场设备是否与控制盘中文描述一致，是否与图形中心位置一致，接线是否规范、牢固，是否已经穿镀锌钢管并涂防火漆；核对 FAS 系统设备功能等是否达到设计要求，是否符合消防规范和火灾自动报警系统设计及验收规范。

3. 设备稳定性和可靠性检验

为进一步检验新接管的机电设备稳定性和可靠性，经过上一步全面的查线核图工作后，必须有计划有步骤地组织实施机电设备满负荷运行，考验设备在满负荷工况下的稳定性和可靠性，检查各机电系统的接口在满负荷工况下协调性是否满足设计、运营服务的要求，加快新设备的磨合；同时安排好维修、技术人员值班，按对外运营服务的标准值班、检修、处理故障或抢险、抢修。

4. 设备存在问题的整治

通过全面开展查线核图工作，发现设备存在问题时，首先进行分类，分列设备故障、工程质量两类，并按其安全性、紧迫性从高到低排列。

属设备故障、检修范围的，由设备维修部门落实解决；属工程质量问题的，通过建设单位责成施工单位整改。发现的所有问题必须列出整改计划，明确责任单位（人）、完成时间和检查验收人。

设备安全问题必须优先解决，安全问题没有得到根本整治，该设备不得使用。

5. 工程质量遗留问题整改

城市轨道交通是复杂而庞大的系统工程，由于系统设备种类繁多，基本上来源于不同的供货商，设备安装调试单位也各不同，施工现场条件有限，加上点多线长，增大了监管难度，“隐蔽工程”较难被发现。在验收接管时，特别在查线核图工作中，发现工程质量遗留问题必须整改，特别是要通过设计变更等手段才能满足系统功能完善或使用要求的项目，需要经过一段时间才能完成整改，使系统设备达到设计功能，更好地为运营服务。

首先，对属于工程质量的问题进行分类整理。通过对属于工程质量的问题进行分类整理，按安全、服务质量和其他三类问题，依重要性和紧迫性进行从高到低的次序排列。

其次，明确整改原则。工程质量问题的整改原则是：影响安全的问题优先解决，服务质量的问题重点解决，其他的问题分期分批解决。

再次，加强对工程质量问题整改的监控。对工程质量问题整改的监控，主要是利用工作控制表，即列出各类问题的整改时间表，主要包括：存在问题、解决办法、时间进度控制、责任单位、检查监督单位、备注等。在组织领导上，可以成立整改工作小组，主要由运营单位、建设单位和设计单位等组成，通过工作小组对各整改项目进行监督、控制，对技术难题进行分析、研究，必要时可咨询专家的意见。

最后，对工程质量遗留问题进行验收。工程质量遗留问题的验收工作由建设单位牵头组织实施。

6. 采用量化的评估体系实时掌握设备管理水平及设备质量优劣

设备质量的好坏直接关系到运营质量的好坏，因此设备质量管理显得极为重要，而设备质量评估作为设备管理的重要环节，其重要性也就不言而喻了。传统的设备运行质量评价，就是简单地统计各专业故障总数，这种做法有很大的局限性，运用模型建立一种科学可量化的设备质量衡量标准是现代管理的必需。

投入运营后，运营单位可逐步积累相关统计数据，综合考虑运营列次、运营里程、客运量、设备数量对设备运行质量的影响，利用评估模型综合计算得出指数化的数据呈现设备质量运行情况，同时通过模型找出设备质量中的薄弱环节，从而有针对性地采取质量控制改进措施，提高设备运行质量水平。

模型建立后，可每月对线路、专业进行一次评估，评估结果在生产安全例会上通报或通过《技术质量月报》发至各单位，组织责任单位整改，根据评估结果变化趋势，确定每年开展设备整治的重点范围，提升设备质量，同时可作为设备管理年度绩效的参考指标。

三、运营管理架构和运营组织方案的进一步优化研究及应用

如果是第一条接管开通的运营线路，有必要对运营管理架构、指标考核体系和生产管理流程等方面进行评估和优化研究，不断总结提高和完善。

1. 运营管理架构

空载试运行和开通试运营一段时间的运作管理，检验了原设计的运营管理架构是否适应实际运营服务管理的需要，对新成立和运作的运营管理架构优化和完善主要包括以下三个方面：组织架构在试运营管理的适应情况，管理职能的组合和优化，工作流程的优化、调整。

2. 运营指标考核体系的确定

要加强对安全、质量、经营和全面预算指标的管理，建立考核评价体系，促进运营管理水平的提高。内容主要包括：

（1）行车、设备、消防安全与和综合治理的指标体系及奖惩办法。行车、设备运行质量的指标主要有：列车正点率、运行图兑现率、系统设备可靠性等。

（2）全面预算指标体系及管理办法。对业务预算、资本预算、筹资预算和财务预算等基础性预算类别中的业务预算进行管理，业务预算主要为生产指标（如行车、设备质量及服务指标）和成本费用指标（如收入、成本）两

部分，建立对应的全面预算管理办法。

(3）考评体系的建立与完善。主要建立运营绩效指标体系，制定运营绩效指标体系的管理办法。

3. 生产管理流程适应性的评估和优化

主要对生产管理流程中的指挥体系、接口管理和应急响应三个方面进行适应性评价和优化，内容包括：

(1）调度指挥体系的顺畅与高效性。

(2）设备设施管理和维修接口划分的合理性、高效性评估及调整。

(3）设备设施的故障修复、抢险抢修响应机制的现状和改进意见。

四、试运营期间的运营组织工作分析总结与完善

在完善设备运行质量的同时，总结和完善运营组织管理工作更需要制度化和规范化。对照《城市轨道交通运营管理办法》的有关规定和要求，一方面要抓好建章立制，另一方面要善于总结运营管理的经验和教训，真正做到向管理要效益。首先，要建立运营分析制度、设备质量管理制度、安全管理制度等；其次，明确责任部门，实行分工负责制；最后，运用 PDCA 管理原理，定期对制度的执行情况和效果进行总结和改善，以不断提升运营服务水平。

1. 运营分析

运营分析主要是对运营的安全、服务和行车指标、设备和员工的表现、管理的绩效进行专题分析，总结出好的经验和做法，找出存在问题并制定整改措施，帮助运营人员提高运营管理水平。

为促进运营管理水平的提高，运营分析所包含的内容主要有：安全质量指标，行车、服务指标，设备表现（故障）情况，非运营时间的设备检修施

工开展情况，员工业务技能，规章的适用性。行车、设备运行质量及安全指标主要对照前文拟定的指标值，并采用逐步提升的方式，促进运营管理早日走上正轨。

鉴于试运营初期处于人员、设备的磨合期，运营分析必须及时、有效、针对性强，因此，应该采用日、周、月为周期的运营分析。

2. 设备质量管理

设备质量不但是运营服务质量的保证，也是运营管理水平的根本体现，因此，设备质量管理要结合设备的特点，运用科学的管理方法，牢固树立“安全第一、质量为本”的维修组织指导思想，实施全员质量管理。

(1) 收集设备运行信息。

(2) 建立每台设备的状态信息，利用计算机应用技术进行记录、分类统计和定性定量分析，并进行趋势预测。

(3) 结合设备检修规范，把计划修与状态修有机结合。

(4) 实行“三定、四化、记名修”的维修管理方式，全面推行岗位质量责任制。

(5) 重视技术研究，组织开展技术攻关，不但解决设备运行质量问题，而且培养和锻炼专业技术人员，为轨道交通运营事业的可持续发展打下坚实基础。

3. 安全管理

在建立健全安全生产管理机制，制定行车、客运、消防和综治等安全生产措施，明确安全培训教育制度后，关键是组织实施，实行全员安全管理，才能保证轨道交通运营长治久安。

(1) 引入职业健康安全管理体系（OHSAS），在安全管理工具的帮助下开展安全管理工作。在接管开通前进行危险源评价的基础上，结合开通前运营演练和开通初期的运营安全表现情况，对危险源进行再评估，不断补充完善危险源及其控制预防措施。

(2) 及时跟进试运营中员工操作、设备质量和规章上反映的各类问题，采用 PDCA 法进行循环跟进管理。

(3) 采用实作演练与突击演练相结合的办法，提高员工应急应变处理能力的提高。

(4) 组织开展多种形式的安全管理活动，调动员工参与安全管理的积极性和创造性。

(5) 定期开展安全绩效评估，不断提高安全自我管理能力。

4. 运营管理专题研究

结合前文的运营质量分析、设备质量管理和安全管理过程中发现的共性问题，运营单位应组织技术、管理人员，必要时可以外委，开展运营管理模式的专题研究，如生产管理模式、行车组织模式、设备维修模式、物资管理模式、安全管理模式等，有针对性地解决在试运营管理中遇到的难题，不断优化和完善运营管理的方式方法，并前瞻性地分析研究近期运营组织管理的问题，促进运营管理水平迈上新台阶。

第十四章

安全事故预防及应急管理

第一节　运营安全事故预防

轨道交通运营安全管理是各级政府和广大市民高度重视和密切关注的焦点，提供安全快捷的服务是运营管理单位的核心使命。随着各城市轨道交通运营线网的形成，运营管理的难度和挑战日趋增大，安全管理风险也越来越高，而我国城市轨道交通发展历史较短、运营经验不足，在安全管理中存在诸多不容忽视的问题。

确保运营安全是城市轨道交通事业长远发展的根基。运营安全管理首先要抓小放大，提前预想，前移安全关口。运营人员必须提前介入并参与轨道交通新线的规划、设计、建设和调试过程，将运营的概念贯穿于轨道交通建造的全过程，新线路高水平高质量地建成和开通是运营安全的最根本保障；在运营过程中，也要充分认识到安全生产工作的特殊性、复杂性和重要性，在抓好安全基础的前提下，做好事故预防，提高抢险应急处置能力，是安全管理的核心任务。

城市轨道交通作为公共交通的重要组成部分，不但具有全员性，还具有很强的专业性和公众性，由四大基本要素组成：人、设备、环境、管理。人主要包括乘客、工作人员以及其他相关人员；设备主要包括车辆、供电、通信、信号、轨道以及机电相关专业系统设备及相关工器具、检测设备等；环境主要包括自然环境和社会环境；管理主要包括组织机构、规章制度等。其中设备是基础，制度是保证，人员是关键，三者是相辅相成、紧密相连、互相制约的统一体；同时，三者只有在动态的变化中保持相对的协调和稳定，安全才有保证，忽视了三者的动态协调与统一，维持安全稳定的支撑就将倾斜，任何一个子系统或环节出现问题，均会不同程度地影响运营安全。

根据轨道交通业务特点，运营安全管理包括八大模块：行车安全管理、客运安全管理、消防安全管理、设备设施安全管理、施工作业安全管理、外部环境安全管理、综治保卫安全管理、票务收益安全管理。

一、行车安全管理

城市轨道交通是技术密集型的行业，包括信号、车辆、轨道、接触网等多个行车专业，而其运营是一个有规律性的动态运行过程，保障行车安全必须紧扣行车安全的关键岗位和关键设备以及相关的操作行为，做好人、机联动。涉及行车的关键岗位有司机、调度、行车值班员；关键作业有列车驾驶、调度指挥、接发列车。

1. 列车驾驶安全管理

列车驾驶安全是整个轨道交通运营安全的关键环节之一。很多事故是因为司机未确认进路安全、臆测行车、疲劳驾驶造成，司机驾驶安全是确保行车安全的最后一道关口。造成驾驶安全事件的原因有以下几种：驾驶员未确认进路正确（信号机显示、道岔开通位置）动车；误操作设备（或应急情况下操作不当）导致动车；其他如未撤除防护、车厂发车前未撤除铁鞋、开门走车、未确认车门、屏蔽门关好等情况下动车。

安全驾驶是安全的重中之重，若出现差错，会带来发生冒进信号、挤岔、脱轨、追尾事件；车站错开车门、屏蔽门，造成乘客坠轨；夹人夹物动车，造成乘客伤亡或设备损坏。

为避免驾驶安全事件发生，首先从设备保障上需确保自动列车防护（ATP）有效，尤其在两端折返站，确保DTRO无人折返的有效，降低司机未确认进路动车的行车风险；其次，要求司机在驾驶中做好三件事：正确领会调度命令，在开关门时防止错开车门导致乘客坠轨和“夹人夹物”动车，在列车运行过程中时刻关注进路、信号、道岔等关键信息，保持不间断瞭望。

2. 调度指挥安全管理

行车调度工作实行高度集中统一指挥，以使各个环节紧密配合，协调工作，保证列车安全、准点地运行。行车调度工作的好坏直接影响行车安全及运输质量。造成调度安全事件的原因主要有：错排进路；未确认线路出清发车；应急情况下错发调度命令。以上任何一种错误指令都会直接导致列车冒进信号、挤岔、脱轨、追尾等严重行车事故。为此，必须做到中央行车调度与车站、司机有效联控，关键操作执行“双确认”“复诵”制度，同时从技术上冗余配置通信系统，确保紧急情况下行车指挥的通畅。

3. 接发列车安全管理

接发列车安全事件的原因主要是发生信号设备故障、车站行车人员人工办理接发列车进路时，因麻痹大意、违章违纪等原因错办行车手续，造成列车追尾、冲突、脱轨等严重后果。为确保接发列车安全，必须坚持落实以下关键措施：细化确认列车位置环节，接车时确认线路空闲及进路正确无误，办理行车手续时需“双确认”；采用降级行车法期间故障区段内的列车安排人员添乘，执行“双确认”；在未确认清楚列车位置前，严禁人工办路票动车。

二、客运安全管理

对于城市轨道交通行业来说，客运安全主要是指乘客在使用城市轨道交通运营服务的过程中人身、财产等权益得到保障、不受侵害。对于运营单位来说，客运设备状态、人员服务水平、承运单位组织水平、外部环境等都是影响客运安全的要素。客运安全管理关键在于对象控制，根据乘客的不同特点进行分类，并针对不同类别的对象采取不同的引导、控制措施，确保不同的乘客群体乘坐轨道交通全过程的安全。

据统计，扶梯摔伤是造成轨道交通客伤事件的最主要原因，其次是乘客抢上抢下、车门/屏蔽门开关造成客伤；另外，地面有水渍、油渍及下雨时未及时清理会造成乘客车站内摔伤。从发生客伤的年龄段性别分析，60 岁以上老人最多，各年龄段女性发生客伤的人数比男性多，30 岁以上年龄段尤为明显，该年龄段女性乘客是重点关注对象。

1. 扶梯客伤控制

自动扶梯具有方便、节省体力的特点，乘客较喜欢使用，但同时扶梯属于特种设备，在搭乘时如果没有注意安全，则很容易发生事故。由乘客未站稳扶好引发的客伤约占 50%；由乘客携带大件行李搭乘扶梯引发的客伤约占 30%；由第三方碰撞引发的客伤约占 10%；其他因在自动扶梯上拾物品、推婴儿车、逆行、醉酒等也会带来客伤。

预防扶梯客伤的客运服务控制措施主要包括：在扶梯旁反复广播，提醒乘客握好扶手带，双脚站稳在梯级内；同时在高峰期，加派人员在长大扶梯处引导，提醒老人、小孩乘坐扶梯时需其他成年人陪同；对携带婴儿车、轮椅、手推车及大件行李物品的乘客引导其搭乘垂直电梯或走楼梯等。

2. 大客流控制

在运营过程中，会出现可预见性的大客流，如大型商业活动、节假日等，也会出现突发性的大客流，如设备故障列车不能开动等，客运量短时间内高度集中。在大客流情况下，若疏散不及时，处理不当，会带来群死群伤的安全隐患。为此，面对大客流时，一方面通过乘客信息显示系统(PIDS)、广播等反复宣传，疏导客流，维持站内秩序；另一方面在客流达到一定量时，组织客流控制，必要时根据线网运营情况调用空车到客流较大的车站投入运营，当地铁内部力量不够时，申请启动地面应急公交接驳。

3. 站台、站内安全控制

乘客抢上抢下可能造成夹人夹物动车的安全事件，站台安全对现场候车秩序控制等都提出了较高的要求。针对站台安全，需引导乘客“先下后上”，在车门关闭时，防止抢上抢下；司机确认车门、屏蔽门关好且空隙安全后方可动车；在紧急情况下，及时按压“紧急停车按钮”，确认停车后处置相关问题。

另外，由于城市轨道交通车站空间有限、指引不明、地面湿滑等情况容易造成乘客摔伤、碰伤，站内安全也是重点控制区域。为此，需要完善安全标识标志，制定有效客流引导的路径及广播指引；同时做好车站的环境卫生，避免地面异物、地面湿滑造成乘客摔伤。

三、消防安全管理

消防安全是关系到企业财产、利益的大事，也和每一位乘客、员工的生命安全、切身利益息息相关。近几年国家以及各地方政府都非常重视轨道交通消防管理，出台了很多管理规定及办法，定期组织专项隐患大排查大整改活动；同时，各轨道交通单位也投入了大量人力、财力进行消防安全管理。国内各轨道交通单位的消防安全事故事件大部分火警都由员工及时发现并扑灭，需要调派专业消防队进行救援的情况并不多。但不可否认，水火带来的危害人人都懂，但在日常工作中却往往被忽视、被麻痹，存在侥幸心理。

1. 火灾原因分析

引起火灾的原因主要有两类：人为因素和电气短路。

人为因素主要指乘客携带易燃易爆危险品即“三品”乘车、违章操作、施工作业动火（电焊等）、站内吸烟等。电气短路主要指由于电气设备每天运作时间较长，因过热、过载、绝缘损坏等引发火灾；另外，由于城市轨道交通车站尤其是地下车站存在潮湿、高温、粉尘大、鼠害等因素而造成电气设备、线路绝缘性能下降，因电气设备短路引发火灾。

2. 火灾事故预防

火灾预防需从管理和技术角度同时采取措施，在条件许可的情况下，设置安检系统，有效防止乘客携带易燃易爆物品进站乘车；同时在出入口、通道显眼位置张贴禁烟标志，并及时制止违规吸烟行为；车站装修、办工家具采用阻燃、难燃材料，严格控制动火作业（电焊、气焊），动火必须严格遵守规程，并做好各种防火措施。

为应对突发状况，员工需熟练掌握扑灭初期火灾、引导乘员疏散的技能，确保在发生火灾后，起火位置附近员工在 3 分钟内形成第一灭火力量；同时需确保消防设备系统完好有效，火灾报警系统、水消防系统、气体灭火系统、防排烟系统、灭火器等消防设备设施处于有效状态，才能在发生火警后及时报警，将火灾扑灭在萌芽阶段；通过宣教提高乘客使用消防器材的能力。

四、设备设施安全管理

良好的设备设施是安全的本质化保证，轨道交通所管辖专业设备系统复杂、种类繁多，设备安全管理为安全提供本质化保障非常关键。

1. 信号系统安全管理

信号系统的风险主要表现在：系统失灵、故障、设计缺陷或外界破坏（雷击），造成列车挤岔、追尾、脱轨、冲撞等严重安全事故。所以，信号系统首先必须遵循“故障导向安全”原则，发生障碍、错误时，即任何车一地通信中断、列车非预期移动（含退行）、列车完整性的中断、列车超速（含临时限速）、车载设备故障等产生安全性制动；系统具备降级模式，一旦中央系统故障，能自动降级运行。

2. 车辆设备安全管理

车辆设备的风险主要表现在：列车超速行驶、制动系统失灵、列车夹人夹物动车、弓（靴）网（轨）故障等。所以，车辆设备在使用过程中，必须确保列车自动保护（ATP）功能良好，防止超速；制动安全电路可在车辆异常时紧急制动；车门紧急解锁装置有效，在夹人夹物时，拉下该装置确保停车处置。

3. 通信系统安全管理

通信系统的风险主要表现在：传输系统中心节点故障，导致全线的信号、无线、AFC等数据传送故障，影响运营；UPS（不间断电源）设备故障，传输、广播、CCTV、时钟、无线系统等无法运行，影响行车监控及客运服务。为此，传输系统需采用开放传输网络（OTN）和光纤接入技术、双环路方式（主环和备环一热一备，主环发生故障时能在100 ms以内切换到备环）；UPS出现故障时，能快速将UPS转到手动旁路由市电直接供电。

4. 供电系统、接触网（轨）安全管理

供电系统风险表现在：110 kV电缆被破坏或主所故障，造成大面积停电事故。所以，应严密保护110 kV电缆，加强巡查，制止破坏电缆的行为。

接触网风险主要表现在：由于弓网关系不良造成接触网构件变形、断裂、脱落；绝缘子污损、击穿造成接触网停电，运营行车中断；雷击造成接触网设备损坏，甚至人员伤亡。所以，在运营中需重点关注弓网关系恶劣点（多在膨胀接头、分段绝缘器等部位），采用新技术措施（弹性接触网汇流排扣件、气囊式受电弓等），改善接弓网间的力学关系；对绝缘子重点清洁，及时更换破损的绝缘子。

5. 电扶梯安全管理

自动扶梯的风险体现在：运行方向逆转，扶手带与梯级不同步，制动装置失效，梯级下陷、梳齿板损坏，导致乘客跌倒或从高处滚落受伤，“多米诺效应”还可能导致群死群伤安全事故。所以，在运营过程中必须严格按规章制度操作、处理故障及应急处置；加强设备检修检测维护管理，严格按国家及行业管理要求执行。

6. 屏蔽门安全管理

屏蔽门风险表现在：乘客被夹在屏蔽门和车门之间，列车运行将乘客拖拽导致伤亡。预防及应急处置措施可考虑在屏蔽门与车门间加装防夹挡板，填充车门与屏蔽门的间隙，并将其“关好状态”纳入信号 ATO 联锁，使乘客站在车门与屏蔽门之间的缝隙被夹时屏蔽门无法关闭，列车 ATO 模式下无法起动，从根源上防止列车夹人夹物动车。另外，也可考虑加装红外检测设备或参照光源等措施。

7. 特种设备安全管理

针对厂内机动车以及起重机械带来的隐患，避免撞车、翻车、轧辗以及在搬运、装卸、堆垛中物体打击造成人员伤亡，在使用中须要求：机动车钥匙由专人管理，借用钥匙要审批，严禁无证驾驶；厂内道路设置限速标志、减速带、弯道凸镜等，斜坡处设置警示标示；严禁车辆带病运行；严禁在人员或重要设备上空移动吊物。

五、施工作业安全管理

城市轨道交通行业专业多、设备分散、管理区域广，在施工管理方面，由于交叉作业、平行作业比较多，施工安全管理难度非常大。为防止发生安全事故，一要建立电子化施工管理系统，实现电子化信息管理、作业计划管理、维修工单管理、作业现场管理、冲突检测机制，对施工作业的计划申请、审批、实施、销点等环节实现全过程电子化安全管理，避免人为失误导致的人车冲突、人员触电等安全事故发生；二要在车辆段建立“五防”电子化管理系统，防止带负荷拉合变电所供电刀闸、误分合断路器、带电挂接地线、带接地线合隔离开关、误入带电间隔等；三要在作业前做好安全、技术交底，在作业过程中强调“三戒”：戒推诿扯皮、戒信息梗塞、戒各自为政，一旦发生安全事件，一定要按“四不放过”原则严肃处理。

六、外部环境安全管理

城市轨道交通的外部环境，主要是指自然环境、外部施工、运营单位与外单位的接口等。目前各大城市轨道交通所在城市政府相继出台了《城市轨道交通管理条例》，在城市轨道交通车站、线路两侧一定范围设定城市轨道交通控制保护区，《城市轨道交通运营管理办法》（建设部令第140号）也对城市轨道交通控制保护区进行了明确界定。外部施工安全风险主要表现在随着线网的扩大，外部施工对运营安全的影响及威胁不断显露，尤其是外单位施工对轨道交通运营的影响，风险处置难度不断增大。为此，一方面要加大开展地保安全宣传，另一方面要定期开展外围安全专项检查和隐患整治，组织轨道交通控制保护区内安全隐患全面排查工作，研究制定安全防范措施，在必要时，提请政府相关部门出面协调。

七、综治保卫安全管理

综治保卫包括防止治安事件、设施被盗（破坏）、恐怖袭击。治安事件主要有打架、破坏设备、酒后闹事三种。设备被盗对城市轨道交通的正常运营带来影响，严重时甚至可能造成城市轨道交通财产和人身方面的重大损失。1903—2010 年全球城市轨道交通发生重大事故 16 起，共造成 825 人死亡，7 709 人受伤，恐怖袭击所占比例达 63%。近 20 年来城市轨道交通受恐怖袭击趋势上升。

综治保卫工作主要依靠保卫力量加强技防，增加巡视。加强社会宣教，增强乘客的防范意识和自救能力；车辆段/场围网处安装周界报警系统，外部人员侵入时，系统发出蜂鸣声警报并提示侵入人员的位置；投用视频监控系统，加强监控车站、列车的安全，加强安检，严防“三品”和管制品进站；配置防爆桶、爆炸检测装置及探测器，准确、快速地处理可疑物品；建立健全突发事件的先期应急处置方案，完善救援程序，建立应急救援组织，配备救援器材设备，定期组织演练，提高先期应急处置能力。发生突发事件时，报告政府相关部门请求支援。

八、票务安全管理

票务安全主要依靠持续开展票务安全管理意识教育，建立完善票务收益安全监控体系，落实票务收益安全风险管控体系，严格开展票务收益安全查处工作和掌控票务收益安全等方面细化管理措施以及技术手段。

第二节　城市轨道交通应急管理

一、应急预案的法规要求

根据我国有关法律、法规的要求，企业和各级政府都应针对重大危险源制定有效的应急预案。

《城市轨道交通运营管理办法》明确提出：城市人民政府城市轨道交通主管部门应当会同有关部门制定处理突发事件的应急预案；城市轨道交通运营单位应当根据实际运营情况制定地震、火灾、浸水、停电、反恐、防爆等分专题的应急预案，建立应急救援组织，配备救援器材设备，并定期组织演练；当发生地震、火灾或者其他突发事件时，城市轨道交通运营单位和工作人员应当立即报警和疏散人员，并采取相应的紧急救援措施。

2006 年 1 月 8 日，国务院发布了《国家突发公共事件总体应急预案》，明确了各类突发公共事件分级分类和预案框架体系，是指导预防和处置各类突发公共事件的规范性文件。随后，国务院又相继发布了《国家安全生产事故灾难应急预案》《国家处置城市地铁事故灾难应急预案》等共 9 个事故灾难类突发公共事件专项应急预案。

二、城市轨道交通应急体系

在城市轨道交通系统中，可能会发生或存在多种潜在的事故类型，如大面积的长时间停电、火灾、水灾、地震、危险物质泄漏、放射性物质泄漏、恐怖袭击等，城市在开展各类大型活动时也可能出现重大客流等紧急情况，因此，在建设城市轨道交通应急救援体系时，必须进行合理策划。既要做到突出重点，准确反映城市轨道交通的主要重大事故风险，又要合理地编制各类预案，避免各类预案间相互孤立、交叉和矛盾，从而使任何可能发生的事故局部化，尽可能地消除、减少事故造成的人员伤亡和财产损失，尽快恢复交通。

1. 应急机制

应急救援活动一般划分为应急准备、初级反应、扩大反应和应急恢复四个阶段。应急机制主要由统一指挥、分级响应、属地为主和公众动员四个基本机制组成。

(1) 统一指挥是应急活动的最基本原则。应急指挥一般可分为集中指挥与现场指挥、场外指挥与场内指挥两种形式，但无论采取哪一种指挥系统都必须实行统一指挥模式。无论应急救援活动设计单位级别高低和隶属关系如何，都必须在救援指挥中心的统一组织协调下开展相关工作，使各参与单位既能充分发挥自己的作用，又能相互配合，提高整体效能。

(2) 分级响应是指在初级响应到扩大应急的过程中实行分级响应的机制。扩大或提高应急响应级别的主要依据是事故灾难的危险程度、事故灾难的影响范围、事故灾难的控制事态能力，而事故灾难的控制事态能力是“升级”的最基本条件。扩大应急救援主要是提高指挥级别、扩大应急范围等。

(3) 属地为主是强调“第一反应”的思想和以现场应急为现场指挥的原则，即强化属地部门在应急救援体制管理工作中的主导作用，以提高应急救援工作的时效。

(4) 公众动员机制是应急机制的基础，也是最薄弱、最难以控制的环节，即现场应急机构组织调动所能动用的资源进行应急救援工作，当事故超出本单位的处置能力时，向本单位外寻求其他社会力量支援的一种方式。

2. 应急体系的主要内容

应急救援体系建设与发展属于安全生产系统工程的一个组成部分，需要从系统的整体性出发，科学地规划和设计。应急救援体系的主要内容有以下六个方面：

（1）事故预防。事故的发生都是因正常条件发生偏差而引起的，如果能事先确定某些特定条件及其潜在后果，就可利用相应手段减少事故的发生，或者减少事故对外界的影响，预防事故要比发生事故后再纠正容易得多。因此，在城市轨道交通新线设计、建设或旧线改造时，都应该设计必要的安全装置和设施，从而提高城市轨道交通运营系统的安全性。另外，事故预防工作也不可忽视操作规程、应急规程和管理策略的建立及其定期培训和维护。

（2）应急预案。应急准备是应急管理过程中一个极其关键的环节。它是针对可能发生的事故，为迅速有效地开展应急行动而预先所做的各种准备，包括：制定紧急状态下的反应行动，以提高准备程度；确保系统在紧急情况下做到准备充分和通信通畅，从而保证决策和反应过程有条不紊；保证人员进行培训和演习，定期更新应急预案和重新评价其有效性。

（3）应急救援系统。应急救援系统从功能上由应急指挥中心、事故现场指挥中心、后勤保障中心、媒体中心和信息管理中心 5 个运作中心组成。要做到快速、有序、高效地处理应急事故，需要应急救援系统中相互之间的协调努力。

（4）应急培训与演练。目的主要有：测试应急救援预案的充分程度；测试应急培训的有效性和队员的熟练性；测试现有应急装置和设备供应的充分性；确定训练的类型和频率；提高与现场外应急部门的协调能力；通过训练来识别和改正应急救援预案缺陷。

（5）应急救援行动。一个完善的应急救援体系应能在事故和灾害发生时及时调动并合理利用应急资源（包括人力资源和物资设备资源）投入事故救援行动，针对事故、灾害的具体情况，选择适当的应急对策和行动方案，从而及时有效地进行应急救援行动，使伤害和损失降低到最低程度和最小范围，并在最短时间内控制事故。

（6）事故的恢复与善后。当救援工作开展后，从紧急情况恢复到正常状态需要时间、人员、资金和正确的指挥，这时对恢复能力和预先估计将变得十分重要。通常情况下，重要的恢复活动包括事故现场清理、恢复期间的管理、事故调查、现场的警戒与安全、安全和应急系统的恢复、人员的救助、法律问题的解决、损失状况的评估、保险与索赔、相关数据收集、公共关系等。

三、城市轨道交通应急救援机构

根据《国家处置城市地铁事故灾难应急预案》规定，轨道交通企业必须建立由企业主要负责人、分管安全生产的负责人、有关部门参加的轨道交通事故灾难应急机构。轨道交通企业可根据自身的发展规模、线路长度、员工素质等情况选择适合自身企业的安全、应急管理体系和机构。

1. 应急处置机构层次划分

根据《国家处置城市地铁事故灾难应急预案》，城市轨道交通事故灾难应急处置组织机构按相应级别大致分为三个层次:

一是国家应急机构，即国务院或国务院授权住建部设立城市轨道交通事故灾难应急领导小组（以下简称“领导小组”），领导小组下设办公室、联络组和专家组。在特别重大事故灾难时由国家应急机构进行应急处置。

二是省级、市级轨道交通事故灾难应急机构，该机构比照国家轨道交通事故灾难应急机构的组成、职责，结合本地实际情况确定。在重大、较大事故灾难发生时，省级、市级应急机构进行应急处置，超出其处理能力范围的由上一级应急机构进行应急处置。

三是城市轨道交通企业事故灾难应急机构，城市轨道交通企业应建立由企业主要负责人、分管安全生产的负责人、有关部门参加的轨道交通事故灾难应急机构。在一般事故以下事故发生时，由轨道交通企业应急机构进行应急处置，当超出其处置能力时，由上一级应急机构进行应急处置。

2. 应急处置机构的功能划分

应急救援机构从功能上讲，可由应急指挥中心、事故现场指挥中心、支持保障中心、媒体中心和信息管理中心 5 个运作中心组成。其中应急指挥中心负责协调应急组织各个机构运作和关系，主持日常工作，维持应急救援系统的日常运作；事故现场指挥中心负责事故现场应急的指挥工作、人员调度、资源的有效利用；支持保障中心负责提供应急物质资源和人员支持的后方保障；媒体中心负责处理媒体报道、采访、新闻发布会；信息管理中心负责信息管理、信息服务。各中心要不断调整运行状态，协调关系，形成一个有机的整体，使系统快速、高效地实施现场应急救援行动。

3. 应急处置机构的类型

城市轨道交通企业应急救援机构应按照属地为主、分工协作、应急处置与日常建设相结合的原则建立，在应急处置过程中实现统一指挥、分级负责、科学决策，保证事故灾难信息的及时准确传递、事故快速有效处置，同时还要做到既保证常备不懈，又降低运行成本。

目前应急管理体系、机构设置，主要有以下几类：

(1) 层级型。由运营单位主要负责人总负责，组建公司、部门两级应急系统。一级是公司级，包括企业主要负责人、分管安全生产的负责人及安全、保卫、调度、设备、信息管理、对外联络、卫生、物资保障、环保等各部门负责人员；建立二级部门应急机构，并延伸至基层班组。

(2) 联动型。由运营单位主要负责人总负责，将运营发生所有行车、设备、消防、治安等安全信息报轨道交通控制中心，控制中心组成联动中心，统一指挥相关部门处置各类安全减灾及应急工作。

(3) 专职型。运营单位建立应急救援管理指挥专门机构和专业应急救援队伍，内设信息管理、应急管理（抢险、指挥）、重大危险源管理三个职能部门，负责安全生产信息接收、汇总、上报、发布；重大事故隐患、预案编制管理、应急培训、预案演练、救援物资管理及抢险指挥；重大危险源建档、管理、专家库管理、查处谎报、瞒报案件等职能，使应急救援工作贯穿于安全生产事故的事前预防、事中应急、事后管理中，形成安全生产应急救援工作的一条较为完整的工作链和工作体制、机制。

目前国内外轨道交通线网运营的企业，采取第二种即联动型的应急机构设置是主流。联动型又分为集中式中心控制和区域式中心控制。

美国纽约地铁采用 28 条线路集中的集中式中心控制，法国巴黎地铁采用 14 条线路集中的集中式中心控制，中国香港地铁采用 7 条线路集中的集中式中心控制，北京地铁采用 14 条线路集中的集中式中心控制。

采用区域式中心控制的有上海地铁、广州地铁、南京地铁，一般采用 2～3 条线路集中式的区域控制中心。随着线网的形成，在区域控制中心的基础上成立路网控制中心或线网控制中心，在应急处置上统一管理各区域控制中心，各线路控制中心对相应的车站进行统一管理。

四、应急处置

城市轨道交通系统作为一种大型载客交通系统，因设备故障或人为行为等因素发生突发事故不可避免。在发生突发事故后，有效的应急处理可以避免事故扩大和减少事故损失。

从国内外轨道交通运营经验来看，突发事件主要包括列车被迫在区间停车、预计半小时内无法动车，车站以及列车在区间发生爆炸、火灾，大面积停电，地震，恐怖袭击事件，特殊气象，大客流等。

突发事件发生后的基本处置要点为：首先树立“先通后复”的原则；尽量减少人员伤亡和财产损失；最大限度通过小交路维持运营；必要时启动公交接驳；迅速、准确报告应急信息；发生人员伤亡、火灾、爆炸、毒气袭击等恐怖活动时，及时报“119”火警、“120”急救电话或公安分局请求支援。

1. 应急响应及处置

城市轨道交通运营事故按人员伤亡数量、线路中断运营时间、财产损失情况一般分为特别重大、重大、较大和一般四级，事故响应等级一般分为四级：Ⅰ级、Ⅱ级、Ⅲ级和Ⅳ级。

发生轨道交通重特大或重大社会影响的突发事件时，启动Ⅱ级应急响应，在市委、市政府统一领导下，由市轨道交通应急处置指挥部指挥长启动本预案，各相关工作单位迅速到位，开设相应协调工作组，统一指挥各专业应急队伍的现场抢险救援工作。必要时，启动Ⅰ级应急响应，请求国家相关应急指挥机构协调救援力量支援。

发生轨道交通较大或有一定社会影响的突发事件，启动Ⅲ级应急响应，成立事故处置现场指挥部，由现场指挥部组织实施本预案，各相关部门和单位迅速到位，开展处置工作。

发生轨道交通一般突发公共事件，由轨道交通运营单位组织各相关工作单位迅速开展处置工作。

2. 应急工作原则

轨道交通运营单位的应急工作原则为：统一指挥、资源共享、分级管理。统一指挥一般由运营指挥中心（COCC/OCC）为应急处置的指挥中心，同时也是运营信息和应急信息的枢纽，对外信息统一出口，对内指令统一下达；资源共享指整合建设工程和运营体系的相关资源，形成轨道交通网络内部各类应急资源共享机制，由COCC/OCC统一指挥和调配；分级管理主要是根据突发事件对运营影响程度，按不同等级启动不同的应急响应预案来组织处置。

3. 事故现场的抢修（险）组织

根据事故性质预判影响范围，尽快确定抢修方案，并提出降级运行的建议方案；按职责和分工调用各类资源，组织现场抢修，采取有效措施把事故影响降低到最低程度；统一指挥、协同配合，快速恢复设备运营状态，以争取尽快恢复正常运营。

4. 运营组织

根据事故及设备故障的具体情况，及时采取适当的临时行车组织调整方案，并做好行车安全监护工作；组织事发线路车站和全网络及时采取相应客运组织调整措施，并做好现场疏导工作；采取适当的设备运行方式维持或退出运营。

5. 信息传递组织

指定专人担当信息联络员，随时了解、掌握、传递事故现场处置进展情况；按固定时间间隔及事故处置关键节点，保持事故抢修指挥、现场指挥以及 OCC 之间不间断的信息传递；在最短的时间间隔将事故的原因、类型、范围及可能导致的影响，汇报指挥中心并告知相关责任主体。

6. 对外信息宣传组织

迅速组织突发事件下的对外宣传报道工作组，统一发布运营信息，OCC 或 COCC 根据统一的运营信息，视情况安排相应人员接受新闻媒体采访；通过多种运营动态信息发布系统，对全网络与社会发布轨道交通全网络实时运行情况和事件动态发布。信息发布渠道与平台主要包括车站车厢即时广播、车站乘客服务信息系统、车站车厢移动电视、轨道交通官方网站、城市交通台、运营信息电视直播、轨道交通官方微博、轨道交通便民短信等。

第十五章 竣工验收

竣工验收是城市轨道交通建设工程的最后环节。城市轨道交通新线的建设单位在经过一段时间的试运营后，提请新线所在城市发改委并经国家发改委批准，组织相关单位进行竣工验收。运营单位在做好试运营组织工作的同时应积极配合新线竣工验收。新线项目只有通过竣工验收后才能从建设阶段转入正式的商业运营。

第一节　新线项目竣工验收的主要工作

在国家发改委批复新线项目的竣工验收申请后，由所在城市政府部门制定“新线项目竣工验收工作方案”，成立竣工验收委员会全面负责竣工验收工作，委员会下设验收工作组全面组织、协调相关验收工作，并负责整体工作的推进。新线建设单位按照“新线项目竣工验收工作方案”的要求，组织该项目所有的设计单位、建设单位、财务管理单位、档案管理单位、安全管理单位、质量管理单位和运营管理单位等开展相关工作，接受政府主管部门的验收。

一、竣工验收的前提条件

新线项目在具备以下条件时，由建设单位向新线所在城市发改委提出竣工验收的申请：

• 完成工程建设。

• 试运营 1 年以上。

• 该项目基本能够体现设计意图和满足城市规划要求，工程和设备功能基本能够满足设计标准和要求，运输能力和服务水平基本能够满足城市市民出行等需求。

二、竣工验收的范围

新线项目竣工验收范围为设计文件包含的所有工程，主要包括：正线线路及所有车站的土建工程，所有车站机电设备安装工程，车辆段及综合基地、主变电站、集中供冷站（如设计中没有则不包含），以及车辆、轨道、供电、信号、通信、自动售检票、设备监控、消防自控等所有系统设备与控制中心安装工程。

三、竣工验收的依据

• 《建设项目（工程）竣工验收办法》(1990 年 9 月 11 日)。

• 《地下铁道工程施工及验收规范》(GB 50299—1999)。

• 《地铁设计规范》(GB 50157—2003)。

• 该新线有关设计文件。

• 有关专业验收规范。

• 政府有关文件。

• 城市轨道交通新线项目验收委员会制定的有关验收管理办法。

四、竣工验收组织的主要程序

(1) 向所在城市发改委提出新线项目竣工验收申请并报国家发改委批准，验收准备工作开始启动。

(2) 成立竣工验收委员会和工作组，制定“新线项目竣工验收工作方案”并明确竣工验收工作计划和要求下发执行。

(3) 编制项目竣工验收《建设综合报告》和《专题报告》并审核，主要包括：

1)《建设综合报告》。由新线验交工作组负责编制，报验收委员会审核。

2)《基建工作报告》《工程质量管理及安全生产管理工作报告》《征地拆迁工作报告》《环境保护工作报告》《消防工作报告》《国内外设备材料工作报告》。由建设单位负责编制，报验收委员会审核。

3)《设计和科研工作报告》。由建设单位牵头，设计单位配合编制，报验收委员会审核。

4)《试运营管理工作报告》。由运营单位编制，报验收委员会审核。

5)《建设档案工作报告》。由验收工作组牵头，档案管理单位配合编制，报验收委员会审核。

6)《竣工财务决算工作报告》。由验收工作组牵头，财务管理单位配合编制，报验收委员会审核。

(4) 完成新线项目工程遗留问题整改，并取得政府有关主管部门的专业验收意见。

1) 消防专业验收：由建设单位组织地方省、市消防局、设计单位、监理单位、施工单位组成专家组验收，市消防局出具最终消防验收意见。

2) 环保专业验收：由建设单位组织国家环保部、省、市环保局、设计等单位组成专家组验收，由国家环保部出具最终环保验收意见。

3) 职业病防护设施专业验收：由建设单位组织国家安监总局、省、市安监局、职业卫生监督部门组成专家组验收，国家安监总局出具验收意见。

4）卫生防疫专业验收：由建设单位提请新线所在城市卫生局进行专项验收并出具最终验收意见。

5）工程质量专业验收：由建设单位提请新线所在城市工程质量监督站进行资料、实体整改问题的复查工作，市质检站出具最终验收意见。

6）工程安全设施专业验收：由建设单位提请新线所在城市的安全生产监督管理局主持工程安全验收评审工作并出具验收意见。

7）人防专业验收：由建设单位提请新线所在城市人防办进行专项验收并出具最终验收意见。

8）规划专业验收：由建设单位提请新线所在城市规划局进行专项验收并出具验收意见。

9）竣工档案专业验收：由建设单位提请新线所在城市档案局进行专项验收并出具验收意见。

10）统计专业验收：由建设单位提请新线所在城市统计局进行专项验收并出具验收意见。

11）竣工财务决算审查：由建设单位提请新线所在城市财政局进行竣工财务决算审查并取得审查意见。

12）竣工财务决算审计专业验收：由建设单位提请新线所在城市审计局进行专项验收并出具验收意见。

（5）竣工验收委员会根据各项验收意见出具竣工验收鉴定书，召开新线项目竣工验收大会，新线项目完成并通过竣工验收。

五、竣工验收的结果

- 形成竣工验收文件。
- 该新线由建设期正式转入商业运营。

第二节　运营单位配合竣工验收的主要工作

一、运营单位的配合工作

运营单位作为参与竣工验收的重要成员，重点配合做好以下方面的工作：

1. 合理有效地组织试运营

在试运营期间，应该根据实际条件，合理、有效地组织行车服务。在条件允许情况下，原则上应按设计的行车间隔，系统检验新线在设计的行车密度下设备功能、人员服务水平、客流是否达到稳定；对暴露、发现的新线功能、环境、条件问题，及时统计，并协调与配合建设单位进行完善和解决。

2. 全面清理核查各系统设备设施运营状况

通过采取查线核图的方式，核查所有系统设备设施在竣工验收前应进行的验收是否已经全部通过，并在试运营期间进行必要的测试，评价所有系统设备功能在试运营期间的运行情况。特别要注意核查所有系统间经联合调试应具备的设计功能，检验联调中相关参数修改后的系统稳定性和适应性，原则上所有功能均应具备并运行稳定。

3. 全面清理核查材料物资、备品备件

新线竣工验收前应对以建设资金采购的各种随机备品备件，以及应配置的物资材料、工器具、仪器仪表等进行全盘清理，盘点消耗情况，并落实概算归算单元。

4. 全面清理建设资金、资产

对新线竣工验收前运营所用、所涉及的建设资金使用情况进行全面归算、核算、结算。配合建设单位全面清理、核算运营已经接收的和负责主导的资产并合理归类、归结、归位。

5. 合理评价试运营期间存在的问题

对存在的问题，应合理客观评价其影响，如存在影响运营安全的问题或其他确实不具备竣工验收条件的问题，应建议待问题解决后再进行竣工验收；如存在的问题不影响安全运营和整体功能、条件，则应积极配合和推进竣工验收，并提出存在问题的整改意见，争取将相关问题整改纳入尾工工程项目中。

6. 现场配合专项验收工作

新线项目竣工验收主要由建设单位组织，需要进行系列专项验收，其中消防专业验收、职业病防护设施专业验收、卫生防疫专业验收、人防专业验收等需要进入运营现场进行检测，运营设备维修和服务从业人员参与验收，为此运营单位相关业务部门需要在保障安全运营的同时，积极配合相关验收的工作。

7. 试运营工作报告编制的主要内容

根据试运营期间的设施状况、运营状况、运营准备情况、运营管理情况，运营部门需要组织编制新线在试运营期间的工作报告。

二、试运营工作报告的主要内容

1. 已投运的设施运行状况

全面介绍该新线所采用的系统设备及系统设备使用功能与设计功能的对比。该报告主要依据各系统设备功能的设计要求，如实反映试运营期间各系统设备功能实现设计标准的程度；根据对比提出存在的设备功能实现设计要求的差异，提出现有功能状态对运营服务的影响，并提出需要完善的方向和目标。

2. 运营准备

全面介绍试运营期间，在人员配置与培训、联调与演练、运营组织等方面所做的准备工作。

3. 运营管理

全面介绍在试运营期间，运营在质量管理、安全管理、服务管理、信息化管理等方面所采取的措施，及为达到确保线路安全、高效、高质量运营并提供优质服务的目的所开展的工作。

4. 运营状况

根据试运营期间的客运量、运营里程、正点率、运行图兑现率、票务收入等指标完成情况，全面评价该新线的运营状况。

5. 试运营效果评价

根据试运营整体情况，客观、合理地评价该新线在试运营期间表现并实现的社会效益，以及带来的相对的经济效益。

第十六章 运营筹备后评价

第一节 运营筹备后评价的目的与内容

一、运营筹备后评价的目的

通常在新线通过国家竣工验收后，运营单位会就整个运营筹备工作进行总结后评价。运营筹备后评价又称事后评价，是运营筹备工作结束后，即新线通过国家竣工验收后，由运营单位组织对整个运营筹备的决策规划、实施与控制以及开通试运营管理等各阶段、各环节的活动进行回顾、分析和总结，分析评价运营筹备的决策规划是否科学、经济，预期目标和主要效益指标是否实现，实施过程是否高效、有序、可控，开通试运营管理的经济和社会效益是否实现了预期目标等。

对城市轨道交通的建设、运营管理环节进行总结评价，一方面，通过回顾分析历史过程总结成败的经验教训，为未来新线乃至整个城市轨道交通管理提供依据和借鉴，以提高宏观决策和微观管理水平；另一方面，通过不断总结、积累，逐步建立一套与绩效考核关联的后评价体系，为企业管理者对有关部门及员工进行业绩考核与奖惩提供依据。

二、运营筹备后评价与前评估比较

运营筹备后评价在评价原则和操作程序上与前评估大体相近，但在评价的目的、评价内容、评价时点、评价主体、评价依据上有很大区别，两者的相似点和不同点见表16—1。

表16—1　　开通试运营前评估和运营筹备后评价比较

评价类别		开通试运营前评估	运营筹备后评价
相似点	评价原则	全面、客观、真实、独立、实用	
	评价流程	基本上是建立评价机构→编制评价计划→调查收集资料→分析研究资料→形成评价报告→评价报告反馈给决策和管理部门	
不同点	评价目的	评价各系统状态及试运营管理筹备是否具备安全可靠开通试运营条件，并根据评估意见调整工作计划，改进和完善后续工作	全面、客观地分析总结运营筹备全过程、各个环节工作的经验教训，为后期新线运营筹备提供依据和参考
	评价内容	评估开通前线路、设备状态及运营筹备情况	自我评价运营筹备全过程全方位的管理绩效
	评价时点	开通试运营前	试运营结束后
	评价主体	委托第三方单位评估	运营单位自我评价
	评价侧重点	行为结果的作用和影响程度分析	历史过程的回顾分析总结
	评价依据	①工程设计、建设文件，包括线网规划、工程可行性报告、环评报告以及工程建设实施过程中发生重大规划或设计变更的相关资料 ②国家及地方政府颁发的行业法规、政策、规定等文件，包括涉及开通时间、标准等的指令性文件 ③现场调查资料，包括设备功能现状考察	①筹备期管理的历史资料，包括前期决策规划文件、筹备工作计划、各业务模块的阶段性工作总结，建设—运营联席会及运营筹备例会纪要等 ②试运营期实际发生的数据资料、试运营总结及国家竣工验收报告

三、运营筹备后评价的内容

从运营筹备后评价目的出发，根据运营筹备工作阶段的划分和业务模块组成，通常将后评价内容分为决策与规划后评价、实施与控制后评价和试运营管理后评价，具体见图 16—1。

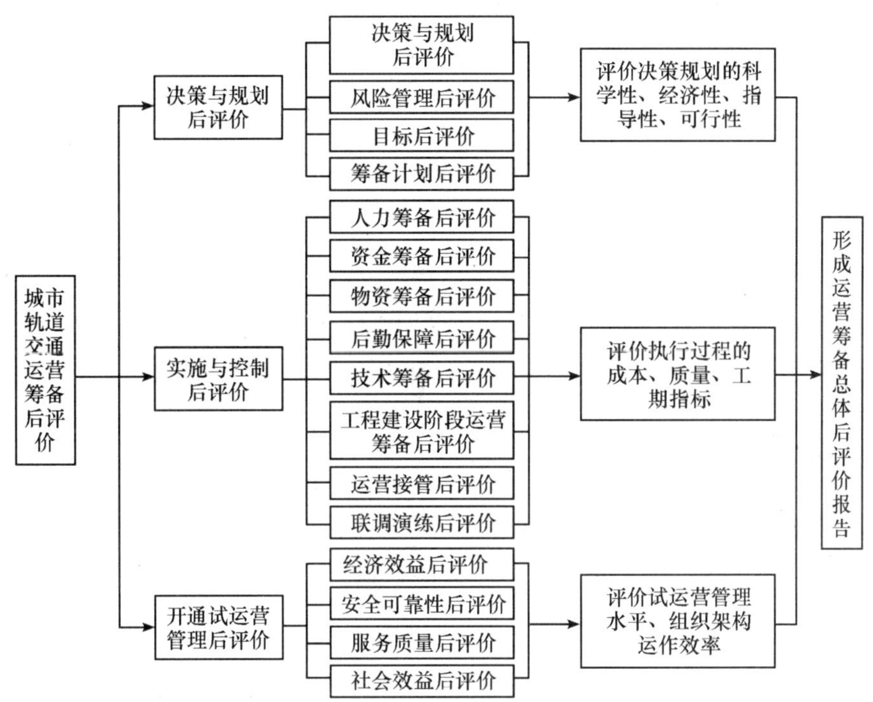

图 16—1 城市轨道交通运营筹备后评价的内容

1. 决策与规划后评价

决策与规划后评价细分为决策与组织规划后评价、风险管理后评价、目标后评价和筹备计划后评价，其中：

（1）决策与组织规划后评价。运营筹备工作的成功与否，关键取决于高层战略决策的优劣，战略决策对运营筹备计划编制和实施控制具有决定性的意义，因此决策与组织规划后评价是整个项目后评估的重点。主要是从运营筹备目标的实现程度出发，分析评价运营筹备决策的正确性、合理性、可行性以及决策深度的指导性，分析评价各阶段组织架构设计的合理性、有效性等。

(2) 风险管理后评价。风险管理后评价主要根据运营筹备过程中实际发生的风险和风险的影响程度，分析评价筹备初期预测的风险的准确性，以及建议的风险防范措施的有效性。

(3) 目标后评价。目标后评价采用定性与定量相结合的方法，在后评估时点将实际值与目标值进行全面、科学、综合地对比，以判断预定各项指标实现程度，评价原定目标的正确性、合理性和可行性，以及执行过程中发生重大政策或市场变化影响程度等，并分析查找发生偏差的原因。完善的后评价体系应是在筹备初期规划目标责任状时就选取目标评价指标及指标权重。

(4) 筹备计划后评价。筹备计划后评价主要评价计划的合理性、经济性、指导性及执行力。

2. 实施与控制后评价

实施与控制后评价主要分析和评价从筹备工作启动到开通试运营前全过程，所涉及的人、财、物、规章以及工程建设配合管理、“三权”接管、综合联调和演练等业务模块的执行效果，分析和评价各模块工作团队的绩效，如业务运作过程中采用的方法是否最优，团队的组织结构和资源配置是否经济合理，人才和资源利用是否得当，内部运作流程是否顺畅、有效，相应的操作规章是否适用、可行等，从中总结管理的经验教训，并对如何提高管理水平提出改进措施和建议。评价资料来源于各个模块的工作方案、实施总结报告以及开通试运营期相关数据。

3. 开通试运营管理后评价

试运营管理后评价分经济效益后评价、安全可靠性后评价、服务质量后评价和社会效益后评价。运营管理后评价主要以开通试运营期实际掌握的运营数据及隐含在其中的技术经济指标为基础，分析评价运营成本支出中的合理与不合理成分，找出外部环境和内部管理中的影响关键因数及权重；分析评价试运营期组织架构以及相应的行车组织、客运组织、维修组织、安全组织等的合理性、经济性、适用性；分析评价试运营期服务质量和整体劳动效率；测算各项经济和社会效益指标，并将它们与前期预测的有关成果值进行比较，分析评价其偏差原因。

第二节　运营筹备后评价的程序和方法

一、运营筹备后评价程序

后评价是一项复杂的综合性工作，涉及面广，为了切实有效地做好后评价工作，要制定相应的工作程序。一般来讲，运营筹备后评价的程序大致为：建立评价机构→选定专职或兼职评价人员→确立评价范围和内容→编制评价工作计划→调查收集相关资料→分析研究资料→形成评价报告→评价报告反馈给决策和管理部门，如图 16—2 所示。

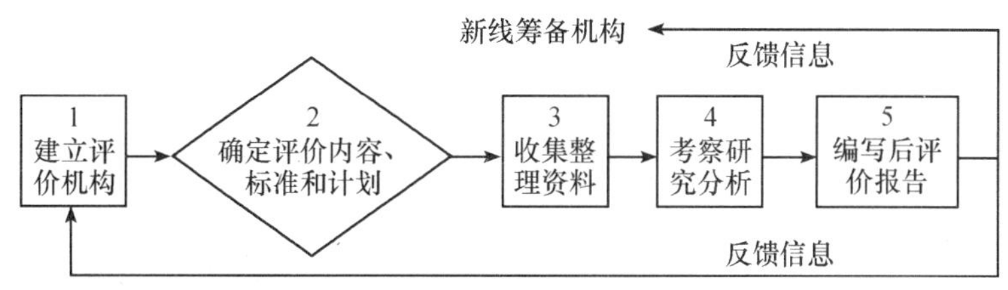

图 16—2　后评价工作流程图

1. 建立评价机构

通常在开展后评价前首先成立后评价领导组和后评价工作组。工作组负责在领导组的决策指导下开展各项后评价工作，工作组成员原则上是全程参与过运营筹备管理且具有相关理论基础的人员。

2. 确定评价内容和评价标准，编制评价工作计划

后评价需要对运营筹备整个过程进行全方位的总结分析，不仅要分析评价决策规划阶段的目标和计划，还要分析评价实施与控制阶段各模块的执行过程，更要评价开通试运营的实际效果；不仅要分析高层战略决策，还要分析执行层和各业务模块操作层决策。因此，在评价机构成立后，工作组就应具体策划后评价的具体对象、深度要求和后评价所应采取的方法、标准以及工作进度总体安排，经领导组审查通过后报相关部门配合执行。

3. 深入调查、收集资料

评价结果是否全面、客观，一个关键的影响因素是运营筹备的相关信息资料是否完整、准确。这些资料不仅包括前期的决策和规划文件（如新线责任状）、新线筹备计划、实施过程的技术和管理文件（如“三权”接管方案、联调演练方案、阶段工作总结）、工程设计施工相关资料（如工程可行性研究报告、各系统调试验收资料），还应该包括开通试运营一定时间内所掌握的各类运营技术数据，如运营组织方案、试运营报告以及竣工验收过程中保留下来的文字资料，甚至是必要的社会调查资料和国内外同行的相关信息。对于前者，需要从筹备启动期开始就建立规范的资料收集、备案管理制度加以保证；而对于后者，还需要通过有一套相对科学的经营分析系统来获得。总之，要通过深入细致地调查研究、收集整理资料，为后期的分析研究打下坚实的基础。

4. 分析研究

资料收集基本完成后，要对所收集到的数据资料的完整性和准确性进行审查。在此基础上通过研讨、座谈会等多种形式进行分析、研究，查找成败是由于不可预测的因素（如自然灾害、国家重大行业政策的变化等）还是管理组织、计划、技术方案等方面出现问题等，从而总结经验教训，提出改进

措施和建议。

5. 编制后评价报告

后评价报告是分析研究成果的汇总，是反馈经验教训的重要文件。报告的结论、建议必须客观、公正、实用，既要全面系统，又要简明扼要、突出重点，并与将来的决策、管理相联系。报告内容应包括概况、评价组织和内容、所应用的评价方法、基础资料、主要经验教训以及成败原因分析、评价结论和建议。报告形成后反馈给决策和管理部门参考，以提高新线运营筹备管理水平。

二、后评价方法

基于运营筹备后评价目的和内容，后评价基本采用宏观与微观相结合、以微观分析为主，定性与定量相结合、以定量分析为主，静态与动态相结合、以动态分析为主的评价原则，常用方法有对比法、逻辑框架法（LFA）和成功度分析法。本节借用项目管理理论就对比法、逻辑框架法和成功度分析法进行简单介绍。

1. 对比法

对比法是后评价中最常用、最基本和最重要的方法，分为前后对比法与横向对比法。前后对比是将运营筹备实际效果与前期设立的目标进行对比；横向对比是与国内外同行的平均水平、先进水平进行对比。横向对比要注意环境和条件的可比性，必要时应进行数据的折算转换，以保证评价口径一致。对比的目的是要找出前后变化的数量和变化的原因，为日后确定完善和改进的方向。

2. 逻辑框架法

逻辑框架法是将几个内容相关且必须同步考虑的动态因素组合起来，通过分析相互之间的关系，揭示结果与内外原因之间的关系，其核心概念是进行事物间的因果关系分析。

逻辑框架法评价表见表 16—2。其原理是：如果提供了某种条件，就会产生某种结果，这些条件包括事物内在的因素和事物所需要的外部环境。通常，分析评价时首先确定某项结果是由哪些因素决定的，其次确定各个因素与结果的关系，最后确定各个因素的影响权重。例如：对决策规划的后评价，首先应了解当初提供领导决策的依据有哪些因素，这些因素对决策的影响权重有多大，是否遗漏了一些关键因素，或对关键因素信息把握不准等。总之，逻辑框架法是一种因果综合分析方法，可适用于不同层次的后评价管理需要。

表 16—2　　逻辑框架法评价表

评价内容	可客观评价的指标			原因分析	
	原定指标	实现指标	差别或变化	内部原因	外部环境影响
总体目标					
人力资源目标					
资金筹备目标					
物资筹备目标					
“三权”接管目标					
综合联调目标					
演练目标					
试运营目标					

3. 成功度分析法

成功度评价是以逻辑框架法分析的目标实现程度和经济效益测算结论为基础，综合目标和效益所进行的对运营筹备的成功程度的总体评价，要对运营筹备实现预期目标的成败程度给出一个定性的结论。通常可以将成功度分为 5 个等级，各个等级的标准如下：

A 级：各项目标都已全面实现或超过，并取得了巨大的效益和影响，完全成功。

B级：大部分目标已经实现，且达到了预期的效益和影响，成功。

C级：实现了原定的部分目标，且取得了一定的效益和影响，部分成功。

D级：实现的目标非常有限，几乎没有取得什么效益和影响，不成功。

E级：预定目标是不现实的，根本无法实现，没有效益，失败。

例如，某城市轨道交通运营筹备的成功度评价见表16—3。

表16—3　　运营筹备成功度评价表

评定指标	相关重要性	评定等级
外部环境调节	次重要	B
组织和管理	重要	A
质量控制	重要	A
进度控制	重要	A
成本控制	次重要	B
技术水平	次重要	A
经济效益	重要	A
社会效益	次重要	A
总目标	重要	A

因为不同的后评价方法侧重面不同，而且评价的难易程度也有很大差异，因此要针对具体的评价内容选择相应的方法。比如，对于评价所需要的指标数据不容易得到的决策阶段的评价，可以直接采用成功度分析法来进行评价；对于预测与实际结果有明显差别的项目，如筹备计划执行情况等，宜采用对比法；对于一些比较复杂、对运营筹备意义重大的项目，如工程建设阶段的验收接管、联调及试运营管理等，宜采用逻辑框架法对项目进行综合评价。

附录

MCS 系统 IBP 盘综合调试方案

一、调试目的

测试主控系统 IBP 盘与各集成或互连系统的联动功能，确保系统能完全满足设计及消防要求，当发生突发情况时能及时准确地报警和控制，确保××号线安全运营。

二、前提条件

1. 主控系统完成 IBP 控制盘的调试。

2. 各集成或互连系统完成所有点动调试、程序控制的调试、车站级计算机的调试。

3. 各集成或互连系统与主控系统通信正常。

4. 各集成或互连系统可接受主控系统的指令。

三、组织及人员安排

根据工作需要，成立调试项目组，设总指挥、副总指挥、现场指挥、项目组成员。其中：总指挥负责项目的总体指挥、调度和管理，下达综合调试开始、中止、结束命令；副总指挥负责协助、配合总指挥进行各项工作；现场指挥负责方案实施过程中的现场指挥、调度和协调管理，并在综合调试结束后，牵头组织项目工作组组员对方案执行情况进行总结和评估。

该方案调试中，总指挥、副总指挥、现场指挥位置在测试车站车控室，项目组成员根据工作需要位于车控室、环控室、设备监控室、各设备房、现场。

组成：

总指挥：×××

副总指挥：×××

现场指挥：×××、×××…

项目组成员：

1. 主办单位及人员：自动化专业人员，机电EMCS、FAS、屏蔽门、电（扶）梯、防淹门、给排水、低压配电专业人员，信号专业人员，运营运作部门人员。

2. 配合单位：建设单位人员、设计人员、主控系统及各集成或互连系统供货商。

具体人员安排见附表1。

附表1　　　　人员组织安排

<table>
<tr><th>组别</th><th>所属单位</th><th>所属专业</th><th>人数</th><th>人员姓名</th><th>工作地点</th><th>所需工具及数量</th><th>工作职责</th><th>需填写表格</th></tr>
<tr><td rowspan="10">第一组</td><td>建设单位</td><td>主控</td><td>1</td><td></td><td>车控室</td><td>无</td><td></td><td>无</td></tr>
<tr><td rowspan="9">运营单位</td><td>主控</td><td>1</td><td></td><td>车控室</td><td></td><td>协调组织本组人员完成测试</td><td>附表3～附表7，签名</td></tr>
<tr><td>主控</td><td>4</td><td></td><td>车控室</td><td>对讲机3台</td><td>按现场指挥命令完成方案要求测试内容</td><td>附表3～附表7，签名</td></tr>
<tr><td>EMCS</td><td>1</td><td></td><td>车控室</td><td>对讲机1台</td><td rowspan="7">1. 按现场指挥命令检查所辖设备是否正确执行指令并反馈信号
2. 将存在的问题向现场指挥汇报</td><td>附表3～附表7，签名</td></tr>
<tr><td>AFC</td><td>1</td><td></td><td>设备现场</td><td>对讲机1台</td><td rowspan="4">附表5，签名</td></tr>
<tr><td>电（扶）梯及屏蔽门</td><td>1</td><td></td><td>设备现场</td><td>对讲机1台</td></tr>
<tr><td>门禁</td><td>1</td><td></td><td>设备现场</td><td>对讲机1台</td></tr>
<tr><td>给排水</td><td>1</td><td></td><td>设备现场</td><td>对讲机1台</td></tr>
<tr><td>信号</td><td>1</td><td></td><td>信号设备室</td><td>对讲机1台</td><td>附表6，签名</td></tr>
<tr><td>防淹门</td><td>1</td><td></td><td>设备现场</td><td>对讲机1台</td><td>附表4，签名</td></tr>
</table>

续表

<table>
<tr><th>组别</th><th>所属单位</th><th>所属专业</th><th>人数</th><th>人员姓名</th><th>工作地点</th><th>所需工具及数量</th><th>工作职责</th><th>需填写表格</th></tr>
<tr><td rowspan="11">第一组</td><td rowspan="2">运营单位</td><td>低压配电</td><td>1</td><td></td><td>设备现场</td><td>对讲机1台</td><td>按现场指挥命令将环控设备切换为环控或车控位</td><td>无</td></tr>
<tr><td>车务部</td><td>1</td><td></td><td></td><td>对讲机1台</td><td></td><td>无</td></tr>
<tr><td rowspan="8">供货商</td><td>主控厂家</td><td>1</td><td></td><td>车控室</td><td>万用表、手提电脑、图纸</td><td rowspan="9">按现场指挥命令模拟本系统所需给主控系统的反馈信号，并在出现故障时进行故障处理</td><td>附表3～附表7，签名</td></tr>
<tr><td>EMCS厂家</td><td>1</td><td></td><td>EMCS设备房</td><td>万用表、手提电脑、图纸</td><td>附表3，签名</td></tr>
<tr><td>信号厂家</td><td>1</td><td></td><td>信号设备室</td><td>万用表、手提电脑、图纸</td><td>附表4，签名</td></tr>
<tr><td>AFC厂家</td><td>1</td><td></td><td>设备现场</td><td>万用表、图纸</td><td rowspan="3">附表5，签名</td></tr>
<tr><td>门禁厂家</td><td>1</td><td></td><td>设备现场</td><td>万用表、图纸</td></tr>
<tr><td>电（扶）梯及屏蔽门厂家</td><td>1</td><td></td><td>设备现场</td><td>万用表、图纸</td></tr>
<tr><td>防淹门厂家</td><td>1</td><td></td><td>设备现场</td><td>万用表、图纸</td><td>附表6，签名</td></tr>
<tr><td></td><td></td><td></td><td></td><td></td><td></td></tr>
<tr><td>施工单位</td><td></td><td>1</td><td></td><td>车控室</td><td>万用表、图纸</td><td>附表3～附表7，签名</td></tr>
<tr><td rowspan="3">第二组</td><td>建设单位</td><td>主控</td><td>1</td><td></td><td>车控室</td><td></td><td></td><td>无</td></tr>
<tr><td rowspan="2">运营单位</td><td>主控</td><td>1</td><td></td><td>车控室</td><td>无</td><td>协调组织本组人员完成测试</td><td>附表3～附表7，签名</td></tr>
<tr><td>主控</td><td>4</td><td></td><td>车控室</td><td>对讲机3台</td><td>按现场指挥命令完成方案要求测试内容</td><td>附表3～附表7，签名</td></tr>
</table>

续表

组别	所属单位	所属专业	人数	人员姓名	工作地点	所需工具及数量	工作职责	需填写表格
第二组	运营单位	EMCS	1		EMCS设备房	对讲机1台	1. 按现场指挥命令检查所辖设备是否正确执行指令并反馈信号 2. 将存在的问题向现场指挥汇报	附表3～附表7，签名
		AFC	1		设备现场	对讲机1台		附表5，签名
		电（扶）梯及屏蔽门	1		设备现场	对讲机1台		
		门禁	1		设备现场	对讲机1台		
		给排水	1		设备现场	对讲机1台		
		信号	1		信号设备室	对讲机1台		附表6，签名
		防淹门	1		设备现场	对讲机1台		附表4，签名
		低压配电	1		设备现场	对讲机1台	按现场指挥命令将环控设备切换为环控或车控位	无
		车务部	1			对讲机1台		无
	供货商	主控厂家	1		车控室	万用表、手提电脑、图纸	按现场指挥命令模拟本系统所需给主控系统的反馈信号，并在出现故障时进行故障处理	附表3～附表7，签名
		EMCS厂家	1		EMCS设备房	万用表、手提电脑、图纸		附表3，签名
		信号厂家	1		信号设备室	万用表、手提电脑、图纸		附表4，签名
		AFC厂家	1		设备现场	万用表、图纸		附表5，签名
		门禁厂家	1		设备现场	万用表、图纸		
		电（扶）梯及屏蔽门厂家	1		设备现场	万用表、图纸		
		防淹门厂家	1		设备现场	万用表、图纸		附表6，签名
	施工单位		1		车控室	万用表、图纸		附表3～附表6，签名

四、时间安排

调试期间每日分两组在两个车站同时进行（调试开始时间为每日9：00），具体日程安排见附表2。

附表 2　　调试时间日程安排

日期安排	车站（第一组）	车站（第二组）
×月×日（共 2 天）	×××	×××
×月×日（共 3 天）	×××、×××	×××、×××
×月×日（共 1 天）	×××	×××
×月×日（共 1 天）	×××	×××
×月×日（共 1 天）	×××	

五、综合调试的内容与步骤

（一）调试前准备工作

1. 电话通知环控调度，通知运营运作值班人员，请点。

2. 将 EMCS 系统控制的所有设备都打到环控位。

3. 检查并保证主控、EMCS 系统处于正常工作状态。

（二）综合调试所测试的功能

主控系统通过 IBP 控制盘发送火灾模式指令给 EMCS，EMCS 系统接收到信号后自动执行相应的火灾模式指令，按照模式表依顺序正确地对设备进行监控，环控设备能正确地执行和反馈信号。

对 AFC、屏蔽门、防淹门（不动门体）、信号、扶梯、区间水泵、电梯进行控制，集成或互连系统设备能正确执行指令并反馈信号。

（三）综合调试方案的实施

由于 IBP 盘综合调试所涉及的配合专业较多，且除 EMCS 系统外各系统测试内容比较少，若与其他系统调试方案同时进行，则本站调试完毕后必须等待其他系统调试完毕方能进行下一站的调试，有一定的综合调试时间被浪费，故本方案独立完成。

（四）综合调试内容及步骤

1. MCS 系统通过 IBP 盘实现 EMCS 系统 A、B 端站厅小系统模式控制，站厅公共区大系统火灾模式控制，隧道火灾及阻塞模式控制等。

（1）调试所需条件

1）EMCS 系统处于正常工作状态。

2）EMCS 系统实现模式控制功能。

3）主控系统与 EMCS 系统连接正常。

4）主控系统 IBP 盘工作正常。

以上条件未实现时，停止本项调试直至条件满足为止。若短时间内无法满足条件，则不做这项功能测试，进行下一项功能测试。

（2）测试步骤

1）测试开始前，由低压配电人员将 EMCS 系统控制的所有设备切换为环控控制。

2）主控专业人员打开 IBP 盘确认钥匙开关。

3）主控专业人员在 IBP 盘人工按下一个模式指令按钮。

4）EMCS 专业人员检查 EMCS 能否正确接收、执行相应的火灾模式指令。

5）由 EMCS 系统专业人员强制发出该模式执行情况的反馈信号，分别反馈模式执行中、模式执行成功、模式执行失败三个信号。

6）主控专业人员检查 IBP 盘模式指示灯是否与 EMCS 系统专业人员所强制的该模式执行情况反馈信号一致。

7）主控专业人员检查完毕后选择另一火灾模式，重新执行，直至模式全部做完。

8）主控专业人员钥匙开关打到自动位，逐个按下所有模式指令按钮，检查是否有模式执行。

9）所有模式按钮测试完毕后，复位 IBP 盘及 EMCS 系统。

2. MCS 系统通过 IBP 盘实现 SIG 的紧急停车、扣车和放行的监控功能。

（1）测试所需条件

1）信号系统处于正常工作状态。

2）信号系统实现接受主控系统指令功能。

3）信号系统实现车站级扣车、紧急停车功能。

4）主控系统 IBP 盘工作正常。

以上条件未实现时，停止本项测试直至条件满足为止。若短时间内无法满足条件，则不做这项功能测试，进行下一项功能测试。

(2) 测试步骤

1) 主控专业人员在 IBP 盘上按下上行线站台紧急停车按钮。

2) 信号专业人员检查信号是否收到指令。

3) 主控专业人员检查紧急停车灯是否闪红灯，蜂鸣器是否响亮报警。

4) 主控专业人员按下切断报警按钮，蜂鸣器消音。

5) 主控专业人员按下上行线取消紧急停车按钮。

6) 信号专业人员检查信号是否收到指令。

7) 主控专业人员检查紧急停车红灯是否熄灭。

8) 主控专业人员在 IBP 盘上按下下行线站台紧急停车按钮。

9) 信号专业人员检查信号是否收到指令。

10) 主控专业人员检查紧急停车灯是否闪红灯，蜂鸣器是否响亮报警。

11) 主控专业人员按下下切断报警按钮，蜂鸣器消音。

12) 主控专业人员按下行线取消紧急停车按钮。

13) 信号专业人员检查信号是否收到指令。

14) 主控专业人员检查紧急停车红灯是否熄灭。

15) 主控专业人员在 IBP 盘上按下上行线扣车按钮。

16) 信号专业人员检查信号是否收到指令。

17) 主控专业人员检查扣车按钮指示灯是否闪亮，运营停车点表示灯亮黄灯。

18) 主控专业人员按下上行线终止扣车按钮。

19) 信号专业人员检查信号是否收到指令。

20) 主控专业人员检查 IBP 盘上扣车按钮指示灯是否灯灭。

21) 主控专业人员在 IBP 盘上按下上行线扣车按钮。

22) 信号专业人员检查信号是否收到指令。

23) 主控专业人员检查扣车按钮指示灯是否闪亮，运营停车点表示灯亮黄灯。

24）主控专业人员按下上行线终止扣车按钮。

25）信号专业人员检查信号系统是否收到指令。

26）主控专业人员检查 IBP 盘上扣车按钮指示灯是否灯灭。

27）所有按钮测试完毕后，复位 IBP 盘及信号系统。

3. MCS 系统通过 IBP 盘实现特殊情况下对防淹门的控制功能。

（1）测试所需条件

1）防淹门处于正常工作状态。

2）防淹门实现接受主控系统指令功能。

3）主控系统 IBP 盘工作正常。

以上条件未实现时，停止本项测试直至条件满足为止。若短时间内无法满足条件，则不做这项功能测试，进行下一项功能测试。

（2）测试步骤

1）由防淹门专业人员做好防护，切除门体电机电源，确保门体不会动作。

2）主控专业人员分别测试上下行线防淹门开启、停止和关闭的控制功能及其他按钮功能（只做信号测试，不实际动作门体）。

3）防淹门专业人员现场模拟记录表中的所有信号。

4）主控专业人员检查 IBP 盘指示灯显示是否与现场状态一致。

5）所有按钮测试完毕后，复位 IBP 盘及防淹门。

4. MCS 系统通过 IBP 盘实现特殊情况下 ACS 受控出入口的释放功能要求。

（1）测试所需条件

1）门禁系统处于正常工作状态。

2）门禁系统实现接受主控系统指令功能。

3）主控系统 IBP 盘工作正常。

以上条件未实现时，停止本项测试直至条件满足为止。若短时间内无法满足条件，则不做这项功能测试，进行下一项功能测试。

（2）测试步骤

1）在 IBP 盘上按下 ACS 释放按钮。

2）由 ACS 系统人员现场检查所有房间，检查控制功能是否实现。

3）测试完毕后，复位 IBP 盘及 ACS 系统。

5. MCS 系统通过 IBP 盘实现特殊情况下 AFC 闸机释放功能的要求。

（1）测试所需条件

1）AFC 系统处于正常工作状态。

2）AFC 系统实现接受主控系统指令功能。

3）主控系统 IBP 盘工作正常。

以上条件未实现时，停止本项测试直至条件满足为止。若短时间内无法满足条件，则不做这项功能测试，进行下一项功能测试。

（2）测试步骤

1）在 IBP 盘按下 AFC 闸机紧急释放按钮，由 AFC 专业人员检查闸机是否全部打开。

2）所有按钮测试完毕后，复位 IBP 盘及 AFC 系统。

6. MCS 系统通过 IBP 盘实现特殊情况下上下行屏蔽门的控制要求。

（1）测试所需条件

1）屏蔽门处于正常工作状态。

2）屏蔽门实现接受主控系统指令功能。

3）主控系统 IBP 盘工作正常。

以上条件未实现时，停止本项测试直至条件满足为止。若短时间内无法满足条件，则不做这项功能测试，进行下一项功能测试。

（2）测试步骤

1）将上行侧屏蔽门钥匙打到允许位。

2）在 IBP 盘上按下上行侧屏蔽门开启按钮，主控专业人员检查上行侧屏蔽门开启灯闪亮，屏蔽门专业人员现场检查屏蔽门是否正确动作。

3）将下行侧屏蔽门钥匙打到允许位。

4）在 IBP 盘上按下下行侧屏蔽门开启按钮，主控专业人员检查上行侧屏蔽门开启灯闪亮，屏蔽门专业人员现场检查屏蔽门是否正确动作。

5）所有按钮测试完毕后，复位 IBP 盘及屏蔽门。

7. MCS 系统通过 IBP 盘控制四号线区间水泵动作。

（1）测试所需条件

1）区间水泵处于正常工作状态。

2）区间水泵实现接受主控系统指令功能。

3）主控系统 IBP 盘工作正常。

以上条件未实现时，停止本项测试直至条件满足为止。若短时间内无法满足条件，则不做这项功能测试，进行下一项功能测试。

（2）测试步骤

1）主控专业人员在 IBP 盘上按下四号线区间水泵启动按钮。

2）给排水专业人员现场检查水泵是否正常启动，反馈是否正常。

3）所有按钮测试完毕后，复位 IBP 盘及区间水泵。

8. MCS 系统通过 IBP 盘控制扶梯停止（电梯复位）。

（1）测试所需条件

1）扶梯处于正常工作状态。

2）扶梯实现接受主控系统指令功能。

3）主控系统 IBP 盘工作正常。

以上条件未实现时，停止本项测试直至条件满足为止。若短时间内无法满足条件，则不做这项功能测试，进行下一项功能测试。

（2）测试步骤

1）主控专业人员在 IBP 盘上按下扶梯停止（电梯复位）按钮。

2）扶梯专业人员现场检查扶梯（电梯）动作情况。

3）主控专业人员检查 IBP 盘反馈状态是否正确。

4）所有按钮测试完毕后，复位 IBP 盘及扶梯。

（三）现场恢复

1. 再次检查确认各相关系统的设备已恢复正常。

2. 主控系统及各相关系统恢复正常工作状态。

3. 电话通知环调，通知车务值班人员调试完毕，销点。

附：综合调试检测表，见附表3～附表7。

填表说明：

1. 如实填写该调试记录表。

2. 对应每项内容，如功能达到或指示正确的，在相应项的结果栏内打“√”，否则打“×”。

3. 对打“×”的项，必须在对应的备注栏内填写原因。其他需说明的也可以在对应的备注栏内填写。

附表 3　　MCS—EMCS 系统联合调试表

（MCS 系统通过 IBP 盘发送火灾模式指令发给 EMCS）

<table>
<tr><td colspan="2">车站名称</td><td></td><td>综合调试负责人</td><td colspan="2"></td></tr>
<tr><td>序号</td><td>调试项目</td><td colspan="2">调试检测内容</td><td>检测结果</td><td>备注</td></tr>
<tr><td>1</td><td>MCS 系统检查</td><td colspan="2">检查 MCS 系统 IBP 盘是否正常运行</td><td></td><td></td></tr>
<tr><td rowspan="2">2</td><td rowspan="2">EMCS 系统检查</td><td colspan="2">检查 EMCS 系统是否正常运行</td><td rowspan="2"></td><td rowspan="2"></td></tr>
<tr><td colspan="2">将 EMCS 系统控制的所有设备都打到环控位</td></tr>
<tr><td>3</td><td colspan="3">打开 IBP 盘确认钥匙开关</td><td></td><td></td></tr>
<tr><td>4</td><td colspan="3">在 IBP 盘上逐个按下模式指令按钮</td><td></td><td></td></tr>
<tr><td>5</td><td colspan="3">检查 EMCS 是否接收到相应指令</td><td></td><td></td></tr>
<tr><td>6</td><td colspan="3">EMCS 模拟给出模式的正在执行、执行失败和执行成功反馈信号</td><td></td><td></td></tr>
<tr><td>7</td><td colspan="3">检查指示灯显示是否与 EMCS 模式执行状态相对应</td><td></td><td></td></tr>
<tr><td>8</td><td colspan="3">全部模式按钮测试完毕后，将钥匙开关打到自动位</td><td></td><td></td></tr>
<tr><td>9</td><td colspan="3">在 IBP 盘上逐个按下模式指令按钮</td><td></td><td></td></tr>
<tr><td>10</td><td colspan="3">检查 EMCS 是否执行模式</td><td></td><td></td></tr>
<tr><td>11</td><td colspan="3">IBP 盘复位</td><td></td><td></td></tr>
<tr><td>12</td><td colspan="3">EMCS 复位</td><td></td><td></td></tr>
<tr><td colspan="6">调试结论：</td></tr>
<tr><td colspan="6">参加人员签名

运营单位：　　　　　　　　建设单位：

主控厂家：　　　　　　　　EMCS 厂家：

施工单位：

年　　月　　日</td></tr>
</table>

注：开始调试前，需由低压配电专业人员将 EMCS 系统控制的所有设备切换为环控控制，并由 EMCS 专业人员确认。

附表 4 **MCS—SIG 系统联合调试表**

控制按钮	信号系统是否正确接收指令	反馈显示灯	显示是否与现场一致	蜂鸣器是否报警	备注

调试结论：

参加人员签名

运营单位：　　　　建设单位：

主控厂家：　　　　信号厂家：

施工单位：

年　　月　　日

附表5　MCS—AFC、ACS、屏蔽门、电（扶）梯、水泵联合调试表

控制按钮	指令是否被正确接收	反馈显示灯	显示是否与现场一致	备注
调试结论：				
参加人员签名 运营单位：　　　　　　建设单位： 主控厂家：　　　　　　____厂家： 施工单位： 年　月　日				

附表6　　MCS—FG系统联合调试表

控制按钮	指令是否被正确接收	反馈显示灯	显示是否与现场一致	蜂鸣器是否报警	备注

调试结论：

参加人员签名

运营单位：　　　　　　　　　　　　建设单位：

主控厂家：　　　　　　　　　　　　____供货商：

施工单位：

年　　月　　日

附表 7　　模式总表

（MCS 系统通过 IBP 盘发送灾害模式指令给 EMCS 附表）　　车站

序号	模式号	模式名称	EMCS 是否正确接收 IBP 盘模式指令	IBP 盘指示灯显示是否与 EMCS 模式执行状态相对应	备注

MCS 检查人：　　　　EMCS 检查人：　　　　填表人：

六、综合调试需要工具

对讲机 5 对（可互相通话）、万用表、手提电脑、图纸。

七、应急处理

1. 调试过程中，如发现有危及安全的现象时，参与调试的任何人员都可在第一时间采取措施，暂停综合调试，并向现场总指挥报告。

2. 因系统等原因造成调试不能正常进行时，由建设单位责成系统供货商、施工单位限期内完成整改。

3. 建设单位在调试时所发生的故障整改完以后，进行确认，检查确实符合调试条件后再次组织进行调试。

八、后勤保障

综合调试期间的工作餐由建设单位协调工地负责解决，每日各组需一辆交通车，所有参与调试人员在××集中并乘车前往调试站点，一站调试完毕后由交通车负责将调试人员转往下一调试地点。

九、调试总结

1. 现场指挥组织所有参与调试人员进行调试总结，并进行汇总，填写MCS系统IBP盘综合调试评估表，见附表8。

2. 由建设单位落实系统存在问题的跟踪整改工作。

附表8　　MCS系统IBP盘综合调试方案总结评估表

综调（演练）项目			
综调（演练）时间	年　月　日	综调（演练）地点	
综调（演练）内容			
综调（演练）结果评估			
存在问题			
整改措施			
签字	建设单位：　　年　月　日		
	供应商：　　年　月　日		
	施工单位：　　年　月　日		
	运营单位：　　年　月　日		

参 考 文 献

1. 国家发展改革委员会编. 轨道交通建设与发展. 北京：中国铁道出版社，2005.8

2. 何宗华，汪松滋，何其光主编. 城市轨道交通运营组织. 北京：中国建筑工业出版社，2003.10

3. 何宗华，等编. 城市轨道交通车站机电设备运行与维修. 北京：中国建筑工业出版社，2005.1

4. 孙有望，李云清主编. 城市轨道交通概论. 北京：中国铁道出版社，2000.9

5. 张国宝主编. 城市轨道交通运输组织. 北京：中国铁道出版社，2000.8

6. 毛保华主编. 城市轨道交通系统运营管理. 北京：人民交通出版社，2006.3

7. 焦桐善主编. 中国城市轨道交通2004：第二届城市轨道交通中青年专家论坛·第十六届地下铁道学术交流会（论文集）. 北京：中国铁道出版社，2004.10

8. 金锋著. 足迹—城市轨道交通论文集. 北京：中国铁道出版社，2001.10

9. 刘翼生编著. 企业战略管理. 北京：清华大学出版社，2003.10

10. 周坤著. 问题分析与决策. 北京大学出版社，2006.5

11. 王汉功，等编著. 装备全系统全寿命管理. 北京：国防工业出版社，2003.10

12. 白思俊主编. 现代项目管理（上下册）. 北京：机械工业出版社，2004.3

13. 任小菲，樊瑜主编. 建设工程经济. 北京：中国计划出版社，2004.6

14. 郑梅主编. 建设工程项目管理. 北京：中国计划出版社，2004.6

15. 胡八一主编. 组织架构与部门职能设计案例精选. 北京大学出版社，2005.10

16. 郑建瑜主编. 大型活动策划与管理. 重庆大学出版社，2007.8

17. 德斯靳，曾湘泉主编. 人力资源管理. 北京：中国人民大学出版社，2007.1

18. 余泽忠编著. 绩效考核与薪酬管理. 武汉大学出版社，2006.9

19. 刘迪主编. 财务管理学. 北京：中国电力出版社，2004.8

20. 王东白主编. 物资管理概论. 北京：中国电力出版社，2007.1

21. 马旭晨编著. 现代项目管理评估. 北京：机械工业出版社，2008.1

22. 张宇编著. 项目评估务实. 北京：中国金融出版社，2004.2

23. 周鹏编著. 项目验收与后评价. 北京：机械工业出版社，2007.5

24. 王洪，陈健主编. 建设项目管理. 北京：机械工业出版社，2007.8

25. 中华人民共和国住房和城乡建设部，中华人民共和国国家质量监督检验总局联合发布《城市轨道交通技术规范》(GB 50490—2009). 北京：中国建筑工业出版社，2009.7

26. 中华人民共和国住房和城乡建设部，中华人民共和国国家质量监督检验总局联合发布《城市轨道交通建设项目管理规范》(GB 50722—2011). 北京：中国建筑工业出版社，2011.12

27. 董书芸. 城市轨道交通试运行的概念及其考核指标. 都市快轨交通. 2011.2